Chaos, Quarks und schwarze Löcher

Ib Ravn (Hg.)

Chaos, Quarks und schwarze Löcher

Das ABC der neuen Wissenschaften

Aus dem Dänischen
von Karl-Erich Brink

Verlag Antje Kunstmann

Wir danken dem Danish Literature Information Center
für die freundliche Förderung der Übersetzung.

1. Auflage 1995

Titel der Originalausgabe: De Nye Viderskabers Ord
Umschlaggestaltung: Michel Keller, unter Verwendung einer
Fotografie von Carsten Peter
Satz: Frese, München
Druck und Bindung: Pustet, Regensburg
ISBN 3-88897-160-8

Vorwort

Was ist Chaos? Was versteht man unter Fraktalen? Können Physiker die Masse des Universums bestimmen? Versteht die Biologie die Details des genetischen Codes? Kann man Maschinen bauen, die denken? Und wenn dies künstliche Intelligenz ausmacht, was ist dann Wahrnehmungsforschung? Und worum geht es eigentlich bei der großen Diskussion über Bewußtsein und Wahrnehmung?

Dieses Wörterbuch erklärt eine Reihe wissenschaftlicher Begriffe, die sich in den letzten zehn Jahren großen Interesses erfreut haben, nicht nur innerhalb der verschiedenen Fachgebiete, sondern auch in der Debatte über die neuen Wissenschaften. Es geht besonders um Physik, Astronomie und Biologie, aber auch um eine Reihe von Themen aus der Mathematik, der Systemtheorie, der Kognitionsforschung, der Neuropsychologie und der Wissenschaftstheorie.

Die Naturwissenschaft ist für unser Verständnis von Mensch, Natur und Kosmos von entscheidender Bedeutung, für den Laien jedoch schwer zu überblicken. Komplizierte Ideen aus den exakten Wissenschaften sind in Diskussionen über Weltbilder und Existenzdeutung, in Debatten über Architektur und andere Fachgebiete eingebracht worden. Diesem Interesse will dieses Buch durch kurze und leicht zugängliche Erklärungen der entsprechenden Begriffe und Denkmodelle Rechnung tragen.

Bei der Behandlung der einzelnen Begriffe steht das Allgemeine im Vordergrund. Das Buch versucht die Essenz eines Begriffes ohne technische Erklärungen oder mathematische Formeln zu erläutern. Sofern ein Begriff eine besondere Rolle für die philosophische Diskussion innerhalb der Wissenschaft gespielt hat, wird auch das erwähnt.

Nicht alle Begriffe sind neu; mit einbezogen werden auch alte Wörter, deren Bedeutung man erst heute versteht – Begriffe, die durch neue Entdeckungen und theoretische Entwicklungen umdefiniert wurden und die wir erst jetzt richtig einordnen können. Einzelne noch eher unbekannte Begriffe werden behandelt, weil wir ganz einfach meinen, daß sie ein wichtiges intellektuelles Potential enthalten, das in den kommenden Jahren realisiert werden kann.

Nach jedem Stichwort wird zunächst in Klammern angegeben, innerhalb welcher Fachgebiete das Wort benutzt wird. Darauf folgt eine kurze Definition, an die sich ein Abschnitt mit einer genaueren Erklärung anschließt. Diese wird oft mit einer kurzen Bewertung des wissenschaftlichen Status des Begriffes und seiner heutigen Bedeutung abgerundet. Am Schluß stehen Verweise auf andere Stichwörter in diesem Buch und auf deutsche und ausländische Fachliteratur. Da bestimmte Begriffe in mehreren Artikeln auftreten, aber nicht als selbständige Einträge behandelt werden, empfehlen wir auch die Benutzung des Stichwortverzeichnisses.

Die neuen Wissenschaften sind ein fachübergreifendes Labyrinth. Eine genaue Karte dazu stellt dieses Buch zwar nicht dar, wir hoffen aber, daß es dem neugierigen Leser eine so gute Orientierungshilfe leisten wird, daß er einen Besuch im Labyrinth wagt – und es mit heiler Haut wieder verlassen kann.

Kopenhagen, April 1995
Die Autoren

algorithmische Komplexität *(Mathematik, Informatik)*. Daß ein Zusammenhang algorithmisch komplex ist, bedeutet, daß er nicht kürzer beschrieben oder zu einer kürzeren Formel komprimiert werden kann.

Der Begriff gehört zu der u.a. von dem amerikanischen Mathematiker Gregory Chaitin entwickelten algorithmischen Informationstheorie, die sich mit mathematischen Objekten, Programmen oder Bit-Reihen beschäftigt.

Wenn eine Bit-Reihe wie 01101100110111100010 im Gegensatz zu 01010101010101010101 zufällig aussieht, so liegt dies daran, daß die letztere ein einfaches Muster enthält (›01‹ zehnmal wiederholt), während die erste anscheinend kein Muster hat.

Eine zufällige Zahl ist definiert als eine Zahl, die nicht durch einen Algorithmus beschrieben werden kann, der wesentlich kleiner ist als die Zahl selbst. Daß ein Algorithmus oder ein Programm eine Zahl beschreibt, bedeutet, daß ein Computer, der mit dem Algorithmus gefüttert wird, die Zahl ausrechnet, sie ausdruckt und danach stoppt.

Die meisten ganzen Zahlen mit 20 Ziffern (z.B. 14485206745294655075) werden so zufällig sein, als seien alle Ziffern voneinander unabhängig durch Würfeln ermittelt worden, und ihr Algorithmus wäre z.B. »drucke die Zahl 14485206745294655075 aus«, d.h. sie haben minimale Algorithmen mit etwa der gleichen Länge wie die Zahl selbst. Die Länge des minimalen Algorithmus nennt man die Komplexität der Zahl.

Eine Zahl wie 15151515151515151515 ist nicht zufällig, da ihr Algorithmus »drucke ›15‹ zehnmal aus« kürzer ist als die Zahl selbst. Die Beschreibung zufälliger Zahlen kann nicht komprimiert werden; ihre Komplexität ist hoch im Verhältnis zu der gleich großer, aber nicht zufälliger Zahlen.

Ein Problem bei Chaitins Definition von Komplexität im allgemeinen als Inkomprimierbarkeit von Bit-Reihen ist einerseits, daß der Begriff nur formale Systeme betrifft, und andererseits, daß er Zufälligkeit und Komplexität gleichsetzt. Doch sind z.B. biologisch komplexe Systeme weder ganz zufällig (komplex im

Sinne Chaitins) noch völlig geordnet (einfach), sondern zwischen diesen beiden Extremen angesiedelt. Dies hat andere Forscher zur Entwicklung anderer Theorien über Komplexität angeregt, die diese Aspekte beleuchten.

Chaitins Theorie ist wichtig; sie trägt u.a. (durch sein Theorem aus dem Jahre 1965) zur Bestimmung einer der Grenzen dafür bei, was ein bestimmtes formales System beweisen kann. Wie er selbst gern formuliert: »Wenn ich ein 20 Pfund schweres Theorem habe, kann es nicht von einem 10 Pfund schweren formalen System bewiesen werden« – wobei »Pfund« eine Metapher für die algorithmische Komplexität von Theoremen bzw. dem formalen System ist. Vor diesem Hintergrund kann er schließen, daß es sich bei Gödels Unvollständigkeitstheorem um einen Sonderfall allgemeiner informationsmäßiger Begrenzungen formaler Systeme handelt. Durch seine weiteren Arbeiten in den 80er Jahren hat Chaitin neue Theoreme über besonders entartete Formen unberechenbarer Zahlen bewiesen.

Siehe auch: →Nichtberechenbarkeit, →Komplexität, →Gödels Beweis, →Halte-Problem

Literatur: Rucker (1987), Chaitin (1987), Nørretranders (1994)

Algorithmus *(Informatik).* Ein Algorithmus (von arab. *al-Kho-wárizmí,* Mathematiker aus dem 9. Jahrhundert) ist ein »Rezept«, eine detaillierte und eindeutige Vorschrift (wie in einem Kochrezept) zur schrittweisen – evtl. völlig mechanischen – Ausführung bestimmter Anweisungen. Ein algorithmischer Prozeß läßt sich als ein Programm formulieren, das ein Computer in einer Serie rechnerischer Schritte ausführen kann.

In der Logik haben formale Systeme algorithmischen Charakter. Die Arbeiten des österreichisch-amerikanischen Logikers Kurt Gödel deuteten allerdings darauf hin, daß es sich bei Logik um etwas anderes und mehr als Algorithmen handelt und daß Logik nicht als ein einfaches formales/algorithmisches System verstanden werden kann.

In der Kognitionsforschung wird heute heftig diskutiert, ob

Aspekte des menschlichen Denkens algorithmisch sind. Manche Forscher vertreten die Auffassung, daß die Existenz eines stummen Wissens einer solchen Annahme widerspricht, da ein derartiges Wissen anscheinend nicht wie ein »Rezept« formuliert werden kann, sondern intuitiv geprägt ist.

Siehe auch: →Turingtest, →Gödels Beweis, →Nichtberechenbarkeit, →formales System, →Simulation, →stummes Wissen

Literatur: Hofstadter (1993), Penrose (1991)

allgemeine Systemtheorie *(fachübergreifend).* Der Versuch eines formalisierten wissenschaftlichen Ganzheitsdenkens, das gemeinsame Gesetzmäßigkeiten in physikalischen, biologischen und sozialen Systemen findet.

Die allgemeine Systemtheorie wurde in den 30er Jahren von dem österreichischen Biologen Ludwig von Bertalanffy begründet, der sich mit dem damals vorherrschenden Reduktionismus auseinandersetzte. Beim Studium biologischer Zellen fand von Bertalanffy viele Eigenschaften und Funktionen, die auch für Systeme allgemein gelten mußten: Input, Umsetzung und Output von Stoff, Energie und Information, Differenzierung und Integration, homöostatisches Gleichgewicht und harmonische Einpassung in die aus komplexen Systemen bestehende Hierarchie des Organismus.

Man nahm an, daß man Prinzipien, die man in einer Art von System festgestellt hatte, auch auf andere Systeme anwenden konnte. Hierzu gehört auch die Beschreibung von Selbstregulierung und Rückkopplung, die man aus der Kybernetik kennt. (Vertreter der allgemeinen Systemtheorie betrachten die Kybernetik normalerweise als Unterdisziplin der Systemtheorie – Kybernetiker sind der entgegengesetzten Auffassung.)

Durch den Einfluß von Forschern wie dem Ökonomen Kenneth Boulding, dem Psychiater James Miller und dem Philosophen Ervin Lászlo fand die allgemeine Systemtheorie in den 60er und 70er Jahren vielfältige Anwendungen, und sie wurde oft mathematisch oder abstrakt philosophisch ausgedrückt. Seitdem hat die Theorie etwas an Bedeutung verloren, u.a. weil ihre oft arrogant formulierten einheitswissenschaftlichen Ambitionen zunehmend auf Skepsis stießen.

Siehe auch: →Kybernetik, →Rückkopplung, →Holismus, →Organisationsniveau, →Emergenz, →Selbstorganisation, →Synergie, →Komplexität

Literatur: Bertalanffy (1990), Capra (1992), Lilienfeld (1978)

anthropische Kosmologie *(Astrophysik).* Naturwissenschaftliches Denkmodell, das dem Menschen eine besondere, entscheidende Rolle im Aufbau des Universums zuschreibt bzw. einen engen Zusammenhang zwischen Naturgesetzen, Kosmos und menschlicher Existenz annimmt (gr. *anthropos:* Mensch)
Physikern ist in neuerer Zeit aufgefallen, daß die zahlenmäßigen Verhältnisse zwischen zahlreichen Naturgesetzen und Naturkonstanten alles andere als zufällig zu sein scheinen. Sie sind vielmehr genau so strukturiert, daß sie die Entstehung von Leben ermöglichen.
Ein Beispiel ist die Bildung von Kohlenstoff, einem Element, das Teil aller organischen Verbindungen ist und für das Leben in der uns bekannten Form eine zentrale Rolle spielt. Kohlenstoff wird (und wurde) in Sternen und während Supernovaexplosionen durch Atomkernprozesse gebildet, die von einem zunächst völlig zufällig erscheinenden Wert des Energieniveaus im Kohlenstoffkern abhängen. Physikalisch scheint nichts dagegen zu sprechen, daß dieses Energieniveau auch einen ganz anderen Wert haben könnte – doch dann wäre organisches Leben auf der Grundlage von Kohlenstoff in diesem Universum nicht entstanden.
Ein weiteres Beispiel ist die Zeitskala für die Entwicklung des Lebens, die einige Milliarden von Jahren umfaßt und der Lebensspanne der Sterne und des Universums genau entspricht. Die Sterne hätten sich wesentlich schneller entwickelt, wenn z.B. das Verhältnis zwischen der Stärke des Elektromagnetismus und der Stärke der Gravitation um nur ein Prozent höher gewesen wäre als der tatsächliche Wert; dann hätten jedoch die für das Leben

notwendigen Elemente im Innern der Sterne nicht gebildet werden können.

Die Physiker Robert Dicke und Brandon Carter versuchten im Laufe der 60er Jahre, diese merkwürdig erscheinenden Zufälle mit Hilfe eines neuen – des anthropischen – Prinzips zu erklären, nach dem dieses Universum wahrscheinlich anders aussähe, wenn der Mensch nicht in ihm existierte. Andere Forscher haben behauptet, daß ein Universum ohne Beobachter nicht möglich sei, wieder andere, daß es alternative Universen gebe, in denen andere Naturgesetze und Naturkonstanten gelten würden und deshalb kein Leben entstanden sei. Zufälle der oben erwähnten Art wären somit reine »Auswahleffekte«: Wenn die Naturgesetze anders wären, könnten wir uns nicht darüber wundern, weil es uns nicht gäbe.

Obwohl Denkmodelle dieser Art aus philosophischer Sicht fesselnd wirken, sind sich die meisten Physiker darüber einig, daß wir heute noch nicht einmal über den Grundriß einer Theorie verfügen, die die Meßwerte der verschiedenen Naturkonstanten erklären kann.

Siehe auch: →Kosmologie

Literatur: Gribbin und Rees (1994), Breuer (1984), Barrow und Tipler (1986)

Antireduktionismus *(Wissenschaftstheorie).* Bezeichnung für eine wissenschaftliche oder philosophische Theorie, die voraussetzt, daß das, womit die Theorie sich beschäftigt, durch die Elemente, aus denen es besteht, nicht völlig beschrieben werden kann. Ein typischer – obwohl nicht der einzige – Antireduktionismus ist der Holismus.

Der Vitalismus stellt eines der frühesten Beispiele für einen Antireduktionismus dar, da er als Grundlage für die Bildung von Organismen die Existenz einer Kraft annahm, die außerhalb des vom Menschen wissenschaftlich Beschreibbaren liegt.

In jüngster Zeit wurden vor allem im Bereich der Biologie, aber auch in der Physik, der Chemie und der Psychologie Theorien über viele Arten von antireduktionistischen Prinzipien entwikkelt, beispielsweise Selbstorganisation, Irreversibilität, Morphogenese und kollektive Phänomene. Die Auffassung, daß die Naturwissenschaft mit einem gewissen Maß von Antireduktionismus nicht unvereinbar ist, gewinnt heute immer mehr Anhänger.

Siehe auch: →Reduktionismus, →Holismus, →Vitalismus, →Emergenz, →kollektive Phänomene, →Selbstorganisation, →Irreversibilität, →Autopoiese, →Morphogenese

Literatur: Davies (1991)

Attraktor *(Physik)*. Ein dynamisches System hat die Tendenz, sich dem mit diesem Wort bezeichneten Zustand zu nähern (von engl. *attract:* anziehen).

Der Begriff dient der qualitativen Beschreibung dynamischer Systeme und ist eng mit dem Begriff Phasenraum verbunden. Der Phasenraum ist ein abstrakter Raum, in dem jeder veränderlichen Eigenschaft eines Systems eine eigene Dimension zugeordnet wird. Dies führt zu einer großen Zahl von Dimensionen, ermöglicht aber die Abbildung jeder denkbaren Entwicklung als Linie im Phasenraum – als Phasenlinie.

Unter einem Attraktor versteht man nun eine Punktmenge im Phasenraum, in die die Bahnkurve des Systems, ausgehend aus einem großen, jedoch begrenzten Bereich des Phasenraums, mündet. (In anderen Teilen des Phasenraums können andere Attraktoren wirken.) Den Teil des Phasenraums, in dem alle Bahnkurven in den betreffenden Attraktor laufen, nennt man Attraktorbassin, und eine Art, den Phasenraum darzustellen, besteht darin, Lage und Ausdehnung der Attraktoren und die Grenzen ihrer Bassins (die nicht einfach zusammenhängend zu sein brauchen) darin anzugeben.

Der gegenteilige Begriff, der einen abstoßenden, oft auf der Grenze zwischen verschiedenen Attraktorbassins angesiedelten Punkt im Phasenraum bezeichnet, ist der Repellor. Ein Punkt im Phasenraum kann je nach Richtung, aus der die Bahnkurve eines Systems auf ihn zuläuft, Attraktor oder Repellor sein; dies kann komplizierte »Sättel« im Phasenraum ergeben.

In der klassischen Mechanik und Thermodynamik kennt man zwei verschiedene Arten von Attraktoren. Im einfachsten Fall ist der Attraktor ein Punkt. Dies entspricht einem gedämpften System, in dem die Entropie zunimmt. Bewegungsenergie wird in Wärme umgewandelt, und das System strebt einem Zustand der Ruhe zu, d.h. die Bahn im Phasenraum bewegt sich, gegebenenfalls über sehr lange Zeit, einem Punkt zu. Ein Beispiel für ein derartiges dynamisches System ist ein hüpfender Ball, der allmählich auf dem Boden zur Ruhe kommt.
Das klassische ungedämpfte System kommt dagegen nie zum Stillstand, sondern bewegt sich unablässig, ohne sich einem Attraktor zu nähern. Vetreter dieser Art von Systemen sind das Sonnensystem und das reibungsfreie Pendel.
Bereits die Untersuchung des Dreikörperproblems zeigte, daß diese beiden Fälle nicht die einzigen sein konnten, doch erst in den letzten dreißig Jahren hat sich die Forschung auf diesem Gebiet weiterentwickelt. In der Nicht-Gleichgewichts-Thermodynamik hat man zyklische Attraktoren, sogenannte Grenzzyklen, nachweisen können, bei denen das System schließlich die gleiche Entwicklung immer wieder durchläuft, und mit Unterstützung von Computern fand man neben dem Punkt und dem Zyklus einen weiteren Attraktortyp, den »seltsamen Attraktor«.
Die Bezeichnung »seltsamer Attraktor« stammt von den Physikern David Ruelle und Florens Takens; dabei handelt es sich um »chaotische« Entwicklungen, bei denen das System sich weder einem Ruhezustand nähert, noch sich im Kreis bewegt, sondern immer wieder neue Werte innerhalb desselben Gebiets durchläuft, während es sich schrittweise einer schwer beschreibbaren »krausen« Figur – einem seltsamen Attraktor – nähert, es sei denn, das System läßt sich überhaupt von keinem Attraktor anziehen und erreicht im Verlauf seiner Entwicklung alle möglichen Punkte eines bestimmten Phasenraum-Gebiets. In beiden Fällen kann man das Verhalten eines realen Systems wegen der Meßunsicherheiten nur für einen begrenzten Zeitraum voraussagen: Falls sich herausstellt, daß eine kleine Abweichung zwi-

schen dem angenommenen und dem tatsächlichen Beginn des Systems besteht, wird es sich schrittweise auf einen ganz anderen Zustand hinentwickeln als erwartet.

Der amerikanische Meteorologe Edward Lorenz entdeckte dies im Jahre 1960 als erster, als er ein primitives Klimamodell von einem Röhrencomputer berechnen ließ. Eines Tages ließ Lorenz einige Dezimalen in der Berechnung aus, was einem Unsicherheitsfaktor von nur einem Zehntel Promille entsprach, nach einiger Zeit aber eine ganz entscheidende Veränderung im Verhalten des Systems mit sich führte. Lorenz untersuchte dieses Phänomen und konstruierte ein System, dessen Bahnkurve im Phasenraum den sogenannten Lorenz-Attraktor andeutet, ein Beispiel für die Erscheinung, die später als »seltsamer Attraktor« bekannt wurde. Die Figur, von der die Bahnkurve hier angezogen wird, ist eine nicht zeichenbare, beliebig fein gezackte Figur, der man fraktalgeometrische Eigenschaften nachweisen kann und die daher auch als »fraktaler Attraktor« bezeichnet wird.

Im Gegensatz zu den klassischen und thermodynamischen Attraktoren zeigt der »seltsame Attraktor« die Möglichkeit eines deterministischen Chaos an, d.h. daß ein System gleichzeitig völlig deterministisch und prinzipiell unvorhersagbar sein kann. Es scheint auch fraktale »seltsame« Attraktoren zu geben, die nicht zu Chaos führen, weshalb man zwischen »seltsamen« und »chaotischen« Attraktoren unterscheidet.

Daß der »seltsame Attraktor« in seiner Gesamtheit undarstellbar ist, läßt ihn insofern zu einem Grenzbegriff werden, als für seine Realisierung unendlich viel Zeit erforderlich ist. Bei den seltsamen Attraktoren, die man oft abgebildet sieht, handelt es sich in Wirklichkeit nicht um Attraktoren, sondern um eine über einen sehr langen Zeitraum betrachtete Bahnkurve, die dabei den angenommenen Attraktor sozusagen »einrahmt«.

Siehe auch: →Chaos, →Phasenraum, →Übergang zum Chaos, →Dreikörperproblem, →Lorenz-Attraktor, →Feigenbaums Diagramm, →Katastrophentheorie

Literatur: Gleick (1990), Cvitanovic (1989)

Autopoiese *(Biologie).* »Selbsterschaffung«. Im engeren Sinne die minimale Eigenschaft, die ein System besitzen muß, um als »lebend« definiert werden zu können. Im weiteren Sinne die Gesamtheit von Prozessen in einem geschlossenen Netzwerk, durch die ein biologisches System ständig seine Bestandteile wiederbildet und seine Identität bewahrt. Das Wort wurde von dem chilenischen Biologen Humberto Maturana und seinem Schüler Francisco Varela im Jahre 1973 geprägt (von gr. *autos:* selbst + *poiein:* schaffen).

Die Einführung dieses Begriffs ermöglichte eine Abgrenzung von der in der Biologie vorherrschenden Auffassung von Organismen als Input-Output-Maschinen, deren Aktivitäten davon abhängen, welche Inputs sie von außen erhalten. Maturana weist darauf hin, daß die innere dynamische Organisation des Organismus – seine Autopoiese – bestimmt, was der Organismus tut und erlebt. Das Konzept betont die Autonomie eines Systems im Gegensatz zu seiner Kontrollierbarkeit von außen.

Beispielsweise bestimmt nicht die Frequenz des einfallenden Lichts (der Input), welche Farben wir erleben, sondern der Zusammenhang, in dem eine Farbe auftritt. Dieser Zusammenhang wird von vielen Nachbarzellen auf der Netzhaut gleichzeitig aufgefangen, und die Gesamtheit der Prozesse, die zwischen diesen sich gegenseitig beeinflussenden Zellen ablaufen (d.h. die Autopoiese), bestimmt, welche Farberlebnisse möglich sind.

Andere autopoietische Systeme sind die Zelle, das Immunsystem, Perzeption im allgemeinen, Erkenntnis und Evolution. Der deutsche Soziologe Niklas Luhmann vertritt die Auffassung, daß auch soziale Systeme Autopoiese aufweisen.

Die Autopoiese-Theorie hat sich bisher in der Biologie nicht durchsetzen können, doch die Familientherapie und die Kybernetik wurden von Maturanas Ideen stark beeinflußt.

Siehe auch: →Selbstorganisation, →allgemeine Systemtheorie, →Selbstreferenz, →Kybernetik, →Kybernetik zweiter Ordnung, →Konstruktivismus

Literatur: Maturana und Varela (1991), Luhmann (1987)

B

Bells Theorem *(Physik).* Ein einfaches mathematisches Resultat, das bei Anwendung auf besondere Probleme der Quantenmechanik dazu führt, daß grundsätzliche intuitive Vorstellungen über die Wirklichkeit aufgegeben werden müssen, u.a. der Determinismus und die Vorstellung, daß der Raum in unabhängige Gebiete eingeteilt ist. (Bells Theorem wird auch als »Bells Ungleichheit« bezeichnet. Es wurde 1964 von dem schottischen Physiker John S. Bell eingeführt.)

Bells Theorem beschreibt eine Ungleichheit, die allgemein als ein Zusammenhang zwischen der Anzahl der Zeichen 0 und 1 in dreistelligen Zahlen des Zweiersystems ausgedrückt werden kann. Wenn man eine willkürliche Folge solcher dreistelliger Zahlen aufstellt (z.B. 010, 001, 110, 000, 110, 001, 101, 010, 101, 111, 000) und anschließend zählt, wie häufig der Typ 11x, x01 oder 1x1 vorkommt, wobei x für 0 oder 1 steht, wird die Summe der ersten beiden Häufigkeiten (im Beispiel 3 bzw. 4 mit der Summe 7) die dritte Häufigkeit (im Beispiel 3) immer übersteigen. Davon, daß dies sich so verhält, kann man sich leicht mit Hilfe der rechts abgebildeten Figur überzeugen. Daß die beiden Zahlen ungleich sind (die eine ist größer als die andere) ist die elementare Bell-Ungleichheit.

Die Ungleichheit zeigt ein Paradox in der Quantenmechanik auf, wenn man sie auf die Messung z.B. der Polarisation von Photonen in drei verschiedenen Richtungen anwendet. Man mißt, ob ein Photon parallel (bzw. rechtwinklig) zu einer gegebenen Richtung polarisiert ist, notiert das Ergebnis als 1 (bzw. 0) und trägt es als erste Ziffer der dreistelligen Zahl ein. Für jedes Photon kann prinzipiell nur eine Polarisationsmessung ausgeführt werden, doch diese Einschränkung kann man umgehen, indem man ein anderes (»korreliertes«) Photon mißt, von dem man weiß, daß seine Polarisation der des ersten entgegengesetzt ist. Dadurch erreicht man Meßresultate wie z.B. 01x, 11x, 11x, 00x, 01x, 11x, … (da die Polarisation in der dritten Richtung unbekannt ist).

Die Messung wird nun mit Blick auf die Bestimmung der Polarisation in den Richtungen 2 und 3 gleichzeitig (mit Resultaten

wie z.B. x00, x01, x00, x11, x10, ...) und danach 1 und 3 gleichzeitig (mit Resultaten wie z.B. 1x0, 0x1, 0x0, 0x1, 1x0, ...) wiederholt. Intuitiv sollte das Auftreten von 11x aus der ersten Serie, x11 aus der zweiten Serie und 1x1 aus der dritten Serie sich Bells Ungleichheit entsprechend verhalten, d.h. die Summe der ersten beiden Anzahlen sollte größer sein als die dritte. Dies ist jedoch nicht der Fall. Betrachtet man dagegen die Vorhersagen, die die Quantenmechanik macht, so gilt, daß sie sich in perfekter Übereinstimmung mit den Beobachtungen befinden.
Dieser Konflikt zwischen Voraussagen der einfachen Mathematik und Voraussagen der Quantenmechanik führt dazu, daß eine oder mehrere der klassischen Voraussetzungen der Physik (darunter Lokalität und Determinismus, die auf intuitiven Deutungen der Wirklichkeit aufbauen) in der Quantenmechanik aufgegeben werden müssen.
Die beschriebenen Messungen wurden u.a. in Verbindung mit einem berühmten Versuch durchgeführt, den der französische Physiker Alain Aspect Anfang der 80er Jahre nach einem Gedankenexperiment, dem sogenannten EPR-Paradox, vornahm; das Ziel des von Einstein, Boris Podolsky und Nathan Rosen aufgestellten Paradoxes war es, die Unvollständigkeit der Quantenmechanik zu beweisen.

Siehe auch: →Quantentheorie, →Lokalität, →Kopenhagener Schule, →EPR-Paradox

Literatur: Peat (1990)

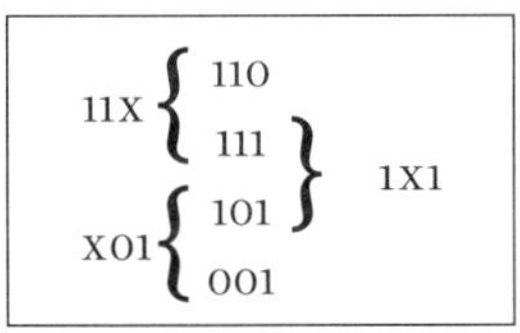

Bells Ungleichheit, illustriert mit Hilfe von vier dreistelligen binären Zahlen. Die Zahlen, die von 11x repräsentiert werden können, stehen oben, die Zahlen, die von x01 repräsentiert werden können, stehen unten. Man sieht, daß die Summe dieser zwei Anzahlen (hier 2 + 2 = 4) immer größer sein muß als die Anzahl von Zahlen des Typs 1x1 (hier: die zwei mittleren der vier dreistelligen Zahlen), wenn man von einer zufälligen Reihe solcher dreistelligen binären Zahlen ausgeht. Diese einleuchtende Tatsache wird als Bells Ungleichheit bezeichnet.

Bewußtsein *(Psychologie, Philosophie).* Was man als gegenwärtig erlebt, was man im Augenblick denkt, weiß, glaubt, wünscht, hofft, versteht, erkennt oder dessen man sich – im engeren Sinne – bewußt ist, bildet das Bewußtsein. In der Alltagssprache wird das Wort als Gegensatz zum Unbewußten oder zu Bewußtlosigkeit benutzt, während es in einer langen philosophischen Tradition physikalischen Zuständen gegenübergestellt würde.

Bewußtsein ist ein selbstverständlicher Bestandteil unseres mentalen Lebens. Dennoch ist es schwierig, genau zu verstehen, wie Bewußtsein in der materiellen Welt, in der wir leben, existieren kann. Die Meinungen darüber, ob es sich überhaupt um ein einheitliches Phänomen handelt und inwieweit das, was der Begriff deckt, jeweils (natur)wissenschaftlich untersucht werden kann, gehen auseinander.

Bewußtseinsphänomene können als grundsätzlich subjektiv und persönlich aufgefaßt werden, so daß sie sich nur in sehr begrenztem Umfang von objektiven Methoden, wie sie Perzeptionspsychologen und Hirnforscher beim Studium bewußter Wahrnehmung und bewußten Handelns anwenden, beschreiben lassen.

Die Geschichte des Wortes spiegelt die Schwierigkeiten wider. Vom lateinischen *conscienta,* das sowohl »Gewissen« als auch »Bewußtsein« im engeren Sinne bedeutet, wird *conscience* (Bewußtsein) bei Descartes auf den engeren Sinn begrenzt. Daraus wird Anfang des 18. Jahrhunderts das deutsche Wort *Bewußtsein* gebildet, das später in andere Sprachen eingeht. Es erhält drei Hauptbedeutungen:

1. Sammelbegriff für verschiedene Sinneszustände, u.a. Wahrnehmung, Auffassen von Mustern, Phantasie- und Erinnerungszustände sowie Denken.
2. Bewußtsein als das, was einem bewußt ist. Hier umfaßt der Begriff sowohl das Erleben (das Denken) von etwas, d.h. den Gegenstand des Bewußtseins, als auch die Meinung über dieses Etwas. Es handelt sich um Bewußtsein als Verhältnis zwischen dem Objekt, auf das es sich richtet (ein Gegenstand,

eine Phantasie, ein Bild, ...), und dem, das »sich richtet«, nämlich dem Bewußtsein selbst. Dieses Verhältnis nennt man Intentionalität.

3. Schließlich steht das menschliche Bewußtsein auch im Verhältnis zu sich selbst, da es sich seiner selbst bewußt ist. In diesem Zusammenhang spricht man von Selbstbewußtsein oder Reflexivität. Der Mensch ist nicht nur bewußt; er ist sich auch seines Bewußtseins bewußt. Inwieweit dies die Existenz von Sprache voraussetzt, ist umstritten, da wir auch ein nichtsprachliches Bewußtsein besitzen. Ebenso wird diskutiert, in welchem Maße psychische Prozesse vom Bewußtsein wahrgenommen und kontrolliert werden.

Siehe auch: →chinesisches Zimmer, →künstliche Intelligenz, →Körper, →Intentionalität

Literatur: Nørretranders (1994), Searle (1993), Edelman (1995), Calvin (1995)

Bifurkation *(Physik).* Ein kritischer Punkt in der Entwicklung eines physikalischen oder mathematischen Systems, von dem aus das System einem von zwei oder mehreren möglichen Wegen folgt (lat. *bi:* zwei + *furca:* Gabel).
In einem physikalischen System zeigt sich Bifurkation dadurch, daß der Zustand des Systems von einer Möglichkeit zur anderen wechselt. Bifurkation bedeutet eigentlich »Gabelung«; diese Bedeutung weist darauf hin, daß die Zustandswechsel oft dadurch geschehen, daß der Weg des Systems durch den Phasenraum sich in zwei mögliche Bahnen gabelt. Oft ist eine der Möglichkeiten instabil und in Wirklichkeit nicht »wählbar«; in anderen Fällen besteht eine Wahlmöglichkeit zwischen zwei stabilen Wegen, wobei eine kleine Fluktuation darüber entscheidet, welcher Weg gewählt wird.
Ein Beispiel dafür stellt ein sich ein- und ausschaltender Thermostat dar. Ob er sich einschaltet oder nicht, kann von einer sehr kleinen Veränderung der Temperatur abhängen.
In einem mathematischen Gleichungssystem bezeichnet Bifur-

kation den Umstand, daß sich für bestimmte Parameterwerte plötzlich eine andere Lösung als die bis dahin existierende zeigt. Eine besondere Art von Bifurkation ist die sogenannte Hopf-Bifurkation, bei der das System aufhört, stationäre Lösungen zu haben, sich vielmehr periodisch durch viele Zustände zu bewegen beginnt.

Siehe auch: →Singularität, →Phasenraum, →Attraktor, →Chaos, →Übergang zum Chaos, →Katastrophentheorie

Literatur: Thom (1975), Gleick (1990)

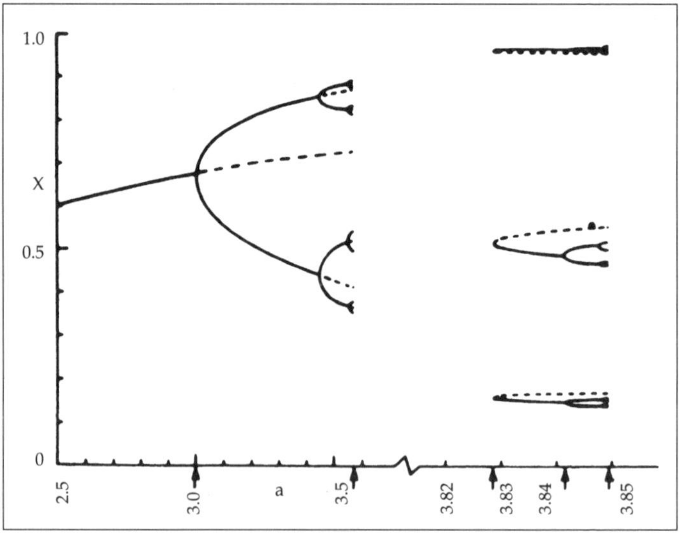

Das Bifurkationsdiagramm, das der Biologe Robert May 1971 aufgrund eines einfachen Modells für die Entwicklung einer Population zeichnete (später stellte sich heraus, daß es sich um die erste Darstellung von »Feigenbaums Diagramm« handelte). Die durchgezogenen Linien geben stabile Zustände des Systems an, die gestrichelten instabile. Für Werte von a größer oder gleich 3 beginnt das System zwischen zwei Zuständen hin- und herzuwechseln.

Biodiversität *(Ökologie).* Bezeichnung für den Grad der Vielfalt von Tieren, Pflanzen und Mikroorganismen innerhalb eines bestimmten Gebietes (von lat. *divertere:* abwenden, verteilen). Biodiversität ist eine Systemeigenschaft aller Lebewesen, die sich in komplexer Struktur, aber auch in der Variabilität biologischer Systeme ausdrückt. So kann man biologische Vielfalt auf ganz unterschiedlichen Ebenen feststellen: genetische Vielfalt, Artenvielfalt, Vielfalt der Lebensräume. Dieser Ansatz ist nicht nur für die theoretische Biologie und Ökologie wichtig; er spielt heute auch im ethisch-moralischen, im ökonomischen wie im politischen Bereich eine Rolle. Auf der UN-Konferenz für Umwelt und Entwicklung in Rio de Janeiro 1992 wurde u.a. eine Biodiversitäts-Konvention verabschiedet. Danach muß biologische Vielfalt in konkrete Naturschutzstrategien eingearbeitet werden. Die Erhaltung der Biodiversität ist zu einem grundlegenden Anliegen der Erhaltung der Lebensqualität auf der Erde geworden.

Siehe auch: →Ökosystem, →Gaia-Hypothese, →Humanökologie

Literatur: Kaule (1991), Solbrig (1994), Groombridge (1992), Wilson (1995)

Biosemiotik *(Biologie, Philosophie).* Das Studium der lebenden Natur, betrachtet als Zeichensystem (Semiotik = Zeichentheorie, von gr. *semeion:* Zeichen).

Im weiteren Sinne bezeichnet Biosemiotik das Studium der Kommunikationssysteme verschiedener Organismen. Beispiele sind die Schreie, Gesten und Grimassen, die die soziale Hierarchie innerhalb einer Pavianherde signalisieren, aber auch die Tanzsprache der Bienen, die Duftsignale der Ameisen, die hormonellen Wechselwirkungen zwischen Zellen in Tieren und Pflanzen und biochemische Signale innerhalb der Zelle.

Zahlreiche Disziplinen der Biologie (Ökologie, Verhaltensbiologie, Neurobiologie, Biochemie u.a.m.) beschäftigen sich mit der Beschreibung kommunikativen Verhaltens und der Erklärung seiner Mechanismen. Zeichentheorie als solche (allgemeine Semiotik) spielt dabei keine zentrale Rolle, und verschiedene zeichentheoretische Begriffe werden oft ohne strenge Definition angewandt.

Im engeren Sinne bezeichnet Biosemiotik eine bestimmte naturphilosophische Betrachtungsweise der Lebensprozesse, die davon ausgeht, daß es bei allen Lebensprozessen um Produktion,

Austausch und Deutung von Zeichen geht. Dabei wird Biosemiosis (»Zeichenaktivität«) als eine essentielle Eigenschaft lebender Wesen betrachtet, die sie von toter Materie unterscheidet. Diese Art der Naturbetrachtung legt großes Gewicht auf die Ähnlichkeiten, wie Zeichen sowohl in der Natur als auch in der menschlichen Kultur benutzt werden.

In Natur und Kultur geschieht Informationsaustausch sowohl in der Zeit als auch im Raum: Bücher oder der genetische Code etwa werden von Generation zu Generation weitervererbt; zwei Tiere oder zwei Menschen verständigen sich.

Ein wichtiger Grundgedanke der naturphilosophischen Biosemiotik ist, daß die Biologie, u.a. weil sie Studien von Kommunikation auf verschiedenen Niveaus umfaßt, sich nicht auf Physik reduzieren läßt. Phänomene wie Signale, Zeichen, Bedeutung und Deutung lassen sich nicht allein mit physikalischen Begriffen beschreiben; sie lassen sich im Rahmen der Biosemiotik besser beschreiben.

Die zeichentheoretische Perspektive ist von dem amerikanischen Philosophen Charles S. Peirce, einem der Gründer der modernen Semiotik, inspiriert.

Gegen die Biosemiotik wurde eingewandt, daß der Zeichenbegriff nur eine Metapher ist, keine eigentliche Theorie, und daß eine Reduktion von Biologie auf Physik – falls sie möglich sein sollte – Aussagen über Zeichenphänomene vielleicht durch Aussagen über physikalische Ereignisse ersetzen wird. Ein anderer Einwand ist, daß die Zeichentheorie im Verhältnis zur traditionellen Biologie keine neue Information beinhaltet. Beide Einwände gehen davon aus, daß Biosemiotik eine spezifische wissenschaftliche Theorie analog zu anderen testbaren Theorien ist, während es sich aber, wie erwähnt, eher um eine naturphilosophische Betrachtungsweise handelt.

Siehe auch: →Reduktionismus, →Teleologie, →Metapher

Literatur: Schnelle (1981), Hoffmeyer (1995), Hoffmeyer und Emmeche (1991)

Biosphäre *(Ökologie)*. »Belebte Kugel«; der Raum eines Planeten, in dem sich das Leben abspielt. (Der Begriff geht auf den russischen Mineralogen Vladimir Vernadsky zurück, der 1929 das Buch »Die Biosphäre« herausgab.) Die Biosphäre der Erde besteht aus den oberen Erdschichten, den Gewässern und den unteren Schichten der Atmosphäre. Diese nur wenige Kilometer dicke Grenzschicht zwischen dem Erdkern und dem Weltraum ist im Vergleich zur Größe der Erdkugel ein verblüffend dünner Lebensraum.

Ökologen unterteilen die Biosphäre in eine Vielzahl von miteinander durch Stoffkreisläufe und Energieflüsse vernetzte Ökosysteme, die allerdings nur unscharf voneinander abgegrenzt sind. Die Ökosysteme der Erde sind nicht nur durch den Stoffwechsel von Bakterien, Pflanzen und Tieren miteinander verbunden. Auch Wind und Wetter, Vulkanausbrüche, Landerosion, Meeresströmungen und andere klimatische und geologische Prozesse verknüpfen sie zu einer großen Gesamtheit.

Einzelne Wissenschaftler sehen in Ökosystemen so etwas wie eine regulierende Institution, die die physikalischen Bedingungen der Umwelt an die Bedürfnisse der lebenden Organismen »anpaßt«. Im Sinne dieser Sicht wäre die Biosphäre als übergeordnete Instanz zu betrachten, die eine integrierende Wirkung auf die einzelnen Ökosysteme ausübt (Gaia-Hypothese). Der Terminus Biosphäre wird von Gegnern wie auch von Anhängern der Gaia-Hypothese als neutrale Bezeichnung für die belebten Schichten der Erde benutzt (ganz so, wie die Begriffe »Atmosphäre« und »Lithosphäre« die Luft- bzw. die äußeren Gesteinsschichten der Erde bezeichnen).

Siehe auch: →Gaia-Hypothese, →Organisationsniveau

Literatur: Jüdes u.a. (1990), Walter u.a. (1991)

Brüsselator *(Thermodynamik)*. Ein mathematisches Modell zur Vorhersage des Wechsels zwischen Stabilität und Instabilität chemischer Prozesse mit vielen einander beeinflussenden Komponenten.

Das Modell wurde von einer Gruppe von Forschern unter Leitung des Chemikers Ilya Prigogine konstruiert und ist nach dem Heimatort der Gruppe, Brüssel, benannt. Es umfaßt Entwicklungsregeln für dissipative Strukturen (d.h. Strukturen in Systemen, die weit von einem Gleichgewichtszustand entfernt sind) unabhängig von ihrer »Substanz«, also unabhängig davon, ob es sich um die Entwicklung von chemischen Flüssigkeiten, Städten oder Volkswirtschaften handelt.

Der Brüsselator eignet sich vor allem zur Beschreibung zyklischer und instabiler Prozesse, bei denen das Ergebnis Teil der Randbedingungen für den weiteren Verlauf desselben Prozesses wird, was z.B. für die sogenannten chemischen und biologischen Uhren gilt (siehe Chronobiologie).

Siehe auch: →dissipative Struktur, →Thermodynamik, →Attraktor

Literatur: Prigogine und Stengers (1993).

C

Cantor-Staub *(Mathematik).* Eine von dem deutschen Mathematiker Georg Cantor im Jahre 1884 konstruierte fraktale Menge; die Bezeichnung stammt von dem in Polen geborenen Mathematiker Benoit Mandelbrot.

Mandelbrot glaubt, den zündenden Funken, der zur Entstehung der Fraktalgeometrie führte, in einem Brief von Cantor an den deutschen Mathematiker J.W.R. Dedekind vom 20. Juni 1877 gefunden zu haben. Cantor hatte bewiesen, daß ein Viereck nicht mehr Punkte enthält als eine seiner Seiten, und in dem Brief berichtet er darüber, welch ein Schock diese Entdeckung für ihn gewesen sei. 1884 konstruierte Cantor die Menge, die nun seinen Namen trägt, indem er von einem rechteckigen »Streifen« ausging, den mittleren Teil entfernte, danach die mittleren Teile der übriggebliebenen Drittel entfernte usw. Die einleitenden Schritte kann man zeichnen, aber nicht die allmählich entstehende Menge, da sie nur aus »Staub« besteht, der in dem früher aus dem Streifen bestehenden Gebiet verteilt ist und die fraktale Dimension 0,6309 hat.

Cantors Menge hat Eigenschaften, die auch viele der lange bekannten, durch Iteration (einen sich wiederholenden Rechenprozeß) geschaffenen Fraktale aufweisen. Eine Kurve, die die Massenverteilung im Cantor-Staub zeigt, bildet einen anderen bekannten Fraktal, die sogenannte »Teufelstreppe«.

Siehe auch: →Schneeflockenkurve, →Fatou-Staub, →Fraktal

Literatur: Mandelbrot (1991), Schroeder (1994)

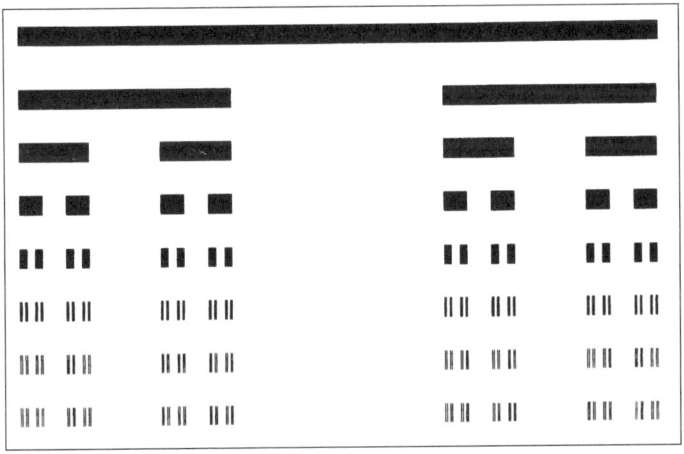

Cantor-Staub läßt sich eigentlich nicht abbilden, doch diese Illustration kann als Veranschaulichung dienen. Statt einer unendlich dünnen Linie wird hier ein »Streifen« benutzt. Man entfernt das mittlere Drittel, danach die mittleren Drittel der übriggebliebenen Drittel usw. Übrig bleibt der Cantor-Staub.

Chaos *(Physik).* Unvorhersagbares Verhalten in Systemen, die deterministischen Gesetzen unterworfen sind.

Chaotisches Verhalten in einem technischen Sinn kennen wir z.B. von einer Flipper-Maschine. Die ihr Verhalten bestimmenden Gesetze sind deterministisch und wohlbekannt: von Schwerkraft beeinflußte Bewegung und elastische Zusammenstöße. Dennoch ist es nicht möglich, die Bahn der Kugel für längere Zeit vorherzusagen. Bisher hat man geglaubt, daß dies ausschließlich auf praktische Probleme wie z.B. Meßunsicherheit zurückzuführen sei, doch durch die Chaostheorie wird deutlich, daß diese Unvorhersagbarkeit einen grundsätzlichen Charakter hat.

Zum ersten Mal wurde das Wort »Chaos« in dieser Bedeutung 1974 von James Yorke geprägt; der konkrete Anlaß waren Arbeiten des Populationsbiologen Robert May, der herausfand, daß sich gegenseitig beeinflussende Arten, z. B. Luchs und Hase, in bestimmten Fällen von Jahr zu Jahr auf unvorhersagbare Weise schwingende Zahlen aufwiesen. Seit Beginn der 80er Jahre ist »Chaos« zu einem Sammelbegriff für eine umfassende Arbeitsrichtung innerhalb nicht-linearer dynamischer Studien geworden.
Charakteristisch für chaotische Systeme ist, daß sie unbegrenzt hohe Empfindlichkeit gegenüber den Anfangsbedingungen besitzen. Beginnt man sein System nur ein klein wenig anders als beim vorhergegangenen Versuch, erhält man nach einiger Zeit eine Entwicklung, die von der vorigen völlig verschieden ist. Da man die Anfangsbedingungen nie ganz genau kennen kann, sind solche Systeme über einen bestimmten Zeitraum hinaus im Prinzip unvorhersagbar. Dies liegt allerdings nicht nur an der Meßunsicherheit, sondern auch an inneren Eigenschaften des Systems selbst.
Das System ist im Sinne von Berechnung irreduzibel – es gibt keinen kürzeren Weg, Information über das System zu erhalten, als den, es sich selbst entwickeln zu lassen. Die Erforschung solcher Systeme bezeichnet man als »deterministisches Chaos«. Die Entdeckung solcher Systeme hat die wichtige Konsequenz, daß die in der klassischen Mechanik selbstverständliche Gleichsetzung von Vorhersagbarkeit und Determinismus aufgegeben werden muß. Ein einleuchtendes Beispiel hierfür ist das Wetter. Man kennt alle auf dem Mikroniveau beteiligten Gesetze, erreichte aber erst vor kurzer Zeit Fünftageprognosen und rechnet damit, nie über Dreiwochenprognosen hinauszukommen. Viele Systeme, u. a. in der Hydrodynamik, der Chemie, der Biologie, der Soziologie, der Wirtschaftswissenschaft und der Neurophysiologie, werden als in diesem Sinne chaotisch angesehen.
Viele chaotische Systeme können durch »seltsame Attraktoren« beschrieben werden (was die Chaostheorien in enge Beziehung zur Fraktalgeometrie bringt), während andere chaotische Syste-

me überhaupt keine Attraktoren besitzen, weil sie alle Möglichkeiten in einem Teil des Phasenraums völlig durchlaufen.
Viele Systeme haben die Möglichkeit, sich sowohl normal als auch chaotisch zu verhalten, wie z.B. ein Wasserstrahl, der bei schwachem Druck gleichmäßig läuft, bei hohem Druck aber chaotisch spritzt. Es ist allerdings sehr schwierig, zu beweisen, daß ein System chaotisch ist, d.h. daß es nicht nur in einem sehr langen und komplizierten Zyklus verläuft.
Viele der Systeme, die man heute als chaotisch auffaßt, sind streng genommen vielleicht überhaupt nicht chaotisch. Chaos ist daher eine generelle Möglichkeit für alle physikalischen Systeme, wenn sie auf die richtige Weise »gestreßt« werden, und man hat daher auch versucht, die Chaostheorie auf zahlreichen Gebieten, von der Kosmologie bis zum Quantenchaos, anzuwenden.
Die Chaostheorie stellt also eine mathematisch begründete Universaltheorie dar, die sehr verschiedene Systeme umfaßt und wie die Naturphilosophie früherer Zeiten auf Ähnlichkeiten von Mustern bei sehr verschiedenen Phänomenen hinweist. Hauptprobleme der Chaostheorie sind die Klassifikation verschiedener »seltsamer Attraktoren« und das Studium der Frage, wie das Verhalten von Systemen von klassisch zu chaotisch wechselt.
Eine andere Tradition, die man im weiteren Sinne als chaostheoretisch bezeichnen kann, ist die Brüsseler Schule der Nichtgleichgewichtsthermodynamik mit Slogans wie »Ordnung aus Chaos«; dabei geht es aber um etwas ganz anderes als um deterministisches Chaos und um offene, nicht um geschlossene Systeme.

Siehe auch: →Übergang zum Chaos, →Attraktor, →Fraktal, →Mandelbrot-Menge, →Katastrophentheorie, →Phasenraum, →Feigenbaums Diagramm

Literatur: Briggs und Peat (1993), Cvitanovic (1989), Gleick (1990), Coveney und Highfield (1994), Casti (1989), Prigogine und Stengers (1993), Schroeder (1994)

Chaperonine *(Molekularbiologie).* Moleküle, die heranwachsenden Proteinketten dabei helfen, sich in die richtige Form zu falten (von engl. *chaperone:* Anstandsdame).

Die Windungen und Schleifen, die eine Aminosäurekette in einem Protein ausbildet, entscheiden über die Funktion des Proteins. Seit der Entdeckung der Chaperonine ist klar, daß Proteine diesen komplizierten Faltungsprozeß, der auf Abstoßungs- und Anziehungskräften zwischen verschiedenen Abschnitten des Proteinmoleküls beruht, nicht immer allein bewerkstelligen. Chaperonine, selbst Proteine, nehmen mit der entstehenden Proteinkette Kontakt auf und assistieren bei der Formfindung, wobei allerdings noch nicht klar ist, ob sie dabei aktiv in den Faltungsprozeß eingreifen oder ob die tonnenförmigen Moleküle lediglich einen geschützten Raum zur Verfügung stellen.
Sollten sie aktiv in die Formfindung von Proteinen eingreifen, könnte man nicht mehr behaupten, daß in einem Gen enthaltene Information allein ausreicht, um das codierte Protein zu spezifizieren. Die Übersetzung der genetischen Information in der Zelle wäre dann ein wesentlich komplexerer Prozeß.

Siehe auch: →genetische Information, →DNA

Literatur: Hoffmeyer (1991), Ellis (1990), Welch (1993)

Chinesisches Zimmer *(Informatik, Philosophie).* Bezeichnung für ein Gleichnis des amerikanischen Philosophen John Searle, der zu beweisen versuchte, daß traditionelle Computer niemals so etwas wie Verständnis aufweisen können.
Das Argument geht zumindest zurück auf Leibniz, der in seiner Monadologie schreibt: »Stellen wir uns einmal vor, es gäbe eine Maschine, deren Struktur es vermöchte zu denken, zu fühlen und Perzeptionen zu haben; man könnte sie nun vergrößert unter Wahrung derselben Proportionen so sich vorstellen, daß man in sie hineintreten könnte, wie in eine Mühle. Dies vorausgesetzt, wird man darin bei einer Besichtigung nur Stücke finden, die sich gegenseitig stoßen, niemals aber etwas, was eine Perzeption zu erklären vermag.«
Bei Searle lautet das entsprechende Gleichnis, daß ein traditioneller Computer, eine Turingmaschine, die als Eingabe (Input) eine syntaktisch geordnete Folge von Symbolen ohne Rücksicht auf

deren Inhalt abarbeitet, einem chinesischen Textverarbeitungszimmer entspricht, bei dem chinesische Schriftzeichen für die Eingabe und Ausgabe verwendet werden. Die Beantwortung der Eingabe geschieht nun dadurch, daß John Searle – der kein einziges Wort Chinesisch spricht – in diesem Zimmer steht und jedes chinesische Zeichen oder jede Zeichenfolge in großen Handbüchern nachschlägt, die ihn dazu auffordern, diese nach einem bestimmten, einem Computerprogramm entsprechenden System durch andere Zeichen zu ersetzen. Er versteht nichts vom Inhalt des Vorgangs, sondern folgt nur den Regeln. Ebenso kann ein Computer – wie Searle in dem chinesischen Zimmer – die Zeichen, die er behandelt, nicht verstehen, unabhängig davon, wie kompliziert die Handbücher – das Programm – sind. Verständnis kann nicht aus leeren Symbolen entspringen, oder anders ausgedrückt: Formale Systeme können keine Intentionalität besitzen.
Das Argument wurde während der Kontroverse über den sogenannten Turingtest für intelligente Maschinen vorgebracht und dient als Demonstration dafür, daß sogar eine Maschine, die den Turingtest in allen Punkten besteht, nicht intelligent im menschlichen Sinne ist, da dies Verständnis voraussetzt. Es ist daher ein Gegenargument zur funktionalistischen Hypothese, die besagt, daß Bewußtsein und Gehirn in derselben Beziehung zueinander stehen wie die Software und Hardware eines Computers.
Gegen das Argument wurde vorgebracht, es sei zwar richtig, daß man Verständnis nicht an irgendeiner einzelnen Stelle in der Maschine lokalisieren kann (z. B. in John Searles Person), daß es statt dessen eine Eigenschaft der gesamten Einrichtung, einschließlich Zimmer, Handbüchern usw., ist. Um diesem Gedanken entgegenzutreten, hat Searle sein Argument zur »chinesischen Sporthalle« erweitert, in der ein vielköpfiges Team von Arbeitern alle Teile des Übersetzungsvorgangs ausführt, ohne daß einer der Beteiligten irgend etwas davon versteht.
Statt das Argument zu verstärken, verdeutlicht diese Erweiterung vielleicht eher eine Schwäche: Daß keiner der Arbeiter etwas versteht, ist ja kein Argument dafür, daß die Sporthalle als Gesamt-

heit nichts versteht (man nimmt auch nicht an, daß eine Zelle des Körpers das Verhalten des gesamten Körpers versteht). Der zentrale Aspekt des Arguments ist statt dessen weiterhin die unerreichbare Verbindung zwischen einem formalen System und Intentionalität.

Während Leibniz zu beweisen versuchte, daß Perzeption nicht durch eine Untersuchung der Maschine, heute der Hardware des Computers, erklärt werden kann, versucht Searle zu beweisen, daß sie auch nicht durch Untersuchung der Software zu erklären ist. Doch dies bedeutet nicht, daß Searle wie Leibniz Bewußtsein und Physik voneinander trennen will, sondern daß er statt dessen Intentionalität durch einen noch unbekannten, komplizierten physikalischen Prozeß erklären will.

Searles Argument unterstreicht, daß Intentionalität mit Semantik (Sinn, Bedeutung) verbunden ist, die man nie völlig in Syntax (die formalen Prozesse) auflösen können wird, und daß der Geist (»mind«) daher nicht als Analogon zur Software eines Computers betrachtet werden kann. In seinem neuesten Buch greift Searle Leibniz' Gedankengang erneut auf, indem er die Auffassung vertritt, daß der zweite Teil der funktionalistischen Analogie zwischen Gehirn und Computer ebenfalls nicht zutrifft: Das Gehirn entspricht nicht der Hardware, weil die Syntax im Computer keine physikalische Eigenschaft des Computers ist, sondern etwas, das der Betrachter ihm zuschreibt.

Siehe auch: →Turingmaschine, →Turingtest, →Churchs These, →Intentionalität, →Emergenz, →künstliche Intelligenz, →neuronales Netz

Literatur: Searle (1986, 1993), Leibniz (1982)

Chreode *(Biologie)*. Einer von mehreren stabilen Entwicklungswegen in einem biologischen Prozeß, besonders bei der Bildung des Embryos, der einer Chreode aus einem Feld von Möglichkeiten folgt (von gr. *khré:* notwendig + *hodos:* Weg).

Der Begriff wurde in den 50er Jahren von dem englischen Biologen Conrad H. Waddington eingeführt, als Teil einer Auseinandersetzung mit der Tendenz vieler Genetiker, die Entwicklung

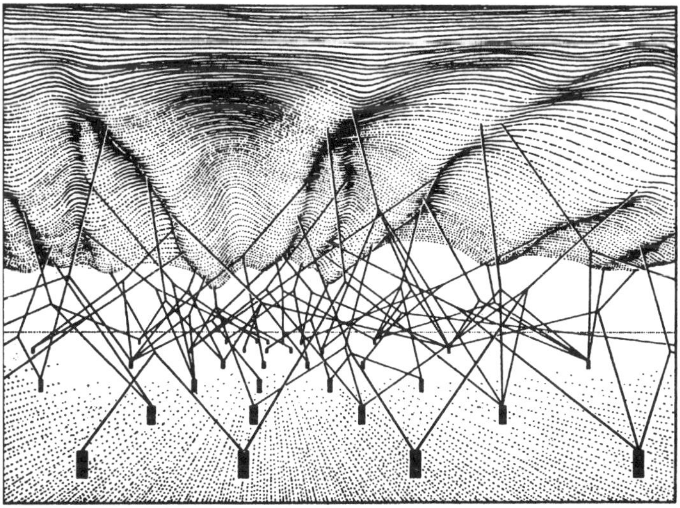

Die epigenetische Landschaft. Die Modellierung der Landschaftsform durch die Gene (die schwarzen »Blöcke« unten).

des Embryos zu ignorieren. Die Vorstellung, die DNA-Sequenz sei ein vollständiger »Bauplan« für den gesamten ausgewachsenen Organismus, lenkt nach Waddingtons Auffassung von der Frage der Morphogenese ab, d.h. wie der DNA-Strang in Fleisch und Blut realisiert wird.

Statt dessen betrachtet Waddington die Bildung des Embryos als eine Konstruktion in Analogie zur Geometrie, bei der eine Reihe von Grundsätzen (DNA) durch Beweise (Morphogenese) zu einer Aussage (dem fertigen Individuum) führt. Der Beweis kann mehreren Wegen folgen, und »Chreode« ist Waddingtons Bezeichnung für jede der verschiedenen möglichen Entwicklungen, die eine solche Konstruktion durchlaufen kann.

Für Waddington ist die Konstruktion nicht eindeutig; sie besteht aus einem Weg, der sich an mehreren Stellen verzweigt und andere Entwicklungsmöglichkeiten eröffnet. Die stabile Route in diesem »Straßennetz« sich gabelnder Wege, zu dem die Entwicklung führt, nennt Waddington eine Chreode. Er illustrierte dies am Beispiel einer Landschaft, die aus Hügeln und Tälern besteht und in der die stabile Entwicklung in den Tälern verläuft. Dieser Landschaft gab Waddington den Namen »epigenetische Landschaft«. Er legte sie als ein abstraktes Verständnismodell für die Entwicklung des Embryos vor, also als eine konkrete Version des Begriffes »Phasenraum«. Im Talsystem sind an vielen Stellen mehrere Entwicklungen möglich; hier spielt die DNA eine Rolle, indem sie die Richtung der Entwicklung und die Form der Landschaft bestimmt (aber nicht die Landschaft an sich aufbaut).

Siehe auch: →Bifurkation, →Morphogenese, →Katastrophentheorie, →künstliches Leben, →Konstruktivismus, →DNA, →genetischer Code

Literatur: Waddington (1957, 1968), Emmeche (1994)

Chronobiologie. Beschreibung und Erforschung aller Zeitstrukturen von Lebewesen, also der »biologischen Uhr« im weitesten Sinn, z.B. Herzschlag, Atmung, Schlafphasen und andere physiologische Rhythmen des Körpers (gr. *chronos:* Zeit).

Der Ausdruck biologische Uhr wird in der Regel im Zusammenhang mit biologischen Rhythmen und rhythmisch auftretenden Verhaltensweisen benutzt, die zu Zyklen in der Umwelt parallel verlaufen, z.B. Tages-, Gezeiten- oder Jahreszyklen. Solchen Rhythmen liegt aber häufig eine von äußeren Zyklen unabhängige »innere Uhr« (endogener Rhythmus) zugrunde. Diese Steuerung im Organismus wird durch sogenannte Zeitgeber (z.B. Helligkeitsunterschiede zwischen Tag und Nacht, unterschiedliche Tageslängen im Jahreslauf) dem äußeren Rhythmus angepaßt. Fallen solche Zeitgeber z.B. in einer experimentellen Isolation weg, läßt sich feststellen, daß die freilaufende innere Uhr vom 24-Stunden-Rhythmus abweicht; dies gilt auch für Jahresrhythmen. Deshalb spricht man von circadianen (lat. *circa:* ungefähr; *dies:* Tag) oder circannualen (lat. *annus:* Jahr) Rhythmen in den Organismen. Die »Ungenauigkeit« der von äußeren Einwirkungen grundsätzlich unabhängigen inneren Uhr hat eine wichtige biologische Bedeutung: Innerhalb gewissser Schwankungsbreiten läßt sie sich durch Zeitgeber auf geänderte äußere Rhythmen umstellen.

Zu den zahlreichen Beispielen biologischer Uhren zählen bei Pflanzen Blatt- und Wachstumsbewegungen und Reaktion auf Photoperioden (Hell-Dunkel-Rhythmus, z. B. Öffnung von Blüten), bei Tieren Schlafrhythmen, zyklische Hormonabsonderungen, Winterschlaf und Diapause (Winterruhe in der Entwicklung der Insekten), Farben-, Haar- und Federwechsel und Wanderungen (z. B. der Vogelzug, dessen Erforschung grundsätzliche Erkenntnisse der circannualen Rhythmik erbrachte). Es gibt auch mehrjährige Rhythmen, z. B. Zikadenarten, die nur alle 13 oder 17 Jahre auftreten. Man nimmt an, daß solche Zeitintervalle in Primzahlen es Beutefeinden schwierig machen, einen entsprechend angepaßten Zyklus zu entwickeln.

Das Wort Biorhythmus benutzt man in wissenschaftlichen Zusammenhängen als Bezeichnung für die erwähnten Rhythmen. Es dient auch als Bezeichnung für eine astrologieähnliche Theorie, die davon ausgeht, daß drei menschliche »Biorhythmen« (für körperliche Aktivität, Intellekt bzw. Gefühl) von Geburt an festgelegt sind.

Siehe auch: →Brüsselator

Literatur: Gwinner (1983), Gould (1989)

Churchs These oder **Church-Turing-These** *(Informatik, künstliche Intelligenz).* Eine 1936 vom dem amerikanischen Logiker Alonzo Church aufgestellte Hypothese darüber, was den intuitiven Begriff »effektive Berechnung« definiert.

Effektive Berechnung ist laut Churchs These alles, was von dem sogenannten Lambda-Kalkül erfaßt werden kann. Bei diesem Kalkül handelt es sich um einen abstrakten Formalismus, auf den wir hier nicht näher eingehen wollen. Entscheidend ist, daß er aus leeren Einheiten besteht, und die Manipulation dieser Einheiten erlaubt eine Definition mathematischer Grundbegriffe (so daß eine Funktion, die auf sich selbst wirkt [f ° f], die Zahl 2 definiert, während eine Funktion, die auf sich selbst auf sich selbst wirkt [f ° f ° f], die Zahl 3 definiert usw.).

Das Lambda-Kalkül ist eine Formalisierung der Vorstellung, daß effektive Berechnung darauf abzielt, daß man Schritt für Schritt durch wohldefinierte Operationen vorgeht, und Churchs These lautet, daß alles, was man mit Hilfe des Lambda-Kalküls berechnen kann, effektiv berechenbar ist (und umgekehrt). Einfacher gesagt handelt es sich um die Behauptung, daß alle Computer im Grunde gleich geformt sind und mit äquivalenten Operationen arbeiten – eine Idee, die auf dem Gebiet der Erforschung der künstlichen Intelligenz zur Vorstellung von einer Äquivalenz zwischen Computer und Gehirn führte.

Churchs These ist nicht bewiesen; für sie spricht jedoch, daß kurz nach ihrer Entstehung bewiesen wurde, daß sie mit zwei anderen Versuchen, effektive Berechenbarkeit zu definieren, äquivalent ist, nämlich der Turingmaschine und der Klasse der allgemein rekursiven Funktionen, die etwa gleichzeitig veröffentlicht wurden. Sie wird daher häufig als Church-Turing-These und manchmal auch als Church-Turing-Tarski-These bezeichnet.

Das Interessante an Churchs These ist, daß sie eine formale Vorstellung darüber liefert, was die Begriffe »Algorithmus«, »effektiver Prozeß« und »Berechenbarkeit« bedeuten, und dies impliziert umgekehrt, daß es wohldefinierte mathematische Probleme gibt, die nicht berechenbar sind. Ein einfaches Beispiel stellen die »nichtberechenbaren Zahlen« dar, reelle Zahlen, die nicht als Output einer Turingmaschine auftreten können. Ein schwierigeres Beispiel ist die Frage, wie man entscheidet, welche mathematischen Probleme berechenbar sind und welche nicht – dieses Problem ist selbst nicht berechenbar.

Churchs These darf nicht verwechselt werden mit Churchs Theorem, das feststellt, daß es keinen Algorithmus gibt, der entscheiden kann, ob eine gegebene Aussage in einem System wie der Prädikatenlogik der 1. Stufe oder einem leistungsfähigeren System, das die Sätze der Arithmetik ausdrücken kann, bewiesen werden kann.

Siehe auch: →Turingmaschine, →Halte-Problem, →rekursiv, →Gödels Theorem, →algorithmische Komplexität

Literatur: Dewdney (1989), Penrose (1991), Hofstadter (1993)

Cusp *(Mathematik)*. Diese Figur mit der Form einer Spitze ist die am meisten benutzte Singularität in der Katastrophentheorie (engl. *cusp:* Bogenspitze; auch *spitze* oder *semikubische* Parabel genannt).

Ein Cusp hat die Form einer Spitze, die eine Karte der möglichen Übergänge zwischen zwei Attraktoren ausmacht (vgl. Illustration). Im Innern eines Cusp sind beide Attraktoren möglich, doch an seinen Rändern hört der eine von ihnen auf zu existieren, so daß es im Raum außerhalb des Cusp nur einen Attraktor gibt. Durch den Cusp kann man mehrere nicht-triviale Bestimmungen des Verhältnisses zwischen zwei Zuständen vornehmen. Teils zeigt er, daß es sowohl einen kontinuierlichen (um die Spitze herum) als auch einen sprunghaften Übergang (durch die Spitze) zwischen den beiden Zuständen gibt, teils führt er zu der von thermodynamischen Systemen bekannten Möglichkeit einer verspäteten Reaktion (der Übergang findet erst am Rand des Cusp statt, nicht auf der Mittelachse).

Die bekannteste Anwendung des Cusp stammt von dem englischen Mathematiker Chr. Zeemann; es handelt sich um eine rein qualitative Anwendung des Cusp auf das von dem deutschen Verhaltensforscher Konrad Lorenz entwickelte Schema über das Verhalten von Hunden (vgl. Illustration), wobei das Innere des Cusp einem Zustand gleichzeitiger Wut und großer Furcht beim Tier entspricht – dies führt zu einer verzögerten Reaktion (ein wütender Hund ist schwerer einzuschüchtern als ein ruhiger). Einem typischen Cusp begegnet man auch bei der Anwendung des Phasendiagramms von Wasser, in dem die Grenzlinie zwischen Wasser und Dampf (Verdampfungsgrenze) in einem Cusp endet, jenseits dessen Wasser bei hoher Temperatur und hohem Druck ohne zu kochen direkt in Dampf übergeht.

In Anlehnung an den Cusp wird eine ganze Serie komplizierter Katastrophen als »Cuspoide« bezeichnet; sie umfassen Schwalbenschwanz, Schmetterling, Wigwam und Stern. Die einfachste nicht-einfache Katastrophe bezeichnet man als den »siebendimensionalen Doppelcusp«; er lagert alle sieben einfachen

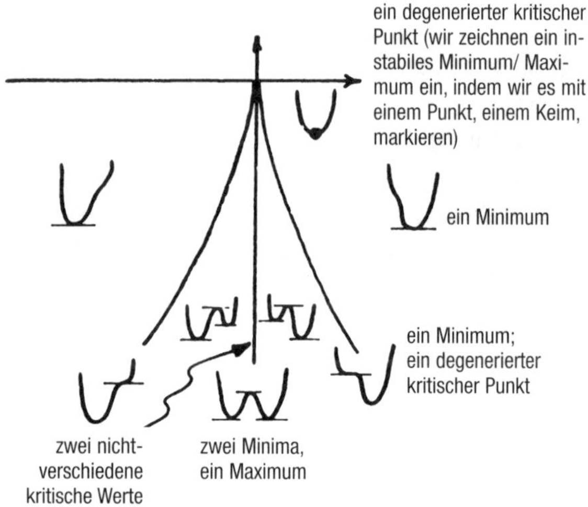

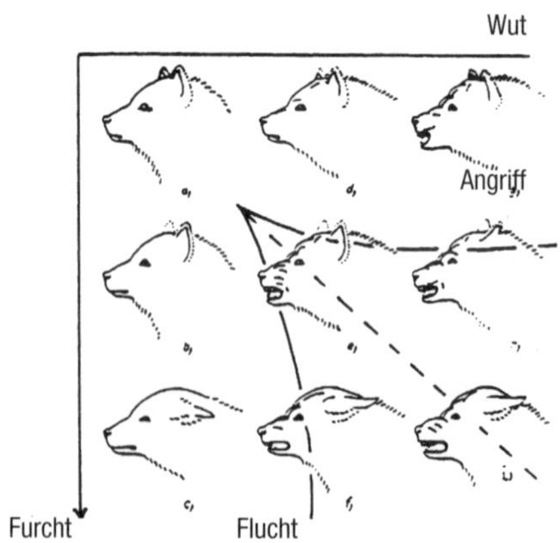

Ein in das von dem Verhaltensforscher Konrad Lorenz entwickelte Schema über das Verhalten von Hunden eingezeichneter Cusp. Er gibt den plötzlichen Übergang zwischen Angriff und Flucht sowie die Verspätung dieses Überganges an. Wenn der Hund bereits wütend ist, wechselt er erst am unteren Zweig des Cusp zur Flucht; hat er bereits Angst, wechselt er erst am oberen Zweig zum Angriff.

Katastrophen in sich ein, und seine Topologie ist noch nicht völlig dargestellt.

Siehe auch: →Katastrophentheorie, →Singularität, →Bifurkation, →Attraktor, →Phasenübergang

Literatur: Thom (1975), Petitot (1992)

D

dissipative Struktur *(Physik)*. Eine komplexe Struktur, die entstehen kann, wenn Energie durch ein System fließt. Die Bezeichnung stammt von dem belgischen Chemiker Ilya Prigogine.

Bringt man ein System aus seinem thermischen Gleichgewicht, indem man ihm Energie zuführt, erhöht sich der Energiefluß durch das System, und es gibt Wärme an seine Umgebung ab (engl. *dissipate:* zerstreuen). Ein solcher Prozeß wird beispielsweise ausgelöst, wenn man einen Bunsenbrenner unter ein Reagenzglas mit einer chemischen Lösung hält.

Man hat entdeckt, daß ein derartiger Energieaustausch unter bestimmten Umständen die Ordnung oder die Struktur in einem System, das weit von einem Gleichgewichtszustand entfernt ist, erhöhen kann. Z. B. bilden sich in einer Flüssigkeit komplizierte Muster, deren Auftreten man in keiner Weise voraussagen kann. Ein Beispiel stellen die sogenannten Bénard-Zellen dar: bienenwabenähnliche Muster, die an der Oberfläche einer Flüssigkeit sichtbar werden, während sie erwärmt wird.

Unmittelbar scheint dieses spontane Auftreten einer Struktur dem 2. Hauptsatz der Thermodynamik zu widersprechen, der besagt, daß die Unordnung (Entropie) steigt. Der 2. Hauptsatz gilt allerdings nur für geschlossene Systeme, während dissipative Strukturen eben in offenen Systemen bei Energieaustausch mit ihrer Umgebung entstehen. Die innere Ordnung wird auf Kosten einer größeren Unordnung in der Umgebung gebildet, die von der Energiedissipation, d. h. der erhöhten Wärmeabgabe durch das System, verursacht wird.

Prigogine und seine Mitarbeiter haben behauptet, daß dissipative Strukturen für das Verständnis von Komplexitätszunahme in der Natur allgemein, u. a. die Entstehung und Evolution von

Leben, sowie für bestimmte soziale Phänomene, wie Urbanisierung und Verkehr, relevant sind.

Siehe auch: →Thermodynamik, →Brüsselator, →Selbstorganisation, →Fluktuation, →Irreversibilität, →Entropie

Literatur: Prigogine und Stengers (1993), Davies (1991)

DNA *(Biologie).* Abkürzung für den chemischen Stoff, der das Erbmaterial aller Lebewesen darstellt und den genetischen Code trägt (der Stoff ist die Desoxyribonukleinsäure, engl. *deoxyribonucleic acid).*

DNA ist ein großes, wie eine Doppelspirale (meist Doppelhelix genannt) aufgebautes Molekül. Es ist eine kettenförmige Aneinanderreihung vier verschiedener kleinerer Molekülbausteine, der sogenannten Basen (Adenin, Guanin, Cytosin und Thymin, abgekürzt A, G, C und T). Diese bilden die »Buchstaben« des genetischen Codes. DNA-Moleküle haben eine wichtige Funktion als Träger eines Teils der genetischen Information.

Die Chromosomen im Kern der Zelle bestehen aus langen DNA-Strängen. Der amerikanische Genetiker James Watson und der britische Biophysiker Francis Crick haben im Jahr 1953 herausgefunden, daß in einem DNA-Strang zwei Basen-Ketten miteinander zur berühmten Doppelhelix verknüpft sind, wofür sie 1962 (zusammen mit Maurice Wilkins) den Medizin-Nobelpreis erhielten.

Die Gene sind auf den Chromosomen wie Perlen hintereinandergereiht. Ein Gen ist ein Abschnitt der DNA, ein langer Strang von Basen, wobei jedes Basen-Triplett (z.B. AAG) eine Aminosäure codiert. Ein Gen mit 1200 Basen codiert also ein Protein mit 400 Aminosäuren. Bei der Synthese eines neuen Proteins durch die Zelle wird die (Sequenz-)Information in der DNA dazu benutzt, eine festgelegte Abfolge von Aminosäuren zu einem Proteinfaden zu verknüpfen. Die Reihenfolge ist mitbestimmend für die Zusammensetzung des Proteins und damit für seine Funktion.

Vor der Zellteilung wird von jedem DNA-Molekül einer Zelle

eine Kopie hergestellt, und dann auf die beiden Tochterzellen verteilt, die so die gleichen DNA-Moleküle enthalten wie die Mutterzelle. Die Doppelhelix des DNA-Moleküls wird geöffnet (wie bei einem Reißverschluß), und die beiden Einzelstränge

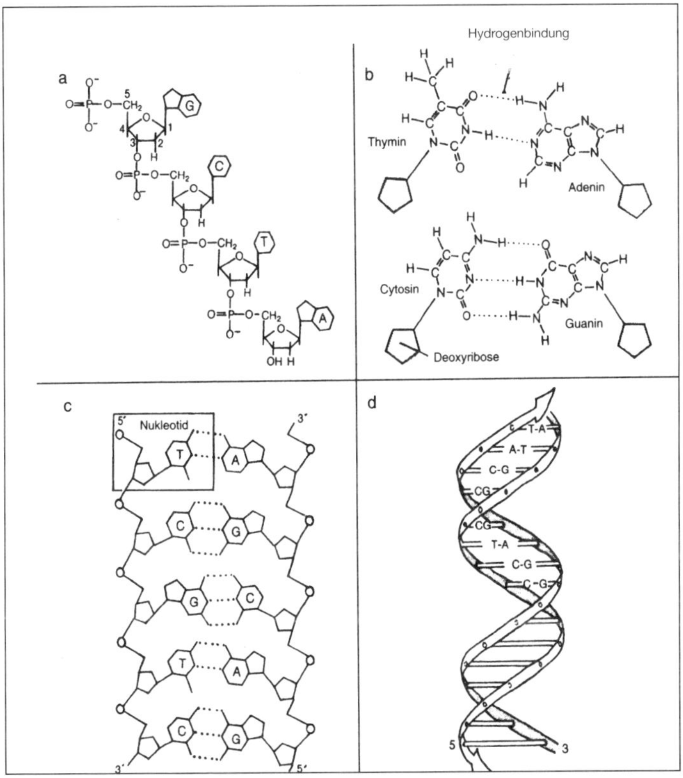

Der Aufbau des DNA-Moleküls. Teilfigur d zeigt das Doppelhelixmodell eines langen DNA-Stranges. Man sieht die zwei Zuckerphosphatketten, die das Rückgrat des Moleküls bilden, und die einzelnen »Stufen«, die aus den Basenpaaren bestehen. Die vier Basen A, G, C und T sind an die Kette geheftet, und die Kombination aus Zuckerphosphat und Base nennet man Nukleotid (Teilfigur c). Die beiden Nukleotidketten werden von den schwachen Wasserstoffbrückenbindungen zwischen den Basen zusammengehalten (Teilfigur b). Die Form und die Plazierung der Basen in der Doppelkette führt zur Basenpaarregel, die besagt, daß T immer mit A und C immer mit G gepaart ist. Teilfigur a zeigt den chemischen Aufbau einer einzelnen Nukleotidkette.

fungieren jeweils als Schablone für die Bildung eines neuen komplementären Stranges. Die Basen-Sequenz in einem Strang ist jeweils ein Spiegelbild der des anderen Stranges: A liegt immer T gegenüber, und G liegt immer C gegenüber. Ein Teilstück eines DNA-Moleküls kann also als eine Reihe von Basenpaaren beschrieben werden:

»A A G T C T A G C G G C A G T C T«
»T T C A G A T C G C C G T C A G A«

Die Entdeckung der DNA und des genetischen Codes sowie die detaillierte Beschreibung der Prozesse in der Zelle, die von der DNA gesteuert werden (bzw. die DNA steuern), stellen einen der größten Triumphe der modernen Biologie dar. Dennoch gibt es weiterhin zahlreiche Rätsel; z.B. ist noch weitgehend unverstanden, wie ein heranreifender Embryo seine Körperform findet.

Verschiedene Wissenschaftler befürchten, daß sich die Biologie zu einem »DNA-ismus« entwickelt, bei dem man die DNA bzw. die Gene zu sehr in den Mittelpunkt stellt (vgl. das humane Genomprojekt), ohne das komplizierte Zusammenspiel zwischen den Zellen sowie zwischen Organismus und Umwelt zu berücksichtigen.

Siehe auch: →genetische Information, →genetischer Code, →humanes Genomprojekt, →springende Gene, →Morphogenese

Literatur: Sippel (1988), Weinberg u.a. (1988)

Dreikörperproblem *(Physik)*. Die Frage, ob die Entwicklung eines aus drei Körpern, die sich gegenseitig durch ihre Schwerkraft beeinflussen (z.B. drei Planeten), bestehenden Systems von der klassischen Mechanik vorhergesagt werden kann.

Das Problem beschäftigte Physiker und Mathematiker Ende des 19. Jahrhunderts, weil die Frage rein praktisch die Stabilität des Sonnensystems betrifft: Kann man das Dreikörperproblem nicht lösen, kann man nicht beweisen, daß das Sonnensystem – das ja aus wesentlich mehr als drei Körpern besteht – stabil ist. König Oscar von Schweden schrieb 1887 einen Preis zu dem Problem aus, das von dem französischen Mathematiker, Physiker und

Philosophen Henri Poincaré mit einem Nein beantwortet wurde: Völlige Vorhersagbarkeit von z. B. Planetenzusammenstößen hängt von einer vollständigen Kenntnis aller Anfangsbedingungen ab – die man experimentell immer nur mit einem gewissen Unsicherheitsfaktor kennen kann. Poincarés Ergebnis lieferte damit die ersten Zweifel an der klassischen Vorstellung, daß Determinismus und Vorhersagbarkeit dasselbe seien. Es wurde bewiesen, daß eines der einfachsten denkbaren Systeme, das Sonnensystem, unvorhersagbar ist, eine Entdeckung, die einen erheblichen Kontrast zur klassischen Vorstellung des französischen Mathematikers Laplace von der vollständigen Vorhersagbarkeit des gesamten Universums darstellte.
Laut Poincaré mußte man daher das Ideal von einer vollständigen quantitativen Voraussage aufgeben und statt dessen von einer »qualitativen Dynamik« ausgehen, die bei weitgespannter Vorausschau entsprechend geringere Genauigkeit aufweist. Ausgehend davon könnte man verschiedene Arten von Entwicklung in einem System beschreiben. Poincaré untersuchte die Entwicklungen des konkreten Systems geometrisch durch den sogenannten Poincaré-Schnitt. Später wurde durch das sogenannte KAM-Theorem (Kolmogoroff-Arnold-Moser) bewiesen, daß Poincarés Systeme nicht immer in einem vollständigen Chaos enden, sondern daß die chaotischen Möglichkeiten auf verschiedene, spezifische Entwicklungen begrenzt sind; einige Entwicklungen sind klassisch, andere komplizierter, wieder andere chaotisch. Poincarés Ergebnis wurde viele Jahre lang vernachlässigt; heute wird es als die Entstehung des Phänomens, das als deterministisches Chaos bekannt geworden ist, angesehen.

Siehe auch: →Chaos, →Poincaré-Schnitt

Literatur: Ekeland (1989), Browder (1984), Coveney und Highfield (1994)

dunkle Materie *(Astronomie).* Materie, die kein Licht ausstrahlt und deren Existenz daher nicht durch direkte astronomische Beobachtungen nachgewiesen werden kann. Im allgemeineren Sinne umfaßt diese Bezeichnung Materie, die überhaupt keine elektromagnetische Strahlung aussendet und nur durch den Einfluß ihrer Gravitation auf andere (leuchtende) Materie nachgewiesen werden kann.

Wenn man beschreiben will, wie Galaxien und Galaxiengruppen sich bewegen, muß man die Verteilung der Masse in den untersuchten Objekten und in ihrer Umgebung kennen. In diesem Zusammenhang hat man traditionell angenommen, daß alle Materie, die Bedeutung für die Bewegung von Galaxien besitzt, Licht ausstrahlt und daher unmittelbar beobachtet werden kann. Neuere Untersuchungen u.a. der Rotation von Galaxien deuten allerdings darauf hin, daß es mehr Materie geben muß als die, die durch Ausstrahlung von Licht oder elektromagnetischer Strahlung anderer Art nachgewiesen werden kann. Heute meint man, daß es etwa zehnmal mehr dunkle Materie gibt als leuchtende. Die dunkle Materie bildet in diesem Fall einen wichtigen Teil der sogenannten »fehlenden Masse«, d.h. des Masseninhalts, der nach den kosmologischen Theorien vorhanden sein muß, wenn man davon ausgeht, daß das Universum eine endliche räumliche Ausdehnung und eine endliche Lebensdauer hat.

Die Natur der dunklen Materie ist unbekannt. Wenn sie aus einzelnen Objekten mit gewöhnlichen astronomischen Dimensionen besteht, kommen braune Zwerge und schwarze Löcher in Frage. Braune Zwerge sind sternenähnliche Gaskugeln, deren Masseninhalt ein paar Prozent der Masse der Sonne oder etwas weniger ausmacht. Die geringe Masse schließt die Möglichkeit von Fusionsprozessen im Innern der braunen Zwerge aus, und diese strahlen daher kein Licht aus; man hofft jedoch, gegebenenfalls ihre infrarote Strahlung registrieren zu können.

Wenn die dunkle Materie in Form schwarzer Löcher existiert, wird man diese möglicherweise dadurch nachweisen können, daß sie den Weg des Lichts von weit entfernten Himmelskörpern krümmen. 1993 fand man auf diese Weise die ersten Anzeichen dafür, daß der »Halo« unserer Galaxis (ihre kugelförmige Umgebung) eine große Zahl kompakter Elemente enthält, die man MACHO's (**MA**ssive **C**ompact **H**alo **O**bjects) nennt.

Schließlich hat man als mögliche Lieferanten dunkler Materie partikelförmige Materie, z. B. Neutrinos, und mehr oder weniger hypothetische Überbleibsel aus einem früheren Universum (Axionen, magnetische Monopole, kosmische Strings) vorgeschlagen. Keine dieser Möglichkeiten konnte bisher durch astronomische Observationen bestätigt oder entkräftet werden.

Siehe auch: →fehlende Masse, →schwarzes Loch

Literatur: Gribbin und Rees (1994)

egoistische Gene *(Biologie).* Schlagwort für die These, daß sich Gene nur dann in der Evolution durchsetzen können, wenn sie vor allem ihre eigene Vermehrung und Fortpflanzung sicherstellen.

Der Begriff wurde Mitte der 70er Jahre von dem englischen Biologen Richard Dawkins geprägt. Er sieht nicht die Selektion von Individuen, sondern die Konkurrenz von Genen als fundamentale Basis der Evolution: »Erfolgreiche« Gene unterscheiden sich von »weniger erfolgreichen« dadurch, wie häufig sie auf der Erde vorkommen. Entsprechend sind solche Gene am erfolgreichsten, die am besten für ihre eigene Vermehrung sorgen – was Dawkins »egoistisch« nennt. Eine der Schlußfolgerungen, die Dawkins aus seinem Erklärungsmodell zieht, ist die, daß Organismen wie der Mensch »Überlebensmaschinen« ihrer Gene sind – reine Zweckgemeinschaften, die sich nur deshalb entwickeln konnten, weil manche Gene erfolgreicher sind, wenn sie sich mit anderen Genen zusammenzuschließen. Diese reduktionistische Idee, daß Kooperation nur eine subtile Variante des Egoismus ist, hat auch starken Einfluß auf die Soziobiologie (und Soziologie) gewonnen. Beispiele für einen besonders offensichtlichen Typ »egoistischer Gene« werden auch im Erbgut des Menschen vermutet. Hier gibt es große Sequenzabschnitte, für die bislang kein Nutzen für den Organismus nachgewiesen werden konnte. Manche dieser Sequenzen, sogenannte springende Gene, werden nicht nur von Generation zu Generation weitervererbt, sondern können auch im Erbgut an neuen Plätzen Kopien von sich einfügen. Sie gelten deshalb als Erbgut-Parasiten, deren einziger »Sinn« die eigene Vermehrung ist.

Siehe auch: →Soziobiologie, →natürliche Selektion, →Reduktionismus, →springende Gene

Literatur: Dawkins (1994), Cavalier-Smith (1980)

Eichsymmetrie *(Physik)*. Dieses Prinzip wird auch als Eichinvarianz bezeichnet. Es drückt die Unabhängigkeit bestimmter Naturgesetze von der mathematischen Beschreibungsform aus und wird vor allem bei der Beschreibung physikalischer Größen wie Ladung, Baryonenzahl usw. benutzt, für die ein Erhaltungsgesetz gilt.

In der *klassischen Elektrodynamik* benutzt man oft einen Formalismus, in den die auftretenden elektrodynamischen Kräfte (Felder) nicht direkt eingehen, sondern durch sogenannte Potentiale ersetzt werden. Es stellt sich heraus, daß in bezug auf diese Potentiale eine gewisse Wahlfreiheit besteht, und die verschiedenen Wahlmöglichkeiten gehen durch eine sogenannte Eichtransformation auseinander hervor. Die elektrodynamische Beschreibung muß daher eichinvariant sein, d.h. vor und nach der Eichtransformation unverändert.

In der *Elementarteilchenphysik*, in der die fundamentalen Größen ebenfalls Felder sind, benutzt man ähnliche Formalismen, wobei man ausnutzt, daß die jeweiligen Felder durch bestimmte Arten von Transformationen nicht verändert werden. Derartige Eigenschaften hängen physikalisch mit Erhaltungsgrößen zusammen, z.B. der Ladung der Elektronen, dem Isospin der Atomkerne oder der Farbe der Quarks.

Es ist gelungen, eine fast vollständige Beschreibung der Natur in Form von Eichtheorien zu erreichen; man vermutet, daß es sich bei der nächsten Generation auf diesem Gebiet um die sogenannten Superstringtheorien handeln wird.

Siehe auch: →Symmetrie

Literatur: Gell-Mann (1995)

Emergenz *(Wissenschaftstheorie, fachübergreifend).* Wenn eine Wechselwirkung zwischen isolierten Elementen einsetzt, kann die Gesamtheit der Elemente qualitativ neue Eigenschaften aufweisen, die man aus den Kenntnissen über die einzelnen Elemente nicht voraussagen kann. Diesen Umstand bezeichnet man als Emergenz (lat. *emergere:* auftauchen).

Beispielsweise kann man, obwohl man weiß, daß ein Wassermolekül aus einem Sauerstoff- und zwei Wasserstoffatomen besteht, nicht voraussagen, welche Eigenschaften Wasser hat (z. B. daß es bei ca. 0 °C gefriert). Weitere Beispiele sind die elektrische Leitfähigkeit von Metallegierungen, die erste Bildung der Zelle und das Entstehen psychischer Phänomene im Nervensystem.

Der Begriff Emergenz wurde 1875 von dem englischen Philosophen George Henry Lewes geprägt; inhaltlich geht er jedoch bereits auf die vitalistischen Theorien vom Anfang des 19. Jahrhunderts zurück. Der Begriff wird heute auf unterschiedliche Weisen benutzt. So definiert der argentinisch-kanadische Philosoph Mario Bunge Emergenz als eine Grundeigenschaft aller Entitäten und betrachtet sie nicht als Problem für die Wissenschaft. Manche Forscher sehen Emergenz als einen Beweis dafür, daß in der Natur Indeterminismus existiert, während andere Emergenz als Argument für die Existenz einer Trennung in Ebenen der Naturbetrachtung verstehen.

Heute wird allgemein akzeptiert, daß es Emergenz auf allen Gebieten – Physik, Biologie, Psychologie und Gesellschaft – gibt, und es spricht viel dafür, daß Emergenz weder Indeterminismus noch unwissenschaftliche Prinzipien mit sich führt.

Siehe auch: →Organisationsniveau, →Reduktionismus, →Antireduktionismus, →allgemeine Systemtheorie

Literatur: Küppers (1990)

Endorphin *(Hirnforschung).* Eine Gruppe von Stoffen, die im Nervensystem gebildet werden und morphinartige Wirkung haben (von gr. *endon:* inner, und Morphin, von gr. *Morpheus:* der Gott des Schlafes, d. h. »inneres Morphin«).

1973 entdeckte man im menschlichen Gehirn Rezeptoren, die Morphin selektiv binden. (Auch andere Säugetiere, z. B. Mäuse und Ratten, besitzen diese Rezeptoren.)
1975 fand man die sogenannten endogenen Liganden (die Endorphine), die das Nervensystem selbst produziert. Bei großen physischen Belastungen, z. B. Marathonlauf, kann man sehr hohe Konzentrationen von Endorphinen im Gehirn registrieren. Ähnliches gilt bei Streß oder Schmerzzuständen. Der molekulare und zelluläre Wirkungsmechanismus der Endorphine ist bisher nur teilweise geklärt.
Siehe auch: →Neurotransmitter, →Synapse, →Neuronentheorie

Endosymbionten-Hypothese *(Evolutionstheorie).* Hypothese, nach der die Organellen im Innern kernhaltiger Zellen (etwa der von Pflanzen und Tieren) ursprünglich freilebende Bakterien waren, die dann zu einem Leben im Innern anderer Zellen übergegangen sind. Derartige Zellgesellschaften entstanden vermutlich vor etwa 1 – 1,5 Milliarden Jahren, indem einfache bakterienähnliche Zellen sich in größeren Wirtszellen etablierten. Die Nachkommen dieser eindringenden Zellen nennt man Endosymbionten; sie befinden sich nun als Zellorgane (Organellen) in den Zellen unseres Körpers und leben dort in einer engen gegenseitigen Abhängigkeit (Endosymbiose) mit der Zelle selbst. Die Endosymbionten-Hypothese wurde in den 70er Jahren u. a. von der amerikanischen Biologin Lynn Margulis formuliert.
Ein Beispiel für Endosymbionten sind die Mitochondrien. In diesen Organellen findet in der Zelle die biochemische »Verbrennung« von Nahrung statt. Sie stammen vermutlich von ursprünglich freilebenden Bakterien ab, die allmählich gelernt haben, mit einer Wirtszelle zusammenzuarbeiten. Die Mitochondrien von Pflanzen und Tieren weisen einen recht ähnlichen Aufbau auf, weshalb Biologen davon ausgehen, daß die Entwicklung von Mitochondrien sehr früh im Verlauf der Evolution stattgefunden hat, noch vor der Trennung der Entwicklungslinien von Pflanzen und Tieren.

Bei Pflanzen entwickelten sich später durch die Einwanderung von blaualgenähnlichen Organismen die Chloroplasten. Das sind die – meist grüngefärbten – Organellen, in denen durch Photosynthese Zucker aus Licht, Wasser und Kohlendioxyd hergestellt wird.

Die Endosymbionten-Hypothese wird inzwischen als eine plausible Theorie über den Ursprung der eukaryontischen Zellen (Zellen mit einem Zellkern und Organellen) betrachtet. Als Beleg ihrer Plausibilität gilt, daß sowohl Mitochondrien als auch Chloroplasten ihr eigenes Erbgut besitzen. Einige der in diesem Erbgut enthaltenen Gene sind zudem näher mit denen heute lebender Algen und Bakterien verwandt als mit Genen im Kern der Zelle.

Siehe auch: →Endosymbiose, →Evolutionstheorie

Literatur: Margulis und Sagan (1991), Kremer (1994)

Endosymbiose *(Ökologie).* Wenn Organismen einer Art mit Organismen einer anderen Art in einem engen Zusammenspiel leben und beide davon profitieren, spricht man in der Ökologie von Symbiose (»Zusammen-Leben«) oder Mutualismus (»Gegenseitigkeit«). Lebt eine dieser Arten sogar im Körper der anderen, nennt man dies Endosymbiose (gr. *endo:* innen).

Dies ist die allgemeine, ursprüngliche und breite Definition des Begriffes. Eine neuere und engere Bedeutung bezeichnet die besondere Form der Endosymbiose, bei der beide Organismen – Wirt wie auch Symbiont – einzellig sind. Vertreter der Endosymbionten-Hypothese glauben, daß die meisten »modernen Zellen« (von Pflanzen und Tieren) durch Endosymbiose zwischen Wirtszellen und primitiven, bakterienähnlichen Zellen entstanden sein können.

Ein Beispiel für Endosymbiose im traditionellen Sinn ist das Zusammenspiel zwischen der Kuh und den Mikroorganismen in ihrem Magen, die die Zellulose der Nahrung zu Zucker abbauen, den die Kuh aufnehmen kann. Den Mikroorganismen ist »dafür« ein stabiles Milieu mit Nahrung in reichlichem Maße gesichert.

Allgemein ist das Interesse für Studien über Symbiose und Endosymbiose in der Natur gestiegen. Evolution durch natürliche Selektion heißt ja nicht, daß es immer nur Kämpfe zwischen Arten geben muß, obwohl dies oft so dargestellt wird.

Siehe auch: →Symbiose, →Endosymbionten-Hypothese

Literatur: Kremer (1994)

Engramm *(Hirnforschung).* Gedächtnisspur, die im Gehirn identifiziert werden kann (gr. *en:* in + *gramma:* das Geschriebene).

Die Frage, ob Engramme existieren oder nicht, war einer der entscheidenden Streitpunkte innerhalb der Neuropsychologie. Um die Jahrhundertwende herrschte allgemein die Auffassung, daß psychische Funktionen sich auf begrenzte Gebiete des Gehirns lokalisieren lassen. Erlebnisse werden als Gedächtnisspuren gelagert und können bei Erinnerungsprozessen wieder abgerufen werden.

Die Engramm-Theorie wurde von der Neuronentheorie aus derselben Periode gestützt, die bewies, daß das Nervensystem aus anatomisch begrenzten Einheiten, den Neuronen (Nervenzellen), besteht. Diese sind durch sogenannte Synapsen miteinander verbunden, und man glaubte, daß diese die Stellen seien, an denen die Engramme gebildet werden.

In einem berühmten Aufsatz aus dem Jahre 1950 faßte der amerikanische Neuropsychologe Karl Lashley empirische Untersuchungen aus 20 Jahren zusammen. Nachdem man Ratten darauf trainiert hatte, bestimmte Aufgaben auszuführen, versuchte man, ihr Erinnerungsvermögen auszulöschen, indem man verschiedene, präzise abgegrenzte Teile ihres Gehirns zerstörte – allerdings ohne großen Erfolg. Lashley schloß daraus, daß es keine lokalisierten Engramme gibt, jedenfalls nicht in der vermuteten Form.

Unter anderem als Ergebnis der Arbeiten Lashleys legte man eine alternative Erklärung vor, die sich auf Neuro*physiologie* (d.h. Funktionen) statt Neuro*anatomie* (d.h. Lokalisierung) gründet. Laut dieser These sind Gedächtnisspuren dynamische und diffus lokalisierte neuronale Entladungsmuster, die in Zell-

verbänden unter Einbeziehung des Genoms (der genetischen Information im Zellkern) gebildet werden.
Engramme bilden sich nach einer Konsolidierungsphase, die sich unmittelbar an den Lernreiz anschließt. Die Summe der gespeicherten Engramme gilt als das biologische Substrat des Gedächtnisses.

Siehe auch: →Zellverband, →Synapse, →Konnektionismus

Literatur: Popper und Eccles (1994)

Entropie *(Physik)*. Ein Maß für den Verwendungswert der in einem System enthaltenen Energie, d.h. ihre Fähigkeit, Arbeit zu leisten. In einem physikalischen System mit einer bestimmten Menge von Energie kann diese entweder eine *niedrige* Entropie aufweisen, was bedeutet, daß sie einen *hohen* Grad von Ordnung besitzt und eine große Menge von Arbeit ausführen kann, oder sie kann eine *hohe* Entropie aufweisen, d.h. sie besitzt wenig Ordnung und geringe Arbeitsfähigkeit; möglich sind auch alle zwischen diesen Extremen liegenden Grade von Entropie. Der preußisch-polnische Physiker Rudolf Clausius bildete das Wort im Jahre 1850 analog zu Energie (von gr. *en:* in + *tropé:* Wendung, Veränderung) als technische Bezeichnung für $\Delta Q/T$, wobei ΔQ die Menge der bei der absoluten Temperatur T ausgetauschten Wärme ist.
Entropie ist ein zentraler Begriff der Thermodynamik (Wärmelehre). Der 1. Hauptsatz der Thermodynamik besagt, daß die Energiemenge in jedem geschlossenen System bewahrt wird: Energie kann nicht aus dem Nichts heraus geschaffen werden oder verschwinden.
Der 2. Hauptsatz der Thermodynamik besagt, daß die Entropie in einem geschlossenen System entweder steigt oder unverändert bleibt.
Maximale Entropie entspricht also minimaler Arbeitsfähigkeit und maximaler Unordnung; dies entspricht wiederum minimaler Information über die Gruppierung der einzelnen Moleküle im System.
Wenn man z.B. in einen Behälter mit isolierenden Wänden eine

Tasse mit warmem Kaffee und einem Stück Würfelzucker am Boden und eine Tasse mit kaltem Wasser stellt, repräsentieren die Unterschiede (hier Kaffee, dort Zucker, hier warm, dort kalt) eine bestimmte Ordnung, d.h. wir haben eine bestimmte Information über Stoff- und Temperaturunterschiede. Wenn das System geschlossen und sich selbst überlassen ist, wird nach dem 2. Hauptsatz die Entropie/»Unordnung« wachsen: Die Unterschiede zwischen Zucker und Kaffeewasser werden während der Auflösung des Zuckers ausgeglichen, und auch die Temperaturunterschiede zwischen der kalten und der warmen Tasse verschwinden. Die Gesamtenergie des Systems bleibt konstant (vgl. 1. Hauptsatz), doch wir wissen nun weniger über die Position der einzelnen Zuckermoleküle als am Anfang (sie können sich ja überall in der Kaffeetasse befinden; wir wissen nur nicht genau, wo), und wir wissen weniger über die Geschwindigkeiten der einzelnen Moleküle in den zwei Tassen als vorher.
Was vom Standpunkt des Beobachters als erhöhte Unkenntnis über die Unterschiede erscheint, ist eine Wirkung der Zunahme der Entropie im System. Im allgemeinen geht ein Wachstum der Entropie einher mit der Umbildung von Energie zu Wärme; z.B. wird die chemische Energie, die die einzelnen Zuckermoleküle zu einem Kristall verband, in Wärmeenergie übergeführt.
Der 2. Hauptsatz ist durch zahlreiche Versuche bestätigt worden, doch wird weiterhin diskutiert, inwieweit er ein grundlegendes Naturgesetz darstellt. So hat man behauptet, daß das Universum sich durch die laufende Zunahme der Entropie auf einen allgemeinen Wärmetod zubewegt, der alle Unterschiede auslöscht. Aber kann man von lokalen geschlossenen Systemen auf das Universum als Gesamtheit schließen? Handelt es sich beim Universum um ein geschlossenes System? Diese Fragen sind nicht geklärt.
»Negative Entropie« oder »Negentropie« ist ein recht populärer Begriff. Er wird oft unpräzise als Bezeichnung für das »Spiegelbild« der Entropie benutzt, d.h. als Maß für den Grad von Ordnung – statt Unordnung – in einem System, läßt sich aber prä-

zise definieren als der Abstand von der aktuellen zur potentiell maximalen, von einem System erreichbaren Entropie.

Lebewesen scheinen den Grad ihrer »Ordnung« zu erhöhen, sowohl im Eigenleben des Organismus als auch aus der Perspektive der Evolution. Widerspricht dies dem 2. Hauptsatz? Glücklicherweise nicht. Erstens sind Organismen keine geschlossenen Systeme. Sie erhalten sich selbst mit Hilfe eines konstanten, sie durchfließenden Energiestroms. Sie saugen Ordnung (Negentropie) aus diesem Strom und geben Wärme (Entropie) an ihre Umgebung ab. Also kann die Entropie des Systems »Organismus + Umwelt« (oder »Biosphäre + Sonne und Weltraum«) weiterhin insgesamt steigen, und der 2. Hauptsatz wird eingehalten.

Zweitens ist thermodynamische Ordnung (Negentropie) nicht dasselbe wie biologische Organisation. Es kann daher vorkommen, daß die Entropie in einem geschlossenen System chemischer Reaktionen steigt und die biologische Organisation dieser Reaktionen in Zeit und Raum gleichzeitig wächst.

Siehe auch: →Thermodynamik, →Informationstheorie, →Komplexität, →Biosphäre, →Irreversibilität

Literatur: Prigogine und Stengers (1993), Penrose (1991), Coveney und Highfield (1994), Falk und Ruppel (1976)

EPR-Paradox *(Physik)*. Ein Gedankenexperiment, das darauf abzielt, logische Unzulänglichkeiten bei der formalen Begründung der Quantenmechanik nachzuweisen (formuliert von Albert Einstein und seinen zwei Mitarbeitern Boris Podolsky und Nathan Rosen als Beitrag zu einer berühmten Debatte zwischen Niels Bohr und Einstein).

Im Jahre 1935 veröffentlichten die drei genannten Physiker einen später häufig zitierten Aufsatz, in dem sie ein Experiment vorschlugen, das einen Gegenbeweis zur gängigen Deutung der Quantenmechanik (heute als Kopenhagener Deutung bekannt) liefern sollte. Das vorgeschlagene Experiment umfaßte Messungen der Polarisationsrichtungen zweier Photonen (Lichtquanten), die weit voneinander entfernt auf solche Weise von derselben Quelle ausgesandt werden, daß man weiß, daß sie gegensätzliche Polarisationszustände zueinander einnehmen (entgegengesetzt polarisiert sind).

Für die Messung der Polarisation eines Photons gilt allgemein, daß das Resultat mit 50 Prozent Wahrscheinlichkeit der eine der beiden Zustände sein wird und es prinzipiell nicht möglich ist, den Ausgang der Messung genauer vorherzusagen. Handelt es sich jedoch um zwei auf die erwähnte Weise ausgesandte Photonen, wird man durch die Messung der Polarisation des einen Photons das Ergebnis der Messung der Polarisation des anderen Photons mit 100 Prozent Wahrscheinlichkeit voraussagen können. Dieser Umstand wurde im EPR-Aufsatz so gedeutet, daß man bei der Messung der Polarisation des ersten Photons eine Art von sofortigem Einfluß auf das andere Photon auslöst. Dies ist nicht mit der Relativitätstheorie vereinbar, die für die Geschwindigkeit von Wechselwirkungen eine obere Grenze festlegt, nämlich die Lichtgeschwindigkeit.

Traditionell wird dieses Paradox mit der Feststellung erklärt, daß die beiden Photonen nicht als getrennte quantenmechanische Systeme aufgefaßt werden können, obwohl der Abstand zwischen ihnen groß ist. Experimente, die das Gedankenexperiment des EPR-Paradoxes in die Praxis umsetzen sollten, wurden von dem französischen Physiker Alain Aspect im Jahre 1981 durchgeführt, und seine Ergebnisse bestätigen, daß die Polarisation der Photonen so korreliert ist, wie von EPR behauptet. Das EPR-Paradox unterstreicht daher die Schwierigkeiten, die entstehen, wenn man ein intuitives Verständnis der quantenmechanischen Begriffswelt zu erlangen versucht.

Siehe auch: →Bells Theorem, →Kopenhagener Schule, →Quantentheorie

Literatur: Gribbin (1993), Rae (1986), Drieschner (1991)

Ereignishorizont *(Astrophysik).* Eine gedachte Fläche, die ein schwarzes Loch umgibt und ein Gebiet begrenzt, aus dem nichts in seine Umgebung dringen kann.

Gemäß der Beschreibung starker Gravitationsfelder durch die

allgemeine Relativitätstheorie existieren im Raum-Zeit-Kontinuum Gebiete, in denen die Dichte von Masse und Energie unendlich groß ist. Ein solches Gebiet nennt man ein schwarzes Loch. Im einfachsten Fall ist es von einer Kugelfläche – der »Oberfläche« des schwarzen Loches – umgeben, die ein Beispiel für einen Ereignishorizont darstellt: eine Fläche, die Materie und Strahlung nur in einer Richtung passieren können. In Verbindung mit komplizierteren Verteilungen der Materie und der Energie kann die Geometrie des Ereignishorizontes anders sein; bei einem rotierenden schwarzen Loch handelt es sich beispielsweise um ein Ellipsoid.

Unter anderem von Stephen Hawking Anfang der 70er Jahre vorgenommene Berechnungen haben die Möglichkeit aufgezeigt, daß Materie durch quantenmechanische Effekte (Bildung sogenannter virtueller Partikelpaare) den Ereignishorizont in umgekehrter Richtung passieren kann; ein schwarzes Loch würde dann »verdampfen« können, vermutlich durch einen sich beschleunigenden Prozeß, der mit der Zerstörung des Loches durch eine Explosion endet. Falls es diesen Hawking-Effekt gibt, hat er möglicherweise kosmologische Konsequenzen. Da schwarze Löcher und Ereignishorizonte bis heute rein hypothetische Objekte sind, könnte er dadurch den entscheidenden Beobachtungsbeweis für die Existenz dieser Objekte liefern.

Siehe auch: →Relativitätstheorie, →schwarzes Loch, →Quantenfluktuation, →Singularität.

Literatur: Hawking (1991), Gribbin und Rees (1994), Hawking (1993)

Erkenntnistheorie *(Philosophie)*. Der Teil der Philosophie, der sich mit den Bedingungen dafür beschäftigt, wie man wahre Erkenntnis der Welt erreicht (auch Epistemologie genannt).

Die Erkenntnistheorie ist eines der klassischen Teilgebiete der Philosophie. Grundsätzlich beinhaltet sie eine Beziehung zwischen dem Erkennenden (dem Subjekt) und dem, was erkannt wird (dem Objekt).

Viele zentrale wissenschaftliche Theorien und Hypothesen ha-

ben Konsequenzen für die Frage nach der Erkenntnis. Beispielsweise stellt die Quantenmechanik mit ihrer Komplementarität, die bedingt, daß ein physikalisches Phänomen in verschiedenen Meßapparaturen unterschiedlich erscheinen kann, eine Herausforderung für die Erkenntnistheorie dar. Die Komplementarität führt mit sich, daß das erkennende Subjekt durch die Anwendung bestimmter Meßapparate gleichzeitig das zu Erkennende stark eingrenzt oder, wie manche sagen würden, direkt schafft.
Die Erkenntnistheorie wird oft der Ontologie (der Lehre vom Sein) gegenübergestellt. Ontologie und Erkenntnistheorie sind jedoch eng miteinander verbunden, da jede Erkenntnis eine Annahme über die Existenz des Erkannten enthält oder voraussetzt.
Siehe auch: →Kybernetik zweiter Ordnung, →Konstruktivismus

Evolutionstheorie *(Biologie).* Die Evolutionstheorie beschäftigt sich mit der kontinuierlichen Entwicklung neuer Organismen aus existierenden seit dem Beginn des Lebens vor gut 3,6 Milliarden Jahren (von lat. *ex:* aus, *volvere:* rollen).
Der Gedanke, daß alle Tier- und Pflanzenarten der Erde von heute ausgestorbenen Vorformen abstammen und daß ihre Entwicklung durch wenige kausale Mechanismen erklärt werden kann, bildet den Kern der biologischen Evolutionstheorie, die von Charles Darwin Mitte des 19. Jahrhunderts begründet wurde. Der wesentliche Mechanismus ist die natürliche Selektion (siehe dort und unter dem Stichwort Neodarwinismus).
Die Evolutionstheorie ist die fundamentalste Theorie der Biologie. Alle biologischen Phänomene müssen, unabhängig von ihrem Niveau, im Verhältnis zu ihr betrachtet werden. Die Theorie stellt sowohl eine breite Perspektive des Lebens als auch ein weiterhin offenes und fruchtbares Forschungsprogramm dar, das konkurrierenden Teiltheorien verschiedene Antworten auf die spezifischen Fragen erlaubt. Sie ist, abgesehen von bestimmten Teiltheorien, nicht formalisiert.
Heute versucht man, die Zusammenhänge zu verstehen zwischen 1. Makroevolution, d.h. die Bildung neuer Arten und

höherer Kategorien wie Ordnungen und Klassen, 2. Mikroevolution, d.h. die Entwicklung innerhalb der Art und ihrer Population, dem Hauptinteressengebiet der neodarwinistischen Populationsgenetik, und 3. die molekulare, genetische und embryologische Grundlage der Evolution, d.h. die Frage, wie molekulare Änderungen in der Erbmasse die Bildung von Form und Funktion des Organismus und damit seine Lebensfähigkeit *(fitness)* im Verhältnis zu Artgenossen im Rahmen des Ökosystems beeinflussen. Vieles deutet darauf hin, daß eine allgemeine Theorie unbedingt auf mehreren Niveaus biologischer Evolution operieren muß. Notwendig ist auch die Integrierung des Neodarwinismus in diese allgemeinere Theorie.

Bei einer der vielen Kontroversen unter Evolutionsbiologen ging es darum, ob die Entwicklung gleichmäßig verlaufen ist oder ob revolutionierende Sprünge, d.h. die plötzliche Entstehung völlig anderer Organismen, »optimistischer Monster«, die ganz neue Entwicklungslinien bilden, möglich sind. Weil Neodarwinisten an eine graduelle Entwicklung glauben, fällt es ihnen schwer zu erklären, wie ganz neue Klassen von Tieren (z.B. Seeigel und Wirbeltiere) aus einfacheren Formen (z.B. Würmern) entstehen. Dies könnte durch Makromutationen geschehen, d.h. genetische Veränderungen, die den Aufbau eines Tiers oder einer Pflanze radikal ändern. Obwohl Makromutationen lange als Pseudoerklärung aufgefaßt wurden, konzentriert sich das Interesse heute auf sie, indem man sie als Veränderungen von Genen (u.a. der sogenannten Homöoboxen) versteht, die die frühe Entwicklung des Embryos steuern.

Eher wissenschaftstheoretische Kontroversen drehten sich darum, ob die Evolutionstheorie eine mit den Theorien der Physik vergleichbare wissenschaftliche Theorie ist und ob der Hinweis in evolutionären Erklärungen auf die Fähigkeiten von Organismen zu Anpassung, Wettbewerb, Zusammenarbeit und Überleben eine versteckte Teleologie (Zwecksteuerung) zur Folge hat. Die Evolutionstheorie als Forschungsprogramm wird erhalten bleiben, doch die endgültige Form der Theorie und ihre Gültigkeit für z.B. soziale Phänomene (vgl. Soziobiologie) werden auch weiterhin diskutiert werden.

Siehe auch: →Neodarwinismus, →natürliche Selektion, →Gradualismus, →unterbrochenes Gleichgewicht, →Soziobiologie, →Gruppenselektion, →Teleologie, →Organisationsniveau, →Homöobox

Literatur: Wuketits (1989), Futuyma (1990), Reichholf (1994)

Exobiologie *(Astronomie).* Das Studium von Leben an anderen Orten im Universum als auf dem Planeten Erde (gr. *ekso:* außerhalb). Man denkt seit langem darüber nach, ob es Leben an anderen Orten im Universum gibt. Heute geht man davon aus, daß das Leben auf der Erde durch spontane, sich selbst organisierende Prozesse zwischen organischen Molekülen unter besonderen, vielleicht seltenen physikalisch/chemischen Bedingungen entstanden ist. Es ist nicht ausgeschlossen, daß ähnliche Bedingungen auf anderen Planeten in anderen Sonnensystemen vorliegen. Daher kann man sich die Existenz anderer lebender und vielleicht intelligenter Wesen außerhalb der Erde vorstellen.

In den 60er Jahren begann man damit, in eigenen Projekten (wie SETI, d.h. *»search for extraterrestrial intelligence«)* zu untersuchen, ob z.B. Radiowellen aus dem Weltall möglicherweise Botschaften von anderen Zivilisationen enthalten. Diese Projekte stießen auf die Skepsis zahlreicher Forscher, die Exobiologie als eine gegenstandslose Wissenschaft betrachteten.

Doch die von der Exobiologie gestellten Fragen sind fundamental; es geht um die Entstehung und die Entwicklung von Sonnensystemen, Planeten und Leben, den Übergang zu intelligenten Lebensformen und die Stabilität von Ökosystemen, Biosphären und Zivilisationen. Untersuchungen des Planeten Mars von Raumsonden aus haben keinerlei Hinweis auf mögliches Leben erbracht, sie stellten jedoch eine Inspiration für die Gaia-Hypothese über das Leben auf der Erde dar.

Siehe auch: →künstliches Leben, →anthropische Kosmologie, →Gaia-Hypothese

Literatur: Ferris (1992), Feinberg und Shapiro (1980), Regis (1985)

F

Fatou-Staub *(Mathematik).* Ein von dem französischen Mathematiker Pierre Fatou im Jahre 1906 festgestellter Typ von Fraktal; seinen Namen gab ihm der in Polen geborene Mathematiker Benoit Mandelbrot im Jahre 1983.
Charakteristisch für Fatou-Staub ist, daß seine einzelnen Teile von allen anderen Teilen isoliert sind, während man dennoch immer einen anderen Teil in willkürlicher Nähe finden kann.
Die Mandelbrot-Menge umfaßt verschiedene Typen von Julia-Mengen; alle Julia-Mengen, die außerhalb des Gebietes der Mandelbrot-Menge liegen, haben den Charakter verschiedener Formen von Fatou-Staub.
Siehe auch: →Fraktal, →Cantor-Staub, →Julia-Menge, →Schneeflockenkurve, →Mandelbrot-Menge
Literatur: Mandelbrot (1991)

fehlende Masse *(Astrophysik).* Die wichtigsten kosmologischen Theorien gehen davon aus, daß das Universum etwa 100 mal mehr Masse enthält, als bisher festgestellt. Dies ist die fehlende Masse.
In den sogenannten Friedmann-Modellen, die die Struktur und Entwicklung des Universums beschreiben, kann das Universum entweder räumlich geschlossen (und dann von endlicher Lebensdauer) oder offen (von unendlicher Lebensdauer) sein. Den Grenzfall zwischen diesen beiden Typen nennt man das »kritische« oder »flache« Modell; dieser Typ gehört ebenfalls zu den offenen Systemen.
Ob das Universum dem einen oder dem anderen Typ zugeordnet werden kann, wird von seiner durchschnittlichen Massendichte entschieden. Ist die Massendichte größer als ein gewisser kritischer Wert, ist das Universum geschlossen; ist sie kleiner oder gleich diesem Wert, ist das Universum offen. Der betreffende kritische Wert hängt ausschließlich mit der Ausdehnungsgeschwindigkeit des Universums zusammen, einer Größe, die durch Messungen der Abstände zu den fernen Galaxien und der Geschwindigkeit, mit der sie sich von uns fortbewegen, bestimmt

werden kann. Diese Bestimmung ist etwas unsicher, führt aber zu einer ungefähren durchschnittlichen Massendichte von zwei Sauerstoffatomen pro Kubikmeter. Doch die Massendichte der Materie in den Galaxien macht nur etwa ein Prozent des kritischen Wertes aus. In der Frühzeit der Kosmologie meinten führende Forscher, daß das Universum aus ästhetischen Gründen geschlossen sein müsse, weshalb die restlichen 99 Prozent in einer unbekannten Form zu suchen seien – der fehlenden Masse. Heute haben theoretische Argumente viele Kosmologen zu der Auffassung geführt, daß das Universum eher mit Hilfe des kritischen Modells beschrieben werden muß; damit bleibt das Problem der fehlenden Masse bestehen. Ein Teil dieser Masse könnte aus der unsichtbaren (»dunklen«) Materie bestehen, auf deren Existenz in Galaxien und Galaxiengruppen man indirekt schließen kann. Doch auch dann ist das Problem weiterhin ungelöst, da die dunkle Materie nur etwa 10 Prozent der fehlenden Masse ausmacht.

Siehe auch: →dunkle Materie

Literatur: Gribbin (1993), Hawking (1991)

Feigenbaums Diagramm *(Mathematik, Physik).* Eine in den 70er Jahren von dem amerikanischen Physiker Mitchell Feigenbaum entdeckte Darstellung des Übergangs von Ordnung zu Chaos. Sie hat die Form eines Baums, dessen Stamm sich mehrmals teilt (daher wird sie auch als »der Feigenbaum« bezeichnet).

Feigenbaums Diagramm wurde bei der Untersuchung universeller Eigenschaften von Chaos entdeckt. Feigenbaum stellte fest, daß Funktionen mit einem Maximum (einem »Buckel«), dessen Höhe variiert werden kann, das gleiche Verhalten zeigten, wenn man den Buckel vergrößerte. Wendete man eine solche Funktion auf das Ergebnis der Funktion selbst an – so wie die Anzahl der Fische in einem Teich von der Anzahl im Jahr davor abhängt, die wiederum von der Anzahl im Jahr davor abhängt usw. –, erhält man eine Tendenz dazu, daß die Funktion sich einem Wert nähert, solange das Maximum niedrig genug ist.

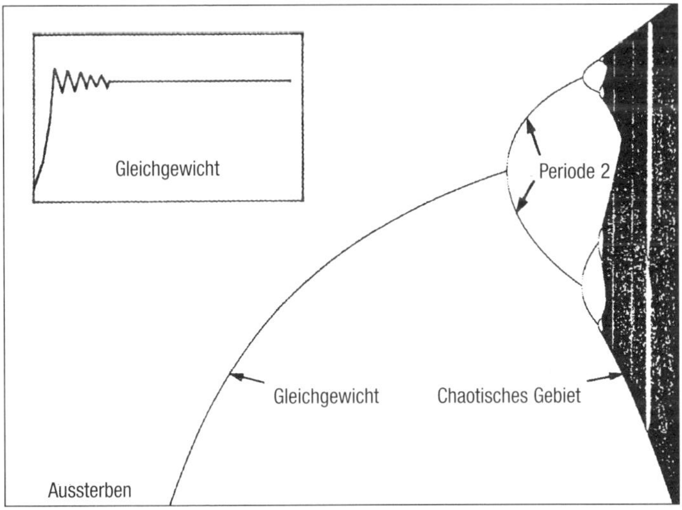

»Feigenbaums Diagramm«. Solange ein System sich auf dem »Stamm« des Baums links aufhält, verbleibt es in einem Zustand; danach wechselt es zwischen zwei Zuständen, anschließend zwischen 4, 8, 16 ... Die Bifurkationen erfolgen in immer kürzeren Abständen bis zum »Wipfel« des Baums rechts, wo das System chaotisch wird.

Wenn man das Maximum erhöht – z.B. indem man die maximale Zahl von Fischen durch zusätzliche Fütterung erhöht –, wird ein Übergang zu geringerer Stabilität die Folge sein: Das Ergebnis wird nun periodisch zwischen zwei Werten wechseln, viele Fische in einem Jahr, wenige Fische im nächsten Jahr. Vergrößert man das Maximum noch mehr, beginnen die Werte zwischen vier Möglichkeiten, dann zwischen 8, 16, 32 ... zu wechseln, bis es schließlich unmöglich wird, einen Wert aus dem vorhergehenden zu erschließen: Es herrscht Chaos.
Feigenbaum konnte zeigen, daß dieser Übergang allen Systemen gemein ist, die einen solchen variierbaren Buckel aufweisen, unabhängig davon, um welche physikalischen Systeme oder mathematischen Funktionen es sich handelt, und daß der Übergang von periodischem zu chaotischem Verhalten in all diesen Fällen beim gleichen Wert der Variable stattfindet, die das Maximum

reguliert. Dieser Wert ist Feigenbaums Zahl, 4,99920 ... Den Übergang bei wiederholten Bifurkationen von 1, 2, 4, 8, 16 ... zu Chaos nennt man Periodenverdopplung, und Feigenbaums Diagramm ist das Schema, das diese abbildet.

Feigenbaums Diagramm besitzt interessante formale Eigenschaften. Im »Wipfel« des Baums, der chaotischem Verhalten entspricht, sind nicht-chaotische Zonen verschiedener Größe eingelagert, die jedoch alle eine kleine Ausgabe des »Baums« in sich enthalten.

Der Baum teilt bestimmte Eigenschaften mit dem reellen Teil der Mandelbrot-Menge. Folgt man der x-Achse der Mandelbrot-Menge nach links durch die immer kleiner werdenden »Blasen«, steigt die Anzahl der Lösungen durch die Blasen mit 1, 2, 4 ..., wie auch das Verhältnis zwischen der Breite der Blasen sich Feigenbaums Zahl nähert.

Siehe auch: →Chaos, →Übergang zum Chaos, →Mandelbrot-Menge, →Bifurkation

Literatur: Gleick (1990), Cvitanovic (1989)

Fluktuation *(Physik)*. Eine kleine, unvorhersagbare Entwicklung in einem physikalischen System (lat. *fluctuare:* wogen).

Das sogenannte Fluktuations-Dissipations-Theorem der amerikanischen Physiker Callen und Welton (1951) besagt, daß es in allen Systemen mit Dissipation – Energieverlust – auf molekularer Ebene Fluktuation oder Rauschen gibt.

Verschiedene Schulen streiten sich darüber, ob Fluktuation zufällig ist oder ob sie nur zufällig vorkommt, da sie nicht Teil der Beschreibung ist, die man von dem System hat.

Die Fluktuation spielt eine zentrale Rolle in den Theorien über »Ordnung aus Chaos«, wobei man sich vorstellt, daß eine anfängliche Fluktuation darüber entscheidet, welche Ordnung aus dem Chaos entsteht. Da Fluktuation genau deshalb Fluktuation ist, weil sie vom System ausgehend nicht vorhergesagt werden kann, entspricht sie dem Begriff des Rauschens im Bezug zum

Signal in der Informationstheorie, und dadurch gibt es zwei sehr unterschiedliche Deutungen des Fluktuationsbegriffs.

Die eine Deutung betrachtet Fluktuation als etwas, das von unserer unzureichenden Beschreibung des jeweiligen Systems herrührt; die andere faßt Fluktuation als eine ontologische Gegebenheit auf, der jedes System in sich unterworfen ist. Die erste, deterministische Deutung macht Fluktuation zu einem Ergebnis unserer stets unvollständigen Kenntnis eines gegebenen Systems; die zweite Deutung beinhaltet, daß die physikalische Welt in sich Träger eines grundsätzlichen Indeterminismus ist.

Diese beiden Deutungen haben zu zwei sehr verschiedenen Denkrichtungen innerhalb der Chaostheorien der letzten Jahrzehnte geführt. Die unter der Bezeichnung »deterministisches Chaos« bekannten Theorien legen durchgehend die erste Deutung zugrunde, was bedeutet, daß Fluktuation und Chaos zwei sehr verschiedene Phänomene sind; es kann fluktuierende Systeme geben, die nicht chaotisch sind, und umgekehrt. Dies ist beispielsweise die Haltung des amerikanischen Physikers Mitchell Feigenbaum.

Eine andere Gruppe von Theorien entwickelt der belgische Physiker Ilya Prigogine mit seinen Mitarbeitern unter dem Motto »Ordnung aus Chaos«. Bei dieser Deutung werden weit von einem Gleichgewichtszustand entfernte thermodynamische Systeme dadurch charakterisiert, daß sie sich als Ergebnis einer anfänglichen Fluktuation selbst organisieren. Hier wird der Fluktuation also eine eigene Existenz zugeschrieben, und die Physik besitzt auch auf dem Mikroniveau einen grundsätzlichen Indeterminismus und eine grundsätzliche Irreversibilität.

Der Unterschied zwischen den beiden Auffassungen läßt sich als unterschiedliche Betrachtungsweisen des Phasenraums beschreiben. Die deterministische Schule betrachtet den Phasenraum als im voraus strukturiert, und die Rolle der Fluktuation besteht nur darin, zu entscheiden, welchen Weg durch den Phasenraum das System wählen soll. Die nicht-deterministische Schule vertritt die Auffassung, daß man, wenn man bei vielen Systemen die vollständige Beschreibung des Phasenraums nicht kennt, sie nicht voraussetzen kann – und dann erhält die Fluktuation die Rolle, den realisierten Verlauf durch den Phasenraum zu schaffen.

Siehe auch: →Quantenfluktuation, →Chaos, →Übergang zum Chaos, →Informationstheorie, →Phasenraum, →Attraktor, →Selbstorganisation, →Signal/Rauschen, →Irreversibilität

Literatur: Cvitanovic (1989), Prigogine und Stengers (1993), Amsterdamski (1990), Serres (1982)

formales System *(Logik, Informatik).* Eine künstliche Sprache, die explizite Regeln für die Umformung von Sätzen und Ausdrücken zu anderen Sätzen und Ausdrücken enthält. Dies geschieht in der Regel mit Hilfe von Schlüssen und bestimmten grundlegenden (axiomatischen) Sätzen. Ziel ist es, die Logik – die Wissenschaft von den gültigen Schlüssen – so präzis und eindeutig wie möglich zu machen.

Die auf Aristoteles zurückgehende klassische Logik kann in jeder gewöhnlichen Sprache (z.B. Deutsch) oder, präziser, als formales System, eine Art Spiel mit Zeichen (Symbolen), formuliert werden. Ein formales System besteht normalerweise aus: (a) einem Alphabet aus einfachen Zeichen ohne irgendwelche Bedeutung (d.h. reinen Zeichen), (b) einigen wenigen Axiomen/Grundsätzen (die formal gesehen lediglich vereinbarte Verkettungen von Symbolen sind), (c) bestimmten grammatischen (syntaktischen) Regeln für die Verkettung von Symbolen und Axiomen zu komplizierteren Ausdrücken (Bildungsregeln, die den Schlußregeln der Logik entsprechen), (d) Theoremen, d.h. die hierdurch gebildeten komplizierten Ausdrücke, die man auch als wohldefinierte Formeln bezeichnet. Bestimmte formale Systeme, die auf der sogenannten natürlichen Deduktion basieren, enthalten allerdings keine Axiome.

Das formale System selbst ist ungedeutet: Es ist reine Syntax ohne Semantik und also ein an sich sinnloses Spiel mit Zeichen. Wenn das formale System den Charakter einer Sprache mit Bedeutungen haben soll, ist eine Deutung der einen oder anderen

Art erforderlich, die in der Regel von einer Vorstellung über die Bedeutung der Axiome ausgeht. Die sogenannte Modelltheorie der mathematischen Logik behandelt die Deutung formaler Systeme innerhalb der Mengenlehre.

Nicht alle Sätze, die sich in der künstlichen Sprache eines widerspruchsfreien formalen Systems ausdrücken lassen, gehören zum System selbst: Dies tun nur diejenigen, die mit Hilfe von Axiomen und Schlußregeln konstruiert werden können. Falls dies der Fall ist, sind sie Theoreme. Der österreichisch-amerikanische Mathematiker Kurt Gödel zeigte, daß es in Systemen mit einer gewissen Ausdruckskraft Sätze gibt, die als wahr gedeutet werden müssen, aber innerhalb des formalen Systems selbst nicht bewiesen werden können.

Da ein großer Teil der Logik in verschiedenen formalen Systemen, deren Schlüsse sich in Computern automatisieren lassen, ausgedrückt werden kann, hatte die Forschung auf dem Gebiet der formalen Systeme große Bedeutung für die künstliche Intelligenz und die Kognitionsforschung.

Siehe auch: →Formalisierung, →Modell, →Churchs These, →Gödels Theorem, →Grundlagenkrise

Literatur: Hofstadter (1993), Dewdney (1989)

Formalisierung. Ein Prozeß, durch den eine nicht-formale Größe unter Anwendung logischer Regeln in eine formale überführt wird. Dies kann auf verschiedene Weise geschehen.

1. Soziologische/pragmatische Formalisierung: Aufgrund der zunehmenden Rationalisierung in der Gesellschaft und der Bildung institutioneller Strukturen erfährt das Zusammenleben der Menschen eine steigende Formalisierung. Soziale und wirtschaftliche Verbindungen werden nicht mehr von traditionellen, impliziten Normen gesteuert, sondern expliziten Regeln unterworfen, z. B. in Form von Gesetzen.
2. Mathematische/semantische Formalisierung: Das Wissen über konkrete Größen (z. B. Zahlen) und Rechenoperationen (z. B. Addition, Subtraktion) kann über Hierarchien von Ab-

straktionen ausgedrückt werden. Zahlen können unter bestimmen Prämissen durch Variablen ersetzt werden, die zu entsprechenden Konklusionen führen, vgl. »5+7 = 7+5« bzw. »a+b = b+a«. In der Informatik finden solche Regeln ebenfalls Anwendung, sowohl im Bereich der Computerherstellung (Hardware) als auch in der Programmentwicklung (Software). Die Formalisierung verlangt begriffliche Stringenz, indem den Ausdrücken und Begriffen durch einen Regelapparat Bedeutungen (und seien sie auch abstrakt) zugewiesen werden können.

3. Logische/syntaktische Formalisierung: Ihr Ziel ist die Formalisierung einer (mathematischen oder anderen) Theorie, die ein hohes Maß an Stringenz aufweist, so daß sie in ein formales System (Kalkül) übersetzt werden kann. Um 300 v. Chr. stellte Euklid die Geometrie als ein System dar, das aus einigen wenigen Axiomen (einleuchtenden Grundsätzen) bestand und aus dem sich die gesamte Geometrie Schritt für Schritt ableiten ließ. Erst gut 2200 Jahre später haben Logiker und Mathematiker aus Euklids System eine logische, formale Sprache entwickelt. Eine solche Sprache besteht aus einigen Variablen, einigen Symbolen (sogenannte Quantoren) für die Begriffe und (∨), oder (∧), nicht (¬), wenn … dann, und genau dann wenn (gdw), sowie aus dem Symbol für ist gleich, alle (sog. Allquantor) und es existiert (Existenzquantor). Eine Theorie wie die Geometrie kann mit Hilfe einer solchen Sprache, bestehend aus den obengenannten Voraussetzungen und den daraus ableitbaren Schlußfolgerungen (Konklusionen), stringent dargestellt werden. Das formale System kann durch Algorithmen ausgedrückt und auch am Computer automatisiert werden.
4. Linguistische Formalisierung: Aufbauend auf die in 2. und 3. dargestellten Arten von Formalisierung versucht die Sprachwissenschaft, sprachliche Ereignisse sowohl syntaktisch (formal) als auch semantisch (inhaltlich) eindeutig zu formalisieren. Theorien über natürliche Sprachen werden mit logischen Operatoren in eine künstliche Sprache übersetzt, wie z. B. in

Chomsky-Grammatiken, die formale Regeln beschreiben, die der Generierung von Sätzen dienen, und wie in der Aussagenlogik, in der sprachlichen Einheiten (z.B. Sätzen) Wahrheitswerte zugewiesen werden. Neben der Kategorisierung einzelner sprachlicher Elemente wird jeder sprachlichen Einheit eine Bedeutung zugeordnet, die eindeutig (und nicht mehrdeutig) ist (Montague-Grammatik). Beide Prozesse (syntaktische und semantische Formalisierung) finden im Bereich der automatischen Spracherkennung und -produktion am Computer Anwendung, indem in einem Computerprogramm (als künstliche Sprache) versucht wird, natürliche Sprache zu simulieren.

Hierdurch wird auch deutlich, daß ein Interesse an Formalisierung nicht nur innerhalb der Linguistik als ein Streben nach Eindeutigkeit besteht, sondern auch in der technologischen Entwicklung. Im Zeitalter der Informatik wird auf diesem Gebiet intensiv geforscht und gearbeitet, u.a. mit dem Ziel, Computer zu entwickeln, die natürlich-sprachlich arbeiten, so daß kein Computerprogramm mehr erlernt werden muß. Menschliche Sprachverarbeitung und somit komplexe mentale Vorgänge sollen – vereinfacht ausgedrückt – künstlich erzeugt werden.

Siehe auch: →formales System, →Modell (3), →Nichtberechenbarkeit, →kognitive Semantik, →Holismus

Literatur: Haugeland (1987), Dreyfus (1989)

Fraktal *(Mathematik, Physik).* Eine besonders »zerfranste« geometrische Figur, deren Form sich in immer kleinerem Maßstab wiederholt, wenn man näher an sie herangeht, und die man mit Hilfe einer nicht-ganzzahligen (fraktalen) Dimension beschreiben kann.

Der Begriff wurde 1975 von dem in Polen geborenen Mathematiker Benoit Mandelbrot zur Beschreibung einer Klasse von geometrischen Figuren mit bruchzahliger Dimension konstruiert. Mandelbrot stellte aus früherer Zeit bekannte Figuren dieser Art – wie von Kochs Schneeflockenkurve, den Cantor-Staub und den Sierpinski-Würfel – zusammen und konstruierte zahlreiche neue, die sich erst auf dem Computer veranschaulichen ließen. Diese lange bekannten – und viele andere – Fraktale werden nach einer einfachen Vorschrift erzeugt. Jeder Linienabschnitt der Figur wird dabei durch ein komplizierteres Teilstück ersetzt, das aus mehreren kleinen Linienabschnitten besteht. Wenn man diesen Prozeß unendlich oft wiederholt, entsteht eine fraktale Figur, die sich selbst ähnelt, d.h. ihr Aussehen bleibt, unabhängig vom Grad der Vergrößerung, immer gleich.

Einer solchen Figur kann man eine »fraktale Dimension« zumessen, die dem Verhältnis zwischen den Logarithmen der Länge des Linienabschnittes und seiner veränderten Ausgabe gleich ist. So ist die Dimension des Cantor-Staubs kleiner als 1, die Dimension der Schneeflockenkurve liegt zwischen 1 und 2, die des Sierpinski-Würfels zwischen 2 und 3. Diese Messung der fraktalen Dimension läßt sich auch auf fraktale Figuren übertragen, die nicht auf die erwähnte einfache Weise konstruiert sind.

Mandelbrot erweiterte diese Untersuchungen durch die Einführung einer Zufälligkeitskomponente auf zufällige Fraktale, und dabei entdeckte er sehr naturnahe Formen, die Galaxienhaufen, Kontinenten, Bergen, Wolken, Bäumen usw. ähneln. Dies veranlaßte ihn dazu, seinem Hauptwerk den Titel »Die fraktale Geometrie der Natur« zu geben.

Der englische Forscher Lewis Fry Richardson hatte die Beobachtung gemacht, daß die Länge einer Küste von dem Maßstab abhängt, den man bei ihrer Messung anwendet – je kleiner der Maßstab, desto länger die Küste. Diese Beobachtung ließ sich nun als eine fraktale Eigenschaft beschreiben, und die fraktale Dimension verschiedener Küsten konnte beschrieben werden.

Fraktale weisen oft täuschende Ähnlichkeit mit vielen aus der Natur bekannten Formen auf, und ihre Erforschung ist ein großer Schritt auf dem Weg zu einer Beschreibung und zur Simulation dieser Formen. Doch der übertriebenen Annahme, daß Fraktale die »eigene Sprache der Natur« darstellen, muß man entgegenhalten, daß es sich – genau wie bei der euklidischen Geometrie –

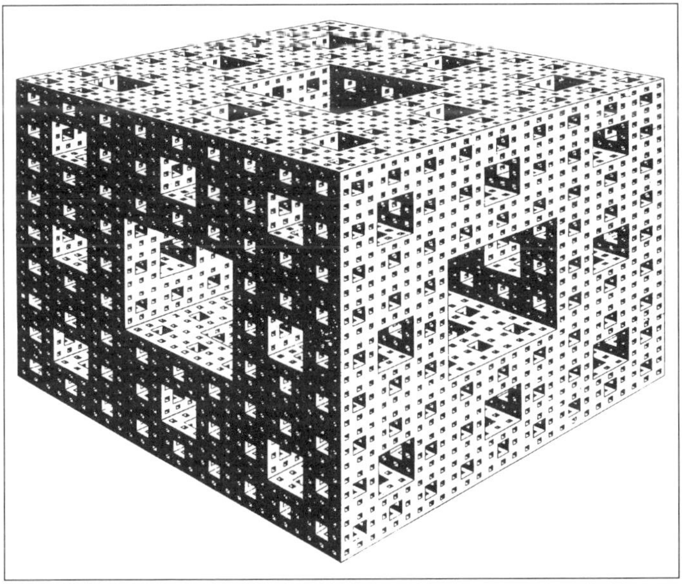

Der »Menger-Schwamm« (früher Sierpinski-Würfel genannt) ist ein klassischer Fraktal, der durch die Wiederholung einer einfachen Arbeitsvorschrift in einem immer kleiner werdenden Verhältnis gebildet wird.

um Annäherungen handelt. Beispielsweise gibt es keine natürlichen Formen, die völlige Selbstähnlichkeit aufweisen. Man denke z.B. an Blumenkohl oder Farne: Zwar wiederholen sich ihre Strukturmuster (ihre Knospen bzw. Blätter verzweigen sich in immer kleinere Knospen bzw. Blätter), doch die Zelle bildet die untere Grenze. Noch hat man keinen Zusammenhang zwischen den Naturgesetzen, die die »fraktalen« Phänomene bilden, und dem fraktalen Aussehen dieser Phänomene feststellen können.

Mandelbrots wichtigste Entdeckung war jener Fraktal, der heute seinen Namen trägt; die bis dahin nicht vorstellbare Komplexität dieses Fraktals ist mit ein Grund für das Interesse, dessen sich die Fraktale heute erfreuen.

Viele der Ergebnisse Mandelbrots liegen bereits in Arbeiten der französischen Mathematiker Pierre Fatou und Gaston Julia aus dem frühen 20. Jahrhundert vor; daß ihnen zur Illustration und

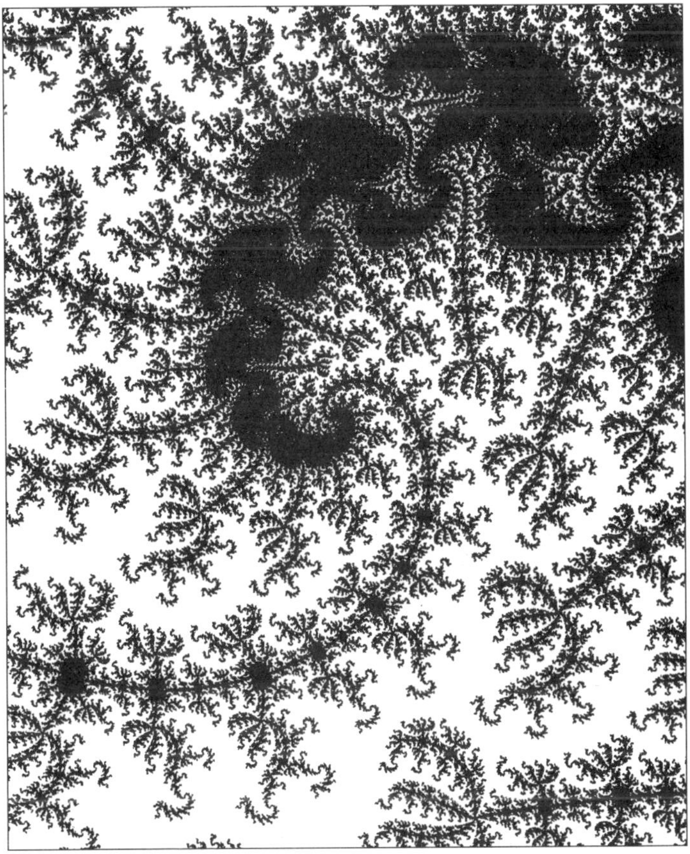

Ein Ausschnitt des Randes der Mandelbrot-Menge vermittelt einen guten Eindruck von den komplizierten Mustern, die man in komplexen Fraktalen antreffen kann.

Der »schwarze Streifenfarn« entsteht durch vier verschiedene Transformationen eines ursprünglichen »Blattes«. Die Naturähnlichkeit dieses und anderer Fraktale ist ein stark intuitives Argument dafür, daß Fraktale »die Sprache der Natur« darstellen.

zur visuellen Umsetzung ihrer Resultate der Computer fehlte, hat sicher die Erforschung der Fraktale verzögert. Der Status der Fraktale wird übrigens von Grundlagendiskussionen in der Mathematik angefochten. Der Umstand, daß zur genauen Angabe von Fraktalen eine unendliche Anzahl von Prozessen durchgeführt werden muß, verleiht ihnen die gleiche Unsicherheit, die dem Unendlichkeitsbegriff traditionell anhaftet.

Siehe auch: →Fatou-Staub, →Cantor-Staub, →Feigenbaums Diagramm, →Mandelbrot-Menge, →Selbstähnlichkeit, →Julia-Menge, →Schneeflokkenkurve, →Unendlichkeit, →Chaos, →Attraktor

Literatur: Mandelbrot (1991), Gleick (1990), Barnsley (1989), Peitgen und Richter (1986), Schroeder (1994)

fuzzy logic *(Logik).* Eine Bezeichnung für verschiedene logische Systeme, die annehmen, daß es nicht nur die zwei Wahrheitswerte »wahr« und »falsch« gibt, sondern daß zwischen diesen beiden auch andere Möglichkeiten existieren (engl. *fuzzy:* haarig, unklar). Viele verschiedene Logiker haben sich in jüngerer Zeit mit *fuzzy logic* oder Logiken mit mehreren Wahrheitswerten, wie sie auch genannt werden, beschäftigt. Der polnische Logiker Jan Lukasiewicz verwendete 1920 einen Zwischenwert zwischen wahr und falsch; der amerikanische Logiker N.D. Belnap hat eine Logik mit vier Wahrheitswerten für die Behauptung P vorgeschlagen (1. Ich habe weder P noch nicht-P gehört; 2. ich habe P gehört und nicht-P nicht gehört; 3. ich habe nicht-P gehört und P nicht gehört; 4. ich habe sowohl P als auch nicht-P gehört), wobei 2. und 3. den traditionellen Werten wahr bzw. falsch für P entspricht. Nach Auffassung des amerikanischen Philosophen Max Black (1937) kann es auch kontinuierliche Skalen für verschiedene Werte zwischen wahr und falsch geben, die sich durch Zahlen ausdrücken lassen.
Die Menge der Gegenstände, für die die Aussagen der *fuzzy logic* gelten, wurde 1965 von dem amerikanischen Logiker Lofti Zadeh als eine »fuzzy Mengenlehre« mit unscharfen Grenzen beschrieben, bei der Elemente abgestufte Zugehörigkeitsverhältnisse haben können.

Fuzzy logic hat verschiedene Denker auch außerhab der Logik inspiriert. Michel Serres war sehr an der dritten Möglichkeit zwischen wahr und falsch und am Charakter der *fuzzy logic* interessiert, die der Umgangssprache näher kommt als die von der traditionellen Logik inspirierte Linguistik. Adverbien wie »sehr«, »ziemlich«, »recht«, »etwas« usw. modifizieren die Wahrheit einer Aussage, genau wie Konstruktionen wie »strenggenommen«, »grob gesagt« oder »eigentlich« jeweils besondere Dimensionen von Aussagen mit mehreren verschiedenen Wahrheitsdeutungen auswählen (»grob gesagt« sind Wale Fische, aber »strenggenommen« sind sie es nicht ...). *Fuzzy logic* ist daher interessant für die Frage der Kategorisierung in den Kognitionswissenschaften wie auch für die künstliche Intelligenz und die Entwicklung komplizierter Rückkopplungsmaschinen.

Siehe auch: →kognitive Semantik, →Unentscheidbarkeit, →neuronales Netz, →Kognitionsforschung, →Kategorisierung

Literatur: McCawley (1981), Kosko und Isaka (1993), Black (1937)

Gaia-Hypothese *(Biologie)*. Die Idee, daß die ganze Biosphäre der Erde eine Ganzheit bildet, die in vielen Punkten einem lebenden Wesen ähnelt, ja vielleicht wirklich ein Organismus ist, nämlich Gaia (gr. *Gaia:* die Erde personifiziert als Göttin).

Die Hypothese wurde im Jahre 1975 von dem englischen Chemiker James Lovelock vorgelegt. Er hatte eine Reihe konkreter Beobachtungen in der Ökologie gemacht, die er als bis dahin unbekannte und umfangreiche Rückkopplungsmechanismen in der Biosphäre interpretierte. Lovelock stellte sich die Frage, warum so grundlegende Lebensbedingungen wie etwa der Salzgehalt der Ozeane und der Sauerstoffgehalt der Atmosphäre offenbar keinen großen Änderungen unterworfen sind, sondern stabil in einem für das Leben anscheinend optimalen Bereich bleiben. Wäre beispielsweise der Sauerstoffgehalt in der Luft nur wenige Prozent höher, würde die Gefahr großer Waldbrandkatastrophen stark ansteigen.

Lovelock schloß daraus, daß das Leben auf der Erde ein Teil

eines gewaltigen Rückkopplungsmechanismus ist, der »dafür sorgt«, daß diese und eine ganze Reihe anderer Variablen sich innerhalb eines engen Grenzbereichs halten. Beispielsweise führen Waldbrände zu einer natürlichen Reduktion sauerstoffproduzierender Pflanzen und senken dadurch die Gefahr weiterer Waldbrände wieder. Für Lovelock sind vor allem Phänomene wie die Durchschnittstemperatur der Erde Indizien dafür, daß die Biosphäre selbst die für sich günstigsten Lebensvoraussetzungen schafft und aufrechterhält. Nach dieser Vorstellung sind Land, Ozeane und Atmosphäre nicht nur unbeeinflußte Räume, in denen sich das Leben entfaltet; vielmehr wurden und werden sie durch die Entfaltung des Lebens verändert und kontrolliert. Eine offene Frage ist, wie viele empirische Phänomene sich innerhalb dieses Rahmens deuten lassen. Unbestritten ist heute, daß der Sauerstoff in der Erdatmosphäre allein das Produkt von Bakterien und Pflanzen mit der Fähigkeit zur Photosynthese ist. Der Sauerstoff wiederum hat erst die Voraussetzungen für die heutige Tierwelt geschaffen.

Lovelock selbst hat gewagte Thesen über unterirdische Bakterienkolonien formuliert, die radioaktive Prozesse kontrollieren und damit gleichsam ihr eigenes »Kernkraftwerk« besitzen. Eine weitere Idee ist, daß die riesigen unterseeischen Kalkgebirge, die sich in der Erdgeschichte durch die Ablagerung abgestorbener Meerestiere an den Kontinentalrändern aufhäuften, durch ihr Gewicht die Kontinentalverschiebung in Gang gesetzt haben. In der Konsequenz sei es dadurch zu einer Zunahme der Vulkanausbrüche gekommen, die wiederum mineralische Grundstoffe für das Leben aus dem Innern der Erde bereitgestellt hätten. Die Bestätigung der Glieder in diesen zahlreichen und sehr verschiedenen Rückkopplungsketten wird über die zukünftige Bewertung der Gaia-Hypothese entscheiden.

Die Gaia-Hypothese stellt ein irdisches Gegenstück zum anthropischen Prinzip der Kosmologie dar und kann wie dieses sowohl deskriptiv als auch teleologisch gedeutet werden. Die deskriptive Deutung sagt, daß es sich bei der Biosphäre um ein großes zusammenhängendes, qualitativ dynamisches System handelt. Geologie, Biologie und Meteorologie würden damit zu einer einzigen Wissenschaft. Zu den Konsequenzen dieser Sicht gehört auch die Annahme, daß aufgrund der vielfältigen Vernetzungen und Rückkopplungen kleine Veränderungen in bestimmten Fällen zu enormen Folgen führen, weil sie das System dazu veranlassen können, in einen anderen stabilen Zustand zu wechseln (Beispiel: Eiszeiten und Zwischeneiszeiten).

Die teleologische Deutung, die die Gaia-Hypothese in weiten Kreisen beliebt gemacht hat, fügt die Vorstellung hinzu, daß das System Gaia selbst diese Zustände statt anderer anstrebt, ja daß es vielleicht direkt für »seine Kinder«, für die verschiedenen biologischen Lebensformen und vielleicht sogar speziell für den Menschen, sorgt.

Lovelock hatte solch eine teleologische Deutung jedoch nie im Sinn. Er mißt der Gaia-Hypothese eine zentrale Rolle bei der Entscheidung darüber bei, welche ökologischen Probleme am vordringlichsten einer Lösung bedürfen. Im Licht der Gaia-Hypothese geht er etwa davon aus, daß die vom Menschen ausgehende Freisetzung von Treibhausgasen, die die natürlicherweise relativ niedrigen Konzentrationen von Gasarten wie Kohlendioxyd und Methan erhöhen, folgenschwere und kaum vorhersagbare Reaktionen der Biosphäre hervorrufen könnten. Lovelock behauptet deshalb, daß Autos, Rinder und Motorsägen zur Zeit die größten ökologischen Gefahren darstellen: die Autos aufgrund ihres Kohlendioxydausstoßes, die riesigen Rinderherden aufgrund ihrer mit der Ernährungweise verbundenen Methan-»Emission« und die Motorsägen aufgrund der Abholzung der Kohlendioxyd verbrauchenden Wälder der Erde.

Unter Forschern der beteiligten Einzelwissenschaften ist die Gaia-Hypothese weiterhin ein sehr kontroverses Thema.

Siehe auch: →Biosphäre, →anthropische Kosmologie, →Endosymbiose, →Teleologie

Literatur: Lovelock (1984, 1991, 1992)

Gen *(Biologie)*. Ein Abschnitt des DNA-Stranges, in dem (meist) die Bauanleitung eines bestimmten Proteins verschlüsselt ist.
Jedes Chromosom, in das die gesamte Erbmasse eines Lebewesens untergliedert ist, enthält eine Vielzahl von Genen. Gene sind lange Ketten von chemischen »Buchstaben«, in deren Abfolge eine Kette von Aminosäuren, den Grundbausteinen der Proteine, codiert ist. Ein Gen wird von Startsignalen an seinem Anfang und Stopsignalen an seinem Ende flankiert. Außerdem finden sich in der Nachbarschaft eines Gens »regulierende Sequenzen«, d.h. charakteristische Erkennungssignale, an die sich Proteine anlagern können. Diese Proteine steuern die »Benutzung« eines bestimmten Gens.

Siehe auch: →Algorithmus, →künstliches Leben, →natürliche Selektion, →Selbstorganisation

Literatur: Bishop und Waldholz (1991), Shapiro (1992), Strachan (1994), Sippel (1988), Weinberg u.a. (1988)

genetische Information *(Biologie)*. Die Gesamtheit der von den Vorfahren geerbten, in den Chromosomen verschlüsselten Eigenschaften. Im Detail sind das die Bauanweisungen für Proteine und RNA-Moleküle sowie Signale, die etwa bei der Embryonalentwicklung höherer Organismen eine zeitlich und räumlich geordnete Benutzung der Gene ermöglichen.
Genetische Information wird oft als mit der DNA identisch aufgefaßt. Strenggenommen ist DNA allerdings nur ein chemischer Stoff, der als Träger der genetischen Information fungiert. Diese stellt eine Art von Botschaft dar, in der der Aufbau und die Chemie der Zelle verschlüsselt sind.
Während der Zellteilung wird mit der DNA die genetische Information verdoppelt und so von Zelle zu Zelle und von Vorfahren auf den Nachkommen übertragen. Sie wirkt als »Anweisung« für den Organismus während der Entwicklung des Embryos aus einer befruchteten Eizelle.
Als informationstragendes Molekül kann die DNA auf mindestens zwei Betrachtungsebenen beschrieben werden:

Chemisch gesehen besteht ein DNA-Molekül aus Atomen (den Grundstoffen Kohlenstoff, Wasserstoff, Sauerstoff, Stickstoff und Phosphat), die in einer spezifischen Struktur aneinander gebunden sind (siehe Illustration S. 39). Doch die biologische Bedeu-

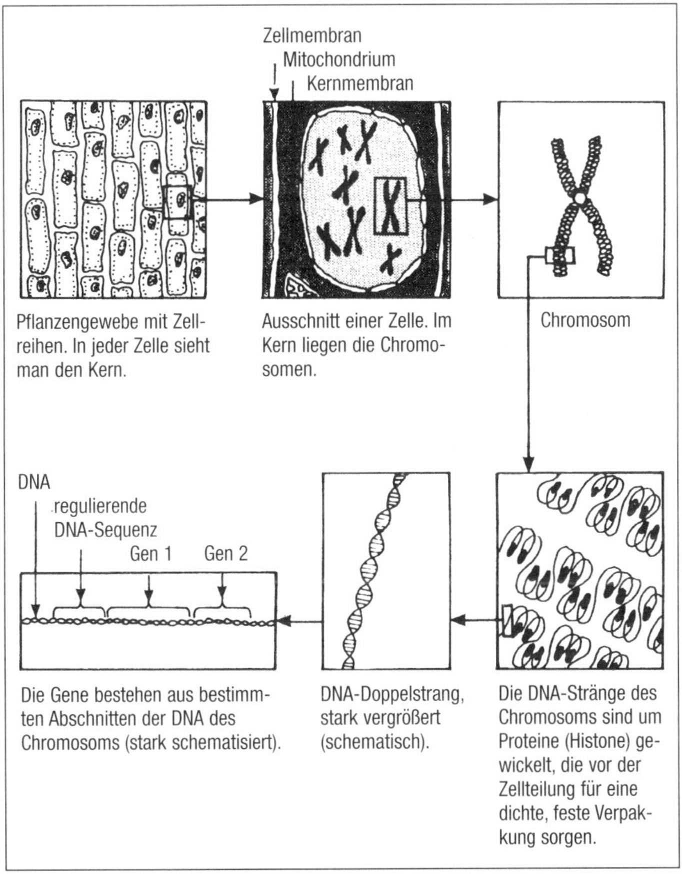

Eine Zelle (hier eine Pflanzenzelle) wird vergrößert gezeigt, und man sieht die Plazierung der Chromosomen im Zellkern. Die Chromosomen bestehen aus DNA-Strängen, die durch Proteine, die das wulstförmige »Paket« stabilisieren, dicht zusammengepackt sind. Die Gene sind bestimmte Abschnitte der DNA des Chromosoms, hier gezeigt als Gen 1 und Gen 2.

tung der Struktur versteht man erst dann, wenn man sie im Verhältnis zu ihrer Funktion betrachtet: Sie trägt die Information über die Reihenfolge der Aminosäuren, aus denen die Proteine der Zelle aufgebaut sind. Gespeichert ist diese Information im DNA-Molekül durch die unregelmäßige, aber nicht zufällige Abfolge vier verschiedener chemischer Untereinheiten, den sogenannten Basen (abgekürzt G, C, T und A). Gruppen aus drei Basen (z.B. C-C-A) codieren jeweils eine bestimmte Aminosäure (im Fall CCA ist das Glycin).

Der Computer bietet eine naheliegende Analogie zur DNA. Die Informationen in der DNA sind ein Programm, das von der »Hardware« der Zelle bearbeitet wird und zu einem »Output« in Form von Proteinen führt. Es gibt allerdings wesentliche Unterschiede.

Erstens liegt ein Teil der genetischen Information nicht explizit in der DNA vor, sondern implizit im Netzwerk der Zelle, das aus Enzymen und anderen, sich gegenseitig regulierenden Stoffen besteht. Zweitens kann der Computer eine unbegrenzte Reihe von verschiedenen Funktionen mit verschiedenen Programmen simulieren, während die Zelle nur sich selbst »simulieren« kann, wenn wir sie als Hardware und ihr DNA-Programm als Software betrachten.

Die Zelle »berechnet« allerdings nicht wie ein digitaler Computer. Die Informationsbehandlung in der Zelle weist sowohl digitale (diskontinuierliche) Züge (z.B. in der Verwendung von nur vier Basen zur Verschlüsselung der Erbinformation) als auch analoge (kontinuierliche) Züge (molekulares »Wiedererkennen« von Form; Selbstfaltung von Proteinen u.a.m.) auf, und sie besitzt damit nicht den expliziten Charakter des Verhältnisses zwischen Programm und Computer.

Die Proteinbiosynthese geschieht immer nach demselben Prinzip, gleich um welches Protein es sich handelt. Ungeklärt ist, ob eine Zelle einer bestimmten Tier- oder Pflanzenart immer (durch verschiedene technische Methoden) zur Herstellung eines fremden Proteins »programmiert« werden kann. Diese

Frage ist ein praktisches Problem bei der Anwendung der Gentechnik.

Siehe auch: →DNA, →genetischer Code, →zentrales Dogma, →humanes Genomprojekt

Literatur: Bishop und Waldholz (1991), Shapiro (1992), Strachan (1994), Sippel (1988), Weinberg u.a. (1988)

genetischer Algorithmus *(Informatik).* Eine von der Biologie inspirierte Technik, Computer zur Lösung komplexer Probleme zu programmieren (Algorithmus = schrittweiser Prozeß). Dies geschieht analog zur Kombination genetischen Materials während der Fortpflanzung und zur natürlichen Selektion.

Die Lösung des zu bearbeitenden Problems muß als eine lange Kette von Zahlen oder Symbolen dargestellt werden können. Wenn ein Vertreter beispielsweise 20 Städte besuchen soll, läßt sich der kürzeste Weg zwischen diesen Städten durch eine Zahlenreihe ausdrücken, wobei jede Zahl eine Stadt symbolisiert: 13, 2, 7, 9, 17 ...

Ein genetischer Algorithmus ist in diesem Fall ein Computerprogramm, das zunächst z.B. 100 zufällige Listen mit den 20 Städten vorschlägt. Danach berechnet der Computer die Länge des Weges für jede der Listen und streicht die schlechtesten Lösungen. Die zehn besten Möglichkeiten werden kombiniert, z.B. durch Permutation (man tauscht die Reihenfolge der letzten 10 Städte in zwei ansonsten identischen Listen miteinander aus) oder durch Mutation (zufällige Veränderung der Reihenfolge einiger Städte). Danach wird der Weg erneut berechnet, und die besten Lösungen werden für weitere Manipulationen ausgewählt. Das Programm setzt diesen Prozeß fort, und man findet immer kürzere Wege zwischen den 20 Städten. Hat man ein zufriedenstellendes Resultat gefunden, hält man das Programm an. Wenn man Zahlenreihen mit Hilfe derartiger genähnlicher Mutationen, Permutationen usw. bearbeitet und die am besten geeigneten Möglichkeiten auswählt, kann man mit relativ wenig Computerzeit zufriedenstellende Lösungen für sehr komplexe

Probleme finden, bei denen es um optimalen Einsatz von Arbeitsmitteln geht und die nicht analytisch gelöst werden können.

Siehe auch: →Algorithmus, →künstliches Leben, →natürliche Selektion, →Selbstorganisation

Literatur: Emmeche (1994), Dewdney (1985), Koza (1992)

genetischer Code *(Biologie).* Das bei allen Lebewesen auf der Erde verwendete Schema, nach dem die »Buchstaben des DNA-Alphabets« in die Aminosäuren eines Proteins »übersetzt« werden. Die DNA ist ein langer Strang, bestehend aus vier verschiedenen chemischen Bausteinen, den sogenannten Basen (Adenin, Guanin, Cytosin, Thymin). Man kann sie als die vier Buchstaben des DNA-Alphabets auffassen. Biologen benutzen die Abkürzungen A, G, C und T, um die Basen-Sequenz aufzuschreiben, ein kurzer DNA-Abschnitt lautet dann also beispielsweise: AAGCTGCCTAGTCCA. Zur Übersetzung in die Aminosäuren eines Proteins werden drei aufeinanderfolgende Basen zu einem »Wort«, einem sogenannten Triplett, zusammengefaßt. Jedes Triplett bedeutet eine bestimmte Aminosäure.

Ein Beispiel:

DNA:	A A G	C T G	C C T	A G T	C C A
RNA:	U U C	G A C	G G A	U C A	G G U
Protein:	phe	asp	gly	ser	gly

Die Abkürzungen der Aminosäuren in der letzten Zeile stehen für: Phenylalanin, Asparaginsäure, Glycin, Serin und Glycin.

Jede neue Zeile stellt eine Stufe in der Übersetzung des genetischen Codes dar. Der Code besteht aus Elementen mit drei Einheiten: Drei Basen der DNA werden zu drei Basen der RNA umgeschrieben, die wiederum in eine Aminosäure übersetzt werden (z. B. Glycin). Da es 64 verschiedene Tripletts (an jeder der drei Positionen des Tripletts kann eine von vier Basen stehen; 4x4x4 = 64), aber nur 20 Aminosäuren gibt, codieren fast immer mehrere verschiedene Tripletts für dieselbe Aminosäure. Drei Tripletts codieren nicht für Aminosäuren, sondern sind

Stopsignale, d. h. durch sie wird das Ende einer Aminosäurekette codiert.
Der genetische Code gleicht der menschlichen Sprache. Diese ist aus an sich bedeutungslosen Lauten aufgebaut, die erst dann eine Bedeutung bilden, wenn sie zu Silben und Wörtern zusammengesetzt werden.
Nicht alle Abschnitte der DNA bestehen allerdings aus Bauanweisungen für Proteine. »Zwischen« den Genen befinden sich

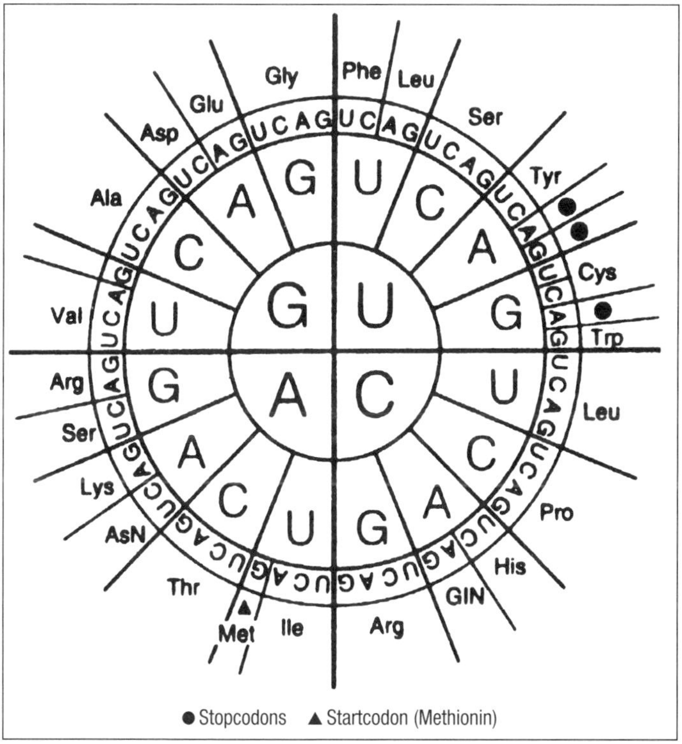

»Rechenrad«, mit dem die zu jedem der 64 möglichen Tripletts zugehörige Aminosäure bestimmt werden kann – und umgekehrt. Die erste Base eines Tripletts wählt man aus den vier in der Mitte. Die zweite Base findet man im Zwischenkreis, die dritte und letzte im Außenkreis. Z. B. bildet man das Triplett für Glycin (Gly), indem man mit G beginnt. Die nächste Base ist dann wieder G, während die letzte U, C, A oder G sein kann.

anscheinend sinnlose Aneinanderreihungen von Basen (sogenannte »junk-DNA«, »Trödel-DNA«, die allerdings noch bislang unbekannte Funktionen haben kann). Diese Abschnitte werden nicht in Proteine übersetzt, deshalb werden die Basen hier auch nicht zu Triplett-Wörtern zusammengefaßt.

Siehe auch: →DNA, →Gen, →genetische Information

Literatur: Bishop und Waldholz (1991), Shapiro (1992), Strachan (1994), Sippel (1988), Weinberg u. a. (1988)

Gödels Theorem (oder **Beweis**) *(Mathematik, Logik)*. Ein 1931 von dem österreichischen Logiker Kurt Gödel durchgeführter Beweis, der bestimmte fundamentale Begrenzungen der Logik demonstriert.

Populär ausgedrückt besagt der Beweis, daß kein hinreichend kompliziertes mathematisches oder logisches System zugleich vollständig und konsistent sein kann, da es immer Aussagen enthalten wird, über deren Wahrheitswert man ausgehend vom System selbst nicht entscheiden kann – Aussagen des Typs »Dieser Satz kann nicht bewiesen werden«.

Gödels Theorem ist der berühmteste und wichtigste Beweis unseres Jahrhunderts. Er beendete einige Diskussionen innerhalb der sogenannten Grundlagenkrise der Jahre zwischen 1880 und 1930, indem er beweist, daß eine vollständige Formalisierung der Mathematk nicht möglich ist. Sein vollständiger Titel lautet »Über formal unentscheidbare Sätze der Principia Mathematica und verwandter Systeme«. Gödel wendet sich damit gegen den Versuch des englischen Philosophen Russell, die Mathematik aus der Logik zu erschließen; sein Theorem beendet aber auch den Traum des deutschen Mathematikers Hilbert, der glaubte, die gesamte Mathematik mit formalen Methoden untersuchen zu können.

Gödels Beweis geht anhand einer Untersuchung der Zahlenlehre, der Arithmetik, vor, und der entscheidende Trick des Beweises ist die Herstellung eines Codes, der es ermöglicht, die logischen Aussagen über die Arithmetik als Aussagen über Zahlen zu betrachten, indem jedes einzelne Symbol der Aussage in eine Zahl, eine sogenannte Gödel-Nummer, übersetzt wird. Dadurch schuf er die Möglichkeit, daß Aussagen über Zahlen gleichzeitig Aussagen der Zahlenlehre wurden – und dadurch sprachen gewisse Aussagen über sich selbst. Diese Aussagen sind die entscheidenden in Gödels Beweis, der aufzeigt, daß einige der Aussagen »unentscheidbar« sind – sie können in dem betreffenden System nicht als wahr bewiesen werden. Auf diese Weise wird Gödels Beweis zu einer raffinierten »Formulierung« des Lügnerparadoxes (des Satzes »Ich lüge«, dessen Wahrheitswert nicht entschieden werden kann).

Die Folgerung lautet, daß jedes konsistente formale System, das so mächtig ist, daß es die natürlichen Zahlen enthält, immer wahre Aussagen enthalten wird, deren Wahrheitswert durch das System nicht bewiesen werden kann. Anders ausgedrückt: Das System ist entweder vollständig oder konsistent (oder keines von beiden), aber nicht vollständig und konsistent. Enthält das System alle wahren Aussagen, wird es auch einige falsche enthalten – und damit inkonsistent sein. Enthält es statt dessen nur Aussagen, die wahr sind, und keine falschen, wird es wahre Aussagen geben, die es nicht enthält – und damit unvollständig sein. Der Logiker, der diesem Dilemma gegenübersteht, muß natürlich ein System wählen, das unvollständig und konsistent ist; deshalb wird der Beweis auch häufig als Gödels Unvollständigkeitsbeweis bezeichnet. Ein vollständiges, aber inkonsistentes System ist keine mögliche Alternative, aus ihm kann man jede – wahre wie auch falsche – Aussage erschließen.

Gödels Theorem zerstörte den Traum von einem formalen Kalkül, das den Wahrheitswert aller mathematischen Aussagen entscheiden kann. Auf der anderen Seite ermöglichte es die Entwicklung des Begriffes der Nichtberechenbarkeit und damit auf längere Sicht die des Computers. Turings Konstruktion des Halte-Problems als Version von Gödels Theorem für die Informatik zeigte eine grundsätzliche Grenze für die Fähigkeiten eines Computers auf. Lange Zeit hielt man seine Konsequenzen jedoch für relativ unbedeutend: Man konnte sein System immer so aufbauen, daß die problematischen »Gödel-Aussagen« weit entfernt oder selten waren.

In den letzten Jahre ist diese Haltung auf Kritik gestoßen. Der amerikanische Informatiker und Philosoph Douglas Hofstadter hat seine populäre Philosophie entwickelt, laut der »merkwürdige Schleifen«, auf sich selbst hinweisende Gödel-Sätze, den Motor des kreativen Gedankens darstellen, und der amerikanische Logiker Chaitin hat seine Theorie über die zufälligen Zahlen konstruiert, die zeigt, daß sich der größte Teil der Zahlengerade als nicht-entscheidbare Gödel-Fälle auffassen läßt.

Seit Gödels Theorem nimmt der Begriff der Unentscheidbarkeit eine zentrale Stellung in der Mathematik und der Logik ein: Einen gegebenen Satz kann man nun nicht nur beweisen oder falsifizieren, man kann auch beweisen, daß er im Verhältnis zu dem einen oder anderen System unentscheidbar ist. Gödels Theorem hat damit die Mathematik rein praktisch verändert, und zwar von einem erstrebten Gebäude aus Wahrheiten zu einem Netzwerk aus verschiedenen Systemen und Aussagen, die man auf einige Weisen miteinander kombinieren kann, auf andere nicht. Grundsätzlich blieb Gödel selbst jedoch ein Anhänger der ersten Auffassung, der platonistischen Auffassung der Mathematik als einer Gruppe ewiggültiger Wahrheiten, nur meinte er, daß die Mathematik Wahrheiten enthält, die formal unentscheidbar sind, sich aber durch andere, philosophische Mittel belegen lassen.

Siehe auch: →Nichtberechenbarkeit, →Unendlichkeit, →Kontinuum, →algorithmische Komplexität, →Formalisierung, →Churchs These, →Halte-Problem

Literatur: Hofstadter (1993, 1994), Nagel und Newman (1992)

Gradualismus *(Evolutionsbiologie)*. Die Auffassung, daß die Evolution in der Regel gradweise geschieht, in kleinen Schritten und nicht in größeren Sprüngen.

Bereits Darwin betonte das Prinzip der Kontinuität, das man

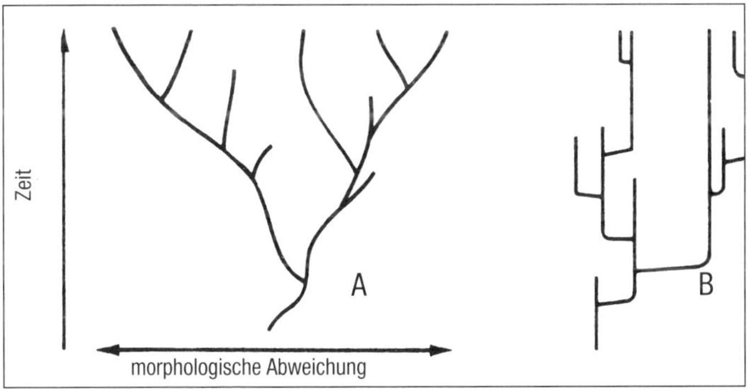

A: gradualistische Evolution; B: punktualistische Evolution.

auch in statischen, nicht evolutionären Betrachtungsweisen bei Aristoteles, Leibniz und Linné findet: *Natura non facit saltus* – die Natur macht keine Sprünge, d.h., die Arten entstehen stufenweise aufeinander durch kleine graduelle Anpassungen an andere Nischen mit Hilfe der natürlichen Selektion.

Diese Auffassung wird heute von der modernen Evolutionstheorie aufrechterhalten, obwohl sie auf zwei wesentlichen Gebieten modifiziert worden ist:

1. Die Existenz von »Makromutationen«, d.h. Änderungen in Genen, die im frühen Stadium der embryonalen Entwicklung wirken. Diese können sehr große Veränderungen bei den Nachkommen verursachen. Bei Pflanzen, z.B. der Gattung Primula, können neue Arten von einer Generation zur nächsten durch eine Verdoppelung des Chromosomensatzes entstehen.
2. Die Existenz verschiedener Evolutionsgeschwindigkeiten bei der Entwicklung der Arten. Was gemessen an einem Menschenleben als graduell erscheint, kann im Verhältnis zur großen geologischen Zeitskala entweder schnell oder langsam sein. Die Entwicklung vollzieht sich, wenn man sie in geologischer Zeit mißt, in unterschiedlicher Geschwindigkeit. Sie kann Schritte aufweisen, die kurzen Sprüngen ähneln, die

übergangslos von einem Merkmalsmuster (= punktuellem Gleichgewicht) zum anderen stattgefunden haben. Gradualismus wird damit gegenüber der Extremauffassung Punktualismus etwas relativiert.

Siehe auch: →Evolutionstheorie, →Neodarwinismus, →unterbrochenes Gleichgewicht, →molekulare Uhr

Literatur: Gould (1989), Mayr (1988)

Gravitationsstrahlung *(Physik).* Die theoretisch angenommene, aber noch nicht direkt beobachtete Ausbreitung von Gravitationsfeldern (Schwerkraftfeldern) durch den Raum (in Wellenform).

Das Phänomen wird von Einsteins allgemeiner Relativitätstheorie angenommen, der modernen Beschreibung der Gravitation, derzufolge diese Strahlung als Wellen in der geometrischen Struktur des Raum-Zeit-Gefüges verstanden werden muß. Gravitationswellen werden von Materie (Masse) in beschleunigter Bewegung erzeugt, unter Voraussetzung einer gewissen Asymmetrie in der Massenverteilung der Quelle, und sie breiten sich mit Lichtgeschwindigkeit, knapp 300 000 Kilometer pro Sekunde, aus.

Da die Gravitation eine äußerst schwache natürliche Kraft ist, dürften Gravitationswellen äußerst schwer nachzuweisen sein. In der Praxis würde dies zu Messungen von verschwindend kleinen Längenänderungen (in der Größenordnung eines Atomkerndurchmessers) führen, die durch eine eventuell ankommende Welle erzeugt werden.

Meint man jedoch, daß die Strahlung gemessen werden kann, müssen ihre Quellen von kosmischer Größe sein: Supernovaexplosionen, der Sturz von Sternen in schwarze Löcher usw. Indirekt sind Gravitationswellen wahrscheinlich im Falle des Doppelpulsars 1913+16 nachgewiesen, der aus zwei äußerst kompakten Objekten, den Neutronensternen, besteht, die umeinander kreisen. Die Eigenschaften der Bahn ändern sich auf eine Weise, die ganz genau mit Einsteins Theorie und der Annahme übereinstimmt, daß die auftretenden Veränderungen auf Aussendung von Gravitationsstrahlung zurückzuführen sind.

Siehe auch: →Relativitätstheorie, →Supernova, →schwarzes Loch, →Graviton

Literatur: Gribbin und Rees (1994)

Graviton *(Physik)*. Ein theoretisch angenommenes Teilchen, das für die Übertragung von Schwerkraft (Gravitation) verantwortlich ist.

Das Graviton gehört zur Gravitationsstrahlung auf gleiche Weise wie das Photon zum Licht (Licht ist ja eine elektromagnetische Strahlung). Existiert die Gravitationsstrahlung, besteht sie der Quantentheorie zufolge aus masselosen Gravitonen, die den gleichen Welle-Teilchen-Dualismus aufweisen wie das Licht: Die Welleneigenschaften dominieren bei der Beschreibung der Ausbreitung, während die Teilcheneigenschaften beim Meßprozeß dominieren.

Man geht davon aus, daß das Graviton elektrisch neutral ist und sein Spin den Wert 2 hat.

Siehe auch: →Gravitationsstrahlung, →Quantenmechanik, →Spin

Literatur: Gribbin und Rees (1994), Hawking (1991), Gell-Mann (1995)

Große vereinheitlichte Theorien *(Physik)*. Physikalische Theorien, die die schwachen und starken Kernkräfte sowie die elektromagnetische Wechselwirkung als drei Aspekte ein und derselben fundamentalen Naturkraft behandeln (engl. *grand unified theory,* abgekürzt GUT).

Die Physiker kennen heute vier wesensverschiedene Naturkräfte: die drei oben erwähnten sowie die Gravitation (Schwerkraft). Der Entwicklung der Quantenmechanik folgte eine Quantentheorie für die elektromagnetischen Wechselwirkungen, die man als Quantenelektrodynamik bezeichnete. Nach ihrem Vorbild erstellten die Physiker anschließend (Feld-)Theorien für die schwachen und die starken Kernkräfte; diese Theorie nennt man Quantenchromodynamik.

Aufgrund der großen formalen Ähnlichkeiten zwischen den drei Theorien – alle drei sind sogenannte Eichtheorien – vermutete man, daß die betreffenden Kräfte sich in einen gemeinsamen Beschreibungsrahmen einpassen lassen. Das erste Ergebnis (Mitte der 70er Jahre) war eine vereinigte Theorie für die elektromagnetischen und die schwachen Wechselwirkungen, die man als die elektroschwache Theorie oder – nach ihren drei Urhebern – als Weinberg-Glashow-Salam-Theorie bezeichnete.

Gemeinsame Theorien, die außer der elektroschwachen vereinigten Wechselwirkung auch die starke Kernkraft umfassen, bezeichnet man als Große vereinheitlichte Theorien oder GUT-Modelle. Heute gibt es eine Gruppe theoretisch gut fundierter Großer vereinheitlichter Theorien, von denen mehrere mögliche beobachtbare Konsequenzen haben. Die wichtigste unter ihnen besagt, daß das Proton eine endliche Lebensdauer hat (Zerfallszeit von der Größenordnung 1034 Jahre); alle Versuche, den Protonzerfall zu messen, sind allerdings bis heute fehlgeschlagen.

Schließlich sagen die Großen vereinheitlichten Theorien voraus, daß im frühen Universum »Risse«, die sogenannten kosmischen Strings, in der Raum-Zeit entstanden sein können und daß diese möglicherweise bis heute überlebt haben. Auch die kosmischen Strings sind bisher nicht observiert worden.

Man meint, daß die Unterschiede zwischen den drei Wechselwirkungen als Folge spontaner Symmetriebrechung – Phänomene, die den aus der Wärmelehre bekannten Phasenübergängen entsprechen – im allerfrühesten Universum entstanden sind.

Siehe auch: →Eichsymmetrie, →Quantenchromodynamik, →kosmischer String, →Superstring

Literatur: Ferris (1989), Davies (1987)

»Großmutterzellen-Hypothese« *(Hirnforschung, künstliche Intelligenz).* Eine Bezeichnung für die Vorstellung, daß im Gehirn Neuronen oder kleine Neuronenkomplexe existieren, die nur auf eine sehr spezifische Kombination von visuellen Stimuli reagieren, so daß z. B. das Wiedererkennen der Großmutter nur ein

ganz bestimmtes Neuron erfordert, das zur Ausführung dieser speziellen Funktion codiert ist.
Die Idee hängt mit der neurophysiologischen Annahme zusammen, daß bei Gehirnzellen eine Niveauhierarchie besteht und mehr oder weniger spezialisierte Zellen vorkommen. Die Sensitivität der Nervenzellen würde dann von den einfachsten Funktionen (z. B. Lichtempfindlichkeit) über komplexe (z. B. Gesichter) zu noch komplexeren Funktionen (z. B. Großmutter) reichen. Diese Vorstellung geht vorwiegend auf Experimente der amerikanischen Nobelpreisträger David Hubel und Torsten Wiesel mit der Sehwahrnehmung aus den 60er Jahren zurück.
Die gesamte Forschung auf dem Gebiet der neuronalen Netze spricht gegen diese Hypothese. Sie faßt Wiedererkennungsoperationen statt dessen als etwas auf, das ganze Muster zusammenwirkender Zellen erfordert.

Siehe auch: →Konnektionismus, →künstliche Intelligenz, →Zellverband

Literatur: Churchland (1986), Hofstadter (1993), Calvin (1995)

Grundlagenkrise *(Mathematik, Logik).* Eine berühmte und folgenreiche Periode – die Jahre von 1880 bis 1930 – in der Geschichte der Mathematik, während der eine Reihe bis dahin nicht diskutierter Grundlagenfragen problematisiert und viele frühere Annahmen aufgegeben wurden.
In der Regel nimmt man an, daß die Entwicklung der Mengenlehre durch den deutschen Mathematiker Georg Cantor in den 1880er Jahren der Anlaß zu der Krise war. Die Mengenlehre strebte danach, eine Grundlage für die gesamte Mathematik zu bilden, da Zahlen, Punkte und grundlegende Einheiten ganz allgemein in der Mathematik nur als Elemente von Mengen beschrieben werden können. Sie führte jedoch zu einigen Paradoxen, z. B. dem von dem englischen Philosophen Bertrand Russell formulierten: Enthält die Menge aller Mengen, die sich nicht selbst enthalten, sich selbst? Dieses Paradox untergrub auch den Versuch zur Auffindung eines Fundamentes für die Mathematik, den der deutsche Logiker Gottlob Frege vorgelegt hatte. Russell

versuchte, die Grundlage durch seine berühmte Typentheorie zu retten, die eine scharfe Trennung zwischen Mengen und Elementen gebot, so daß keine Menge Mitglied von sich selbst sein kann. Wenn Russells Theorie haltbar wäre, müßte man die gesamte Mathematik als eine Erweiterung der Logik verstehen, als eine große Menge komplizierter Tautologien. Bei diesem Standpunkt handelt es sich um den sogenannten Logizismus.

Der deutsche Mathematiker David Hilbert sah eine mögliche Lösung in einer Beweistheorie, mit deren Hilfe man rein formal entscheiden kann, ob eine bestimmte mathematische Aussage wahr oder falsch ist. Man braucht die betreffende Aussage gar nicht zu verstehen, da die Entscheidung allein von einer formalen Analyse der Aussage abhängt, die darauf achtet, ob Symbole und Kombinationsregeln korrekt benutzt sind. Von diesem Standpunkt, dem sogenannten Formalismus, erhoffte man sich sehr viel, und er griff in entscheidenden Punkten dem Computer vor.

Ein dritter Standpunkt lautete, daß die entscheidende Schwäche im falschen Gebrauch des Unendlichheitsbegriffes läge; man dürfe keine »aktuelle Unendlichkeit« anwenden, d.h. nicht mit unendlichen Mengen operieren, wie Cantor es getan hatte, sondern nur mit Objekten, von denen man beweisen kann, wie sie konstruiert werden müssen (»die Menge aller Mengen« kann nicht konstruiert werden). Dies würde dazu führen, daß man eine große Menge von Aussagen, die derartige Ausdrücke enthalten, nicht untersuchen muß. Eine Nebenrichtung dieses Standpunktes, des Konstruktivismus, war der sogenannte Intuitionismus, dessen Vertreter meinten, daß die Konstruktionen von einfachen, nicht bezweifelbaren Vorstellungen ausgehen müßten.

Es wird häufig behauptet, daß die Grundlagenkrise mit Gödels Beweis aus dem Jahre 1931 zu einem Ende kam, und durch diesen Beweis wurde ja auch ein für allemal festgestellt, daß sowohl Russells Logizismus als auch Hilberts Formalismus unhaltbar waren. Jedes kompliziertere formale System würde Aussagen enthalten, über die man nicht entscheiden kann. Gödels Beweis bedeutete jedoch nicht, daß der konstruktionistische Standpunkt siegte; statt dessen setzte sich eine modifizierte Ausgabe des Formalismus durch – man mußte nun nur seinen eigenen Formalismus für das Problem entwerfen, das man behandelte, und nicht daran glauben, eine universelle Theorie für die gesamte Mathematik finden zu können.

Damit ist die Grundlagenkrise in gewissem Sinne noch nicht beendet, und verschiedene konstruktivistische und intuitionistische Tendenzen tauchen ab und zu als Ergebnis des spontanen Platonismus auf, den die meisten trotz allem hegen und der annimmt, daß die mathematischen Gegenstände in einer nichtmateriellen Ewigkeit existieren, unabhängig davon, was wir mit ihnen machen. So kann die Auseinandersetzung innerhalb der künstlichen Intelligenz zwischen den Anhängern der reinen Symbolmanipulation und ihren Gegnern als eine weitere Version des Kampfes zwischen dem modifizierten Formalismus und seinen verschiedenen Gegnern verstanden werden.

Siehe auch: →Gödels Theorem, →Unendlichkeit, →Kontinuum, →Formalisierung, →Unentscheidbarkeit, →Nichtberechenbarkeit, →Halte-Problem

Literatur: Dantzig (1930), Devlin (1992)

Gruppenselektion *(Evolutionsbiologie).* Ein Evolutionsmechanismus, der die gesamte Gruppe (die Population) auswählt statt, wie die klassische Selektionstheorie annimmt, das Individuum.

Die Theorie der Gruppenselektion wurde 1962 von dem englischen Biologen V. C. Wynne-Edwards entwickelt. Sie sagt, daß bestimmte erbliche Eigenschaften ausgewählt (selektiert) werden können, obwohl sie für das Individuum nachteilig sind; sie müssen nur für die Gruppe als Gesamtheit vorteilhaft sein (z. B. altruistisches Verhalten wie Alarmrufe oder verminderte Produktion von Nachkommen, wenn Ressourcen knapp werden). Behauptet wird, daß eine Gruppe, die solche Eigenschaften aufweist, bessere Überlebenschancen hat, verglichen mit einer anderen Gruppe, die das betreffende Merkmal nicht aufweist.

Die Theorie wurde stark angegriffen. Sie sieht sich mit dem Problem konfrontiert, daß altruistisches Verhalten, das sie erklären will, durch die Theorie der Individualselektion einfacher erklärt werden kann, und zwar durch die Verwandten- oder Sippenselektion.

Verwandte teilen sich gemeinsame Gene (eigentlich gemeinsame Zustandsformen von bestimmten Genen, sogenannte Allele); Selektion wählt mit den Individuen deren Gene aus. Selbstaufopferung für Individuen, die auch eigene Gene tragen, also Verwandte, trägt dazu bei, auch eigene Erbinformation weiterzugeben.

Obwohl die meisten Biologen sich heute darüber einig sind, daß die Gruppenselektion eine überholte Theorie darstellt, ist sie immer noch Gegenstand wissenschaftlicher Debatten. Sie dient als pädagogischer und rhetorischer Kontrast zur Theorie der Verwandtenselektion, die wiederum zur Soziobiologie weiterführt. Außerdem ist nicht restlos auszuschließen, daß Gruppenselektion unter ganz besonderen Umständen einer der möglichen Wirkungsmechanismen der Evolution sein kann.

Siehe auch: →natürliche Selektion, →Soziobiologie

Literatur: Kitcher (1985)

H

Halte-Problem *(Informatik).* Die Frage, ob ein Computer die Ausführung eines bestimmten Programms nach einem bestimmten Input beendet, d.h. ein Resultat erreicht. Das Interessante am Halte-Problem ist der Beweis dafür, daß es generell nicht gelöst werden kann; es zeigt damit eine grundsätzliche Grenze dafür auf, was man mit einem Computer erreichen kann.

Der englische Mathematiker Alan Turing beschrieb das Halte-Problem im Jahre 1936, und er bewies, daß es unlösbar ist. Es gibt eine allgemeine Grenze für die Eigenschaften einer Turingmaschine an: Sie kann das Problem, ob eine Maschine wie sie selbst nach einem bestimmten Input anhält und ein Ergebnis erreicht oder in einer unendlichen Schleife weiterarbeitet, nicht lösen.

Für zahlreiche Programme wissen wir natürlich, daß sie anhalten, doch dies gilt nur für einen kleinen Teil aller möglichen Programme. Es gibt keinen allgemeinen Algorithmus, der das Problem für jedes denkbare Programm löst.

Es handelt sich hierbei um eine informatische Verallgemeinerung der mathematischen Unentscheidbarkeit in Gödels Theorem, die unmittelbar zeigt, daß Unentscheidbarkeit viel verbreiteter ist, als dies aus Gödels Theorem unmittelbar deutlich wird. Man kann das Problem nur lösen, indem man das Programm mit dem betreffenden Input arbeiten läßt. Weil jedoch die Ausführung eines Programmes beliebig lange Zeit in Anspruch nehmen kann, wird man nie wissen, ob ein laufendes Programm irgendwann einmal anhalten und ein Ergebnis erreichen wird – eventuell nach ungeheuer langer Zeit – oder ob es nie zu einem Ergebnis kommt.

Eine weitere Verallgemeinerung des Halte-Problems bildet der Begriff der nicht-berechenbaren Zahlen in der algorithmischen Komplexitätstheorie, der beinhaltet, daß man nie beweisen kann, ob eine bestimmte Reihenfolge von Ziffern zufällig ist. G. Chaitin beispielsweise gibt Ω – die Wahrscheinlichkeit dafür, daß ein willkürliches Programm anhält – als nicht berechenbar und als eine in seiner Terminologie »zufällige« Zahl an.

Siehe auch: →Gödels Theorem, →Unentscheidbarkeit, →Nichtberechenbarkeit, →algorithmische Komplexität, →Turingmaschine, →Unendlichkeit, →Problem des Handelsreisenden

Literatur: Turing (1965), Dewdney (1989)

Heisenbergs Unschärferelation *(Physik).* Eine Bezeichnung für physikalische Größen, die sich nicht gleichzeitig mit beliebig hoher Präzision messen lassen. Dies ergibt daher eine unumgängliche Unsicherheit oder Unschärfe für die gleichzeitige Messung dieser beiden Größen.

Das Streben der Wissenschaft nach Objektivität wurde in der klassischen Physik durch die Vorstellung ausgedrückt, daß es, obwohl die Messung einer Größe, z.B. der Temperatur, nicht zu 100 Prozent genau vorgenommen werden kann, dennoch grundsätzlich keine untere Grenze dafür gibt, wie genau man die Messung vornehmen kann.

Dies änderte sich, als der deutsche Physiker Werner Heisenberg darauf aufmerksam machte, daß bei bestimmten Paaren von Eigenschaften atomarer Teilchen oder bei Quantenprozessen die präzise Messung einer Größe dazu führt, daß die komplementäre Größe nur mit entsprechend geringerer Präzision bestimmt werden kann. Die erreichbaren Meßgenauigkeiten der zwei Eigenschaften sind also umgekehrt proportional.

Dies gilt beispielsweise für das Größenpaar Lage und Impuls (Impuls ist Geschwindigkeit mal Masse). Bestimmt man den Impuls eines Elektrons äußerst genau, muß man eine Unsicherheit in bezug auf seine Lage, vielleicht um mehrere Meter oder Kilometer, in Kauf nehmen.

Ein weiteres Größenpaar sind Dauer und Energie, die zu einem Quantenprozeß gehören. Bestimmt man die Dauer sehr genau, wird die Messung der dazugehörigen Energie sehr ungenau; im Extremfall kann sie so groß werden, daß ein Partikel aus dem Nichts heraus entsteht und für ganz kurze Zeit existiert. Folgt man der Kopenhagener Deutung der Quantentheorie, ist die Unsicherheit nicht auf unsere Unwissenheit zurückzuführen, sondern stellt eine grundsätzliche Grenze für jede Meßsituation dar.

Siehe auch: →Komplementaritätsprinzip, →Quantentheorie, →Kopenhagener Schule

Literatur: Peat (1990), Gribbin (1993)

Hippocampus *(Hirnforschung).* Eine tief im Schläfelappen liegende Gehirnwindung, die wesentliche Bedeutung für das Gedächtnis hat.

Ende der 70er Jahre zeigten Versuche mit Ratten, daß der Hippocampus entscheidende Bedeutung für die psychische Konstruktion von Dreidimensionalität und die sogenannten kognitiven Karten hat. Werden Neurone im Hippocampus zerstört, so kommt es zu Gedächtnisstörungen. Der Hippocampus ist vermutlich auch in die Regulation von Verhalten und Aufmerksamkeit eingebunden. Neueste elektrophysiologische Untersuchungen zeigen, daß diese Struktur Neuronen enthält, die außerordentliche synaptische Plastizität zeigen. Wiederholte Reize führen in diesen Neuronen zu starken und anhaltenden Veränderungen der neuronalen Antworten (z. B. Langzeitpotenzierung als einfache Form des Lernens).

Siehe auch: →kognitive Karte

Literatur: Oakley (1985), Edelman (1995), Popper und Eccles (1994)

Holismus *(Philosophie)* (von gr. *holos:* ganz). Ganzheitsdenken, d.h. die Auffassung, die Welt bestehe aus Ganzheiten, die sich nicht allein durch die Analyse der Elemente, aus denen sie zusammengefügt sind, ergründen lassen.

Der südafrikanische Politiker Jan Smuts prägte den Begriff im Jahre 1926 als Alternative zu der damals vorherrschenden wissenschaftlichen Denkrichtung, die alles Leben auf starre Mechanismen reduzierte. Er verstand unter Holismus die Vorstellung, daß alles Lebende sich auf eine immer umfassendere, universelle Ganzheit hin entwickelt. In Deutschland wurde der Holismus vor allem durch Adolf Meyer-Abich vertreten (»Naturphilosophie auf neuen Wegen«, 1948).

Ein sehr bekannter holistischer Satz ist »Das Ganze ist mehr als die Summe seiner Teile«. Wenn man eine Gesamtheit (z. B. einen Organismus) in seine Einzelteile auflöst (z.B. Organe und Gewebe) und diese einzeln untersucht, hat man die Gesamtheit nicht völlig verstanden, da es Eigenschaften gibt, die für die Gesamtheit charakteristisch und nur durch sie verständlich sind.

Als Erkenntnismethode hat der Holismus in diesem Jahrhundert im wissenschaftlichen Bereich zunächst nur eine periphere Rolle gespielt, u.a. weil er wissenschaftlichen Methoden widerspricht, die auf der Analyse und Trennung individueller ursächlicher Faktoren gründen. In fachübergreifende Disziplinen wie der allgemeinen Systemtheorie und der Kybernetik fand er jedoch in gewissem Umfang Eingang.

Im Laufe der 80er Jahre wurde der Holismus als Erklärungsmodell der New Age-Kultur (Healing, Therapiebewegung, Astrologie usw.) rasch populär. So nimmt z. B. die holistische Medizin an, daß Körper und Seele eng miteinander zusammenhängen und als Einheit behandelt werden müssen.

Der holistische Grundgedanke findet sich heute innerhalb der Physik beim Studium sogenannter komplexer oder kollektiver Phänomene wieder, die Muster und Gesamtheiten bilden, deren Eigenschaften sich aus ihren ursprünglichen Elementen nicht voraussagen lassen und die daher als »emergent« bezeichnet werden. Eine radikale Formulierung des Holismus wurde von dem amerikanischen Quantenphysiker David Bohm mit dem Begriff »implizite Ordnung« *(implicate order)* eingeführt, der eine tiefer liegende, ganzheitlich geprägte Wirklichkeitsebene bezeichnet.

Siehe auch: →Antireduktionismus, →Emergenz, →allgemeine Systemtheorie, →holographische Metapher, →implizite Ordnung, →kollektive Phänomene, →Komplexität, →Kybernetik, →Vitalismus

Literatur: Bohm (1987)

Holographie *(Physik)*. Eine Bildherstellungstechnik, die mit Hilfe u. a. von Lasern dreidimensionale Bilder erzeugt (von gr. *holos:* ganz, *graphé:* Schrift).

Die Holographie wurde 1948 von dem englischen Ingenieur Dennis Gabor zum ersten Mal beschrieben. Brauchbare Hologramme konnte man jedoch erst nach der Erfindung des Lasers um das Jahr 1960 herstellen.

Holographie wird in einem dunklen Raum durchgeführt. Ein Laserstrahl (der aus besonders »gleichgerichtetem«, kohärentem Licht besteht) wird in zwei Teilstrahlen aufgeteilt. Ein Strahl geht geradeaus, der andere wird auf den Gegenstand, der holographiert werden soll, gerichtet. Der Gegenstand reflektiert Licht, und dort, wo dieses Licht auf den ersten Strahl trifft, bringt man einen Film an, der auf diese Weise belichtet wird. Im entwickelten Zustand nennt man diesen Film ein Hologramm (nicht »eine Holographie«).

Beleuchtet man das Hologramm anschließend mit laserähnlichem Licht, wird ein Bild des holographierten Gegenstandes erscheinen, das in den Raum vor oder hinter dem Hologramm projiziert wird. Man erlebt räumliche Tiefe.
Schneidet man das Hologramm in kleine Stücke, wird jedes Stück weiterhin ein Bild des gesamten Gegenstandes erzeugen, allerdings unschärfer und aus einem anderen Blickwinkel. Die Erklärung ist, daß Licht während der Holographie von jedem Punkt des Gegenstandes auf jeden Punkt des Films verteilt wird. Jeder kleine Teil des Films hat daher Lichtwellen von allen beleuchteten Punkten des Gegenstandes empfangen und kann aus diesem Grund ein Bild des Gegenstandes in seiner Gesamtheit wiedergeben. Jeder Teil enthält Information über die Gesamtheit.

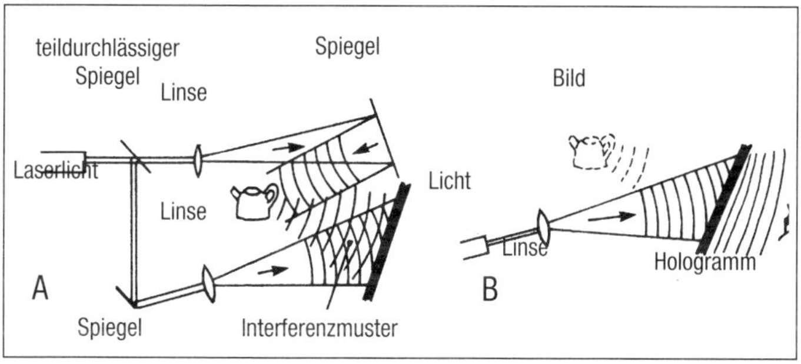

A. Ein Hologramm wird aufgenommen. Licht aus einem Laser wird durch einen teildurchlässigen Spiegel in zwei Teilstrahlen aufgeteilt. Über Linse und Spiegel wird der obere Strahl, der Objektstrahl, auf die Teekanne gerichtet, die holographiert werden soll. Licht wird von der Teekanne reflektiert und trifft auf das Licht des anderen Strahls, des Referenzstrahls. Wo die beiden Strahlen sich treffen, entsteht ein sogenanntes Interferenzmuster. Ein lichtempfindlicher Film, der genau hier angebracht ist, nimmt dieses Muster auf und »friert es ein«. Das entwickelte Bild nennt man ein Hologramm.

B. Ein Hologramm wird betrachtet. Beleuchtet man das Hologramm nur mit dem Referenzstrahl (oder mit ähnlichem Licht) und nicht mit dem Objektstrahl, kann man von der anderen Seite des Hologramms eine glänzende und farbige Teekanne beobachten, die dort in der Luft zu schweben scheint, wo die wirkliche Teekanne vorher angebracht war. Das Hologramm ist eine Art Fenster, »durch« das man die Teekanne sieht.

Obwohl dieses Prinzip Anlaß zu einigen Spekulationen gegeben hat, gründet es sich auf einfache physikalische Gesetzmäßigkeiten und enthält nichts Mystisches.

Holographie ist ein Forschungsgebiet, das sich sehr schnell weiterentwickelt; sie wird u.a. für Präzisionsmessungen schwer zugänglicher Gegenstände und zur Informationsverarbeitung, u.a. in sogenannten optischen neuronalen Netzen, benutzt.

Siehe auch: →holographische Metapher, →implizite Ordnung, →Holismus, →neuronales Netz

Literatur: Caulfield (1984), Kock (1985)

holographische Metapher. Die Idee, daß ein Phänomen, vielleicht das gesamte Universum, wie ein Hologramm organisiert ist, d.h. aus Teilen besteht, die Information über die Gesamtheit enthalten.

Die holographische Metapher lebt besonders davon, daß der Quantenphysiker David Bohm das Hologramm zur Illustration der Eigenschaft benutzte, daß Information über eine gegebene Gesamtheit in bestimmten Fällen in allen ihren Teilen verteilt sein kann.

Der amerikanische Neuropsychologe Karl Pribram legte eine sogenannte holographische Hypothese über die hologrammähnliche Verteilung von Erinnerungen in größeren Abschnitten der Gehirnrinde vor. Er hielt auch eine ähnliche Organisation des gesamten Sinnesapparates – und der Wirklichkeit als Gesamtheit – für denkbar.

Der norwegische Arzt Vilhelm Schjelderup hat auf entsprechende Weise auf eine mögliche holographische Organisation des menschlichen Körpers hingewiesen, die erklären sollte, warum viele seiner Teile anscheinend Information über die Gesamtheit enthalten: der Fußballen in der Reflexzonentherapie, die Regenbogenhaut in der Iris-Diagnose, der Ohrknorpel bei der Ohr-Akupunktur usw.

Die Metapher vom gesamten Universum als Hologramm hat die offensichtliche Schwäche, daß ein Hologramm ein statisches

»Bild« eines dynamischen Interferenzmusters und daher eine ungeeignete Metapher für ein dynamisches Universum ist. Wie u.a. der amerikanische Buddhist Ken Wilber aufzeigte, fällt es im Rahmen der Hologramm-Metapher schwer, Ebenen in Systemen mit hoher Komplexität zu unterscheiden, da alle Information sozusagen nivelliert wird, so daß sie überall zu finden ist.
Die holographische Metapher hatte praktisch keinen wissenschaftlichen Einfluß, vielleicht aufgrund ihrer Verbindung mit religiösen Überlegungen und dem daraus resultierenden Status als »Californian pop science«.

Siehe auch: →Holographie, →implizite Ordnung, →Holismus

Literatur: Wilber (1990), Bohm (1987)

Homöobox *(Genetik)*. Teilabschnitt einer Reihe von Genen, denen man eine entscheidende Rolle in der Steuerung der embryonalen Entwicklung zumißt. Eine Homöobox enthält die Bauanweisung für einen Proteinabschnitt, der die Fähigkeit besitzt, sich an andere Gene anzulagern und dadurch deren Aktivität zu steuern. Das besondere an Homöobox-Abschnitten ist, daß sie sich in einer Gruppe von Schlüsselgenen befinden, sogenannten Entwicklungskontroll-Genen, die nach und nach während der Embryonalentwicklung aktiv werden.
Nach den Vorstellungen der Molekularbiologen verwirklichen solche Gene in Wechselwirkung mit der Umwelt Schritt für Schritt die Entwicklung eines Embryos. Typischerweise wird jedes der bis jetzt entdeckten Hömöobox-Gene nur ab einem gewissen Zeitpunkt und nur in einem recht genau abgegrenzten Teil des Embryos aktiv.
Auf die Spur der Homöobox-Gene war man schon früh gekommen. Noch zu Zeiten der »klassischen« Genetik waren Biologen durch Beobachtung auf eine besondere Art von Mutationen gestoßen, bei der beispielsweise einer Fliege am Kopf keine Antennen, sondern komplette Beine wuchsen. Dieses Phänomen, daß anstelle eines Körperteils ein völlig anderes erscheint, wurde als Homöosis (gr. *homoiosis:* Ähnlichkeit) bezeichnet, und die Gene,

deren Defekt diesen Umwandlungen zugrunde lag, nannte man homöotische, später auch hox-Gene.
Bei den mißgebildeten Fliegen stellte sich heraus, daß ein einziges homöotisches Gen, das normalerweise die Beinentwicklung einleitet, fälschlicherweise im Kopf aktiv wird. Andere homöotische Gene sind bei Fliegen auch für die Bildung von Flügeln und für die korrekte Segmentierung des Körpers von Bedeutung.
Im Jahre 1984 stellten Molekularbiologen fest, daß sich einige der bis dahin entschlüsselten Entwicklungsgene der Fruchtfliege in einem Teilabschnitt stark ähneln. Diese Sequenz nannten sie deshalb Homöobox. Noch mehr Aufmerksamkeit erregte diese Sequenz aber, als sich herausstellte, daß es sie kaum verändert auch bei Würmern, Weichtieren, Mäusen und Menschen gibt. Aus der Tatsache, daß diese Gene sich im Laufe der Evolution nur sehr wenig geändert haben, schloß man bereits damals, daß es sich um Gene von grundlegender Wichtigkeit für die Entwicklung der Organismen handeln mußte.
Die zeitlichen und räumlichen Aktivierungsprozesse von Genen in der frühen embryonalen Entwicklung sind heute Gegenstand intensiver Forschung. Obwohl die Wissenschaft bei der Entschlüsselung dieser Prozesse in den vergangenen Jahren große Fortschritte gemacht hat, sind allerdings immer noch viele Fragen offen.

Siehe auch: →Morphogenese, →DNA, →genetische Information, →Gen

Literatur: De Robertis u. a. (1990), Gehring (1987, 1992)

humanes Genomprojekt *(Biologie).* Ein großes internationales Forschungsprogramm mit dem Ziel, die menschliche Erbmasse (das Genom) mit Hilfe neuer molekularbiologischer Methoden zu entschlüsseln. Beabsichtigt ist, den gesamten »Text« in einer für Forscher zugänglichen Datenbank abzuspeichern. Das menschliche Genom umfaßt 46 Chromosomen (23 verschiedene Paare), die jeweils aus langen DNA-Strängen bestehen. Die 23 verschiedenen DNA-Stränge haben eine Länge von insgesamt circa drei Milliarden Basenpaaren, den Buchstaben des DNA-Alphabetes.

Obwohl die benutzte Technologie relativ einfach ist, führt sie zu sehr großem Wissen. Wegen seines umfassenden Charakters und der erwarteten Bedeutung der vollständigen DNA-Sequenz als Hilfsmittel für weitere Forschung in Zellphysiologie, genetischer Regulierung, bei Erbkrankheiten u.a.m. hat man das Projekt als »das Mondlandungsprojekt« der Biologie bezeichnet.

Heftig diskutiert werden auf der anderen Seite die ethischen, juristischen und medizinischen Konsequenzen des Projekts. Es schafft Voraussetzungen für Eingriffe in das Erbgut des Menschen, eine Möglichkeit, die noch keinen klaren ethischen und juristischen Regeln unterliegt.

Siehe auch: →DNA, →genetische Information, →Gen

Literatur: Bishop und Waldholz (1991), Shapiro (1992), Strachan (1994), Fischer und Klose (1995)

Humanökologie. Das Studium des Zusammenspiels zwischen den menschlichen Gesellschaften und der biologischen und physikalischen Umwelt.

Viele Forscher sind heute der Auffassung, daß es kaum noch »natürliche«, das heißt von der Zivilisation des Menschen unberührte Ökosysteme gibt. Die Folge ist, daß ein großer Teil der modernen Ökologie sich mit humanökologischen Problemen beschäftigt, insbesondere mit dem oft schädlichen Einfluß des Menschen auf die Biosphäre, z.B. durch Treibhausgase, Klimastörungen, Reduzierung der Artenvielfalt, Erschöpfung von Ressourcen. Diese Probleme fordern eine fachübergreifende Forschung heraus, deren Ziel es sein sollte, Lösungsmodelle für die einzelnen Problemkreise zu erstellen. Seit den 70er Jahren haben Humanökologen zunehmend versucht, ihre Analyse von Umweltproblemen nicht nur auf rein ökologische Fragen zu beschränken, sondern auch auf zugrundeliegende gesellschaftliche Mißstände hinzuweisen.

Da politisches Ganzheitsdenken heute als »Planwirtschaft« in

Mißkredit geraten ist, wendet man sich derzeit von den eher utopisch-ideologischen Varianten der Humanökologie ab und konzentriert sich auf pragmatisch orientierte Arbeit an konkreten Umweltproblemen.

Siehe auch: →Biosphäre, →Gaia-Hypothese, →Holismus

Literatur: Glaeser u.a. (1992), Heeg u.a. (1991)

imaginäre Zeit *(Physik).* Ein Begriff, den man ursprünglich in der speziellen Relativitätstheorie einführte, um eine formale Gleichheit zwischen Zeit und Raum zu erreichen. Imaginäre Zeit entsteht aus der reellen Zeit durch Multiplikation mit der imaginären Größe i ($i^2 = -1$; jede sogenannte komplexe Zahl ist eine Summe aus einer reellen Zahl und einer imaginären Zahl). Imaginäre Zeit wurde u.a. (S. Hawking und J. Hartle, 1983) bei der Formulierung einer möglichen Grundlage für eine Quantengravitationstheorie, d.h. eine quantenmechanische Beschreibung der Gravitation, benutzt.

Siehe auch: →Relativitätstheorie, →Quantentheorie

Literatur: Hawking (1991, 1993)

implizite Ordnung *(Physik).* Eine Form von Ordnung, bei der Information über die Gesamtheit schon in den Teilen dieser Gesamtheit vorhanden ist und die die tiefsten Schichten der Wirklichkeit charakterisiert. Der englische Ausdruck *implicate order* wurde um 1970 von dem amerikanischen Physiker David Bohm gebildet (von lat. *plicare:* falten; vgl. plissiert).

Bohm suchte nach einem Verständnis der Wirklichkeit, die hinter dem Formalismus der Quantenmechanik liegt. Er war mit dem Verbot der Kopenhagener Schule, sich einfache Bilder von der Wirklichkeit zu machen, unzufrieden.

Implizite Ordnung ist das Gegenteil von expliziter Ordnung, der Form von Ordnung, die in der Beschreibung der Welt durch die klassische Mechanik herrscht, derzufolge Dinge sich außerhalb voneinander befinden und durch äußere Einflüsse miteinander in Wechselwirkung stehen.

In einer impliziten Ordnung sind die Teile einer Gesamtheit ineinander »gefaltet«, so daß sie in einem inneren Verhältnis zueinander stehen und dadurch Information über die Gesamtheit enthalten. Die Interferenz von Lichtwellen (und besonders ihre statische Speicherung in einem Hologramm) ist ein Beispiel für implizite Ordung, ebenso wie Wellen- und Schwingungsphänomene im allgemeinen.

Im Singular, »die implizite Ordnung«, benutzt Bohm den Begriff als Bezeichnung für die tiefsten, dynamischen Schichten der Wirklichkeit, die als »energiegesättigtes Potential« die Quelle für das Erscheinen manifester Phänomene in der expliziten Ordnung, der klassischen Welt, sind.

Als metaphysische Bezeichnung für eine besondere Form von Holismus hat »implizite Ordnung« einen großen Kreis interdisziplinär interessierter Forscher inspiriert, z. B. in Verbindung mit der von dem Neuropsychologen Karl Pribram konstruierten holographischen Hypothese über das Gehirn. Als seriöse philosophische Grundlage für eine Alternative zur Kopenhagener Schule der Quantenmechanik (dies war Bohms ursprüngliche Absicht mit dem Begriff, der eine Weiterentwicklung seiner früheren Theorie der »verborgenen Variablen« darstellt) hat der Begriff unter Physikern nur geringen Anklang gefunden.

Siehe auch: →Holographie, →holographische Metapher, →Holismus, →Kopenhagener Schule, →verborgene Variable

Literatur: Bohm (1987), Bohm und Peat (1987)

inflatorisches Universum *(Astrophysik).* Eine kosmologische Theorie, derzufolge das Universum unmittelbar nach seiner Erschaffung eine Phase mit einer sich ungewöhnlich schnell beschleunigenden Ausdehnung durchlief (Inflation, d. h. »Aufblasung«).

Die Inflationstheorie über das Universum entstand um 1980; sie wurde von dem amerikanischen Physiker Alan Guth erstellt. In ihrer ursprünglichen Form (»die alte Inflationstheorie«) hatte sie das Ziel, vor allem zwei Probleme zu erklären, die die Stan-

dardtheorien für die Geometrie und die Entwicklung des Universums belastet hatten; dabei handelt es sich um die sogenannten Friedmann-Modelle, die mit einem Urknall operieren.
Das eine Problem war die Homogenität und die Isotropie des Universums, d.h. die beobachtete Gleichartigkeit seiner Materie und seiner Strahlung in bezug auf sowohl Ort als auch Richtung. Wenn wir z.B. die kosmische Hintergrundstrahlung in zwei diametral entgegengesetzten Richtungen am Himmel messen, empfangen wir die genau gleiche Intensität, was nicht zu erwarten ist, da die Strahlung von zwei Gebieten ausgesendet wird, die laut den Standardtheorien nie miteinander in Verbindung gestanden haben.
Das andere Problem war, daß die Massendichte des Universums unerklärlich dicht an dem sogenannten kritischen Wert lag (jenem Wert, der dem entspricht, bei dem das Universum eine räumliche »flache«, d.h. krümmungsfreie Geometrie besitzt), eine Übereinstimmung, die laut den Theorien in der frühesten Entwicklung extrem ausgeprägt gewesen sein muß.
Beide Verhältnisse ließen sich durch die Annahme erklären, daß das Universum eine Phase mit einer äußerst schnellen Ausdehnung durchlief, da eine solche alle lokalen Abweichungen von Flachheit entfernen würde. Ein Mechanismus zur Auslösung dieser Inflation liegt in den sogenannten Großen unifizierten Theorien vor, in denen eine fundamentale Größe mit der Bezeichnung Higgs-Feld auftritt (von dem man annimmt, daß es für die Erzeugung der Masse der Materie verantwortlich ist).
Die Inflation wird hier als eine Zustandsänderung aufgefaßt, bei der eine Symmetrie spontan gebrochen wird; dies kann man am besten mit dem Gefrieren von z.B. unterkühltem Wasser vergleichen. Wie bei diesem Beispiel spricht man davon, daß das Higgs-Feld einen Phasenübergang durchläuft, nämlich vom »falschen Vakuum« zum »echten Vakuum«. Durch diesen Phasenübergang werden die für den Inflationsprozeß notwendigen Energiemengen freigesetzt.
Die »inflatorische Ära« in der Geschichte des Universums löste

die »große unifizierte Ära« etwa 10^{-35} Sekunden nach dem Urknall ab und dauerte bis etwa 10^{-33} Sekunden nach dem Urknall, als die »elektroschwache Ära« begann. Man meint, daß die Dimension des Universums im Laufe dieser Zeit von Atomkerngröße auf Fußballgröße anstieg.

Siehe auch: →Große vereinheitlichte Theorien, →Kosmologie, →Urknall, →Symmetrie, →Symmetriebrechung

Literatur: Ferris (1989), Gribbin und Rees (1994)

Informationstheorie. Eine 1948 von dem amerikanischen Mathematiker Claude Shannon entwickelte Theorie zur Übertragung von Informationen in technischen Systemen.

Sie entstand im Zusammenhang mit elektrischer Nachrichtenübermittlung, wurde aber sehr bald auch auf nichttechnische Kommunikationssysteme übertragen. Ein Kommunikationssystem besteht aus folgender Kette: einer Informationsquelle (z.B. ein Sprecher), einem Sender, der die Nachricht codiert, einem Übertragungskanal, einem Empfänger, der die Nachricht decodiert, und einem Ziel (z.B. ein Hörer).

Die Informationstheorie beschreibt die Bedingungen, unter denen die Kommunikation am effektivsten geschieht. Ein Informationssystem ist um so erfolgreicher, je geringer die Differenz zwischen gesendeten und empfangenen Zeichen ist (z.B. wenn Störungen des Übertragungskanals vermieden werden).

»Information« im engeren Sinne liegt dann vor, wenn einem bestimmten Ereignis ein bestimmter Wahrscheinlichkeitswert, daß dieses Ereignis eintritt, zugeordnet werden kann. Je geringer die Auftretenswahrscheinlichkeit ist, desto höher ist der Informationsgehalt. Ist die Wahrscheinlichkeit höher, so ist der Informationsgehalt (eher) redundant.

Aus der Thermodynamik wurde der Begriff der Entropie auf die Informationstheorie übertragen. Entropie meint das Maß an Unbestimmtheit, durch das Information quantifiziert wird. Informationszuwachs bedeutet folglich eine Verringerung von Entropie bzw. Unbestimmtheit und umgekehrt: Negative Entropie liegt vor, wenn der eigentliche Informationsgehalt die Unbestimmtheit beseitigt.

In der Sprachwissenschaft hat die Informationstheorie vor allem in den Teilbereichen der Computerlinguistik und der maschinellen Sprachverarbeitung Relevanz.

Wie im Falle der Kybernetik und der allgemeinen Systemtheorie erhofften sich viele interdisziplinär ausgerichtete Forscher in den 60er Jahren viel von der Fähigkeit der Informationstheorie, vereinheitlichte Beschreibungen komplexer Systeme zu liefern. Heute ist die Informationstheorie zu einer einfachen Grunddisziplin der Ingenieurwissenschaft und der Informatik geworden.

Siehe auch: →Kybernetik, →algorithmische Komplexität, →genetische Information, →Entropie

Literatur: Shannon und Weaver (1976), Campbell (1982)

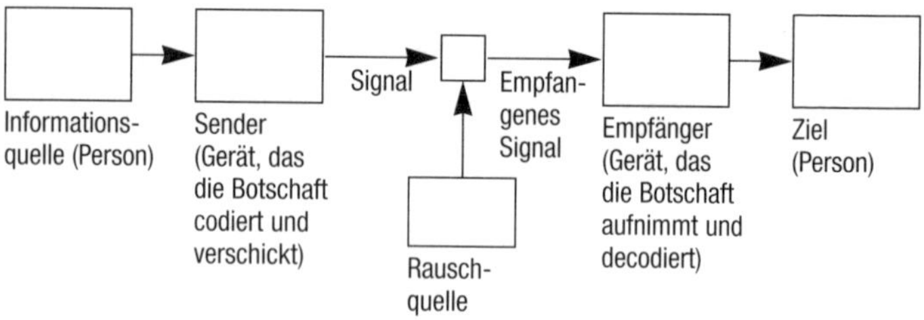

Der Informationstheorie von Shannon und Weaver (1949, dt. 1976) liegt dieses Modell einer Übertragungskette zugrunde. Das klassische Beispiel ist der Telegraph, bei dem der Code das Morsealphabet ist.

Intentionalität *(Philosophie, Kognitionsforschung).* Die Ausrichtung (oder auch das »Gerichtetsein«) des Geistes auf einen Inhalt, die bewußt denkende Wesen von unbeseelten Gegenständen unterscheidet, die auf nichts gerichtet sind, sondern bloß existieren (lat. *intendere:* ausstrecken, die Aufmerksamkeit richten).

Der Begriff, dessen Ursprung in der Philosophie weit zurückreicht, erhielt seine heutige Bedeutung erst in der zweiten Hälfte des 19. Jahrhunderts durch die Arbeiten des Österreichers Franz Brentano. Er gebraucht ihn, um den psychischen Bereich von allem, was physisch existiert, abzugrenzen. Charakteristisch für das Psychische ist, daß es immer in einem Verhältnis zu einem Inhalt steht, und somit im Gegensatz zum rein physikalischen Bereich eine Ausrichtung auf ein Objekt besitzt, unabhängig davon, ob dieses real existiert oder nicht.

Der Begriff erhielt eine entscheidende Bedeutung für die philosophische Schule der Phänomenologie, die ein Phänomen als etwas auffaßt, auf das sich eine Intention richtet (E. Husserl). Die Intention hat hier nichts mit konkreten psychologischen Bewußtseinszuständen zu tun, sondern bildet eine Voraussetzung dafür, daß Phänomene vergegenwärtigt werden können.

In der Sprachwissenschaft hat der amerikanische Philosoph und Linguist J. R. Searle Intentionalität als eine zentrale Eigenschaft des Menschen gedeutet. Der menschliche psychische Bereich stellt eine Voraussetzung für sprachliche und nicht-sprachliche Handlungen dar. Im Rahmen einer allgemeinen Handlungstheorie folgt daraus, daß sprachliche Handlungen sich im wesentlichen intentional vollziehen und so der Sprechakt von der jeweiligen Handlungsabsicht des Sprechers abhängt.

In Teilen der Biosemiotik – z.B. bei von Uexküll – vertritt man die entgegengesetzte Auffassung, indem man annimmt, daß Leben als ein auf Zeichen basierender Prozeß (z.B. die Decodierung der genetischen Information durch die Zelle) die Grundlage der Intentionalität ist.

Siehe auch: →Kognitionsforschung, →Biosemiotik, →chinesisches Zimmer, →Turingmaschine, →Turingtest, →künstliche Intelligenz

Literatur: Brentano (1955), Searle (1955), Uexküll (1982)

Interaktionismus *(Ideengeschichte, fachübergreifend).* Eine Theorie, die Phänomene durch eine Wechselwirkung zwischen zwei relevanten Elementen erklärt.

Interaktion ist ein häufig gebrauchter Begriff, den bereits Newton in seinem Axiom von Aktion und Reaktion verwendet. Innerhalb der Human- und Gesellschaftswissenschaften begründete der Philosoph George Herbert Mead in den 30er Jahren in den USA den symbolischen Interaktionismus. Dieser sieht in den Interaktionen zwischen Menschen gleichzeitig die Grundlage für die Bildung der Persönlichkeit (Psychologie), die Bildung von Einrichtungen und Gruppen (Sozialpsychologie) und die Bildung der Gesellschaft (Soziologie).

Der Interaktionismus mißt der Interaktion eine selbständige (ontologische) Existenz zu. Daß ein Ganzes sich nicht auf die Summe seiner Teile reduzieren läßt, wird oft dadurch erklärt, daß die dynamischen Verbindungen, d.h. die Interaktionen zwischen den Elementen, für den Unterschied verantwortlich sind.

Innerhalb der allgemeinen Systemtheorie wird der Interaktionsbegriff häufig benutzt (z.B. von Luhmann). Dies gilt auch für die Biologie, z.B. die sogenannte Zellsoziologie, bei der die embryonale Entwicklung durch chemische Interaktionen zwischen Zellen beschrieben wird. Der österreichisch-englische Philosoph Karl Popper und der australische Hirnforscher John Eccles haben eine Theorie der Wechselwirkung (Interaktionismus) für »mind and brain« (Bewußtsein und Gehirn) entwickelt, die beide Begriffe als gleichwertige Entitäten behandelt.

Siehe auch: →allgemeine Systemtheorie, →Holismus, →Antireduktionismus

Literatur: Popper und Eccles (1994)

Irreversibilität *(Physik)*. Ein Prozeß ist irreversibel, wenn er nicht »umgedreht« werden kann, d.h. wenn seine Entwicklung in die Zukunft hinein sich grundsätzlich von der unterscheidet, auf die man rückblickend schließen kann (lat. *in:* nicht + *vertere:* umkehren, umdrehen).

Im Rahmen der klassischen mechanischen Physik sind physikalische Systeme reversibel. Ein Beispiel hierfür sind die Schwingungen eines reibungslosen Pendels. Dies hat zur Folge, daß man von einer mechanischen Beschreibung eines Systems auf seinen Zustand in der Vergangenheit wie auch in der Zukunft schließen kann. Irreversibilität betrifft dagegen Systeme, bei denen dies nicht der Fall ist.

Besonders innerhalb der Thermodynamik und in Verbindung mit der Beschreibung von sogenannten dissipativen Strukturen, die weit von einem Gleichgewichtszustand entfernt sind, stößt man auf irreversible Systeme, d.h. Systeme, die sich nicht »zurückentwickeln« lassen. Dieser Umstand wird durch den 2. Hauptsatz der Thermodynamik beschrieben, der besagt, daß die Entropie in geschlossenen Systemen immer steigt. Sie zeichnen sich durch zunehmende Unordnung (Entropie) aus, was dazu führt, daß das System seine Vergangenheit »vergißt«.
Dies gab Anlaß zu jahrzehntelangen Diskussionen darüber, ob ein »Pfeil der Zeit« existiert, d.h. ob Zeit eine Richtung und physikalische Materie eine Geschichte hat. Immer mehr Physiker neigen dazu, sich dieser Auffassung anzuschließen.
Die klassische Lösung des Problems besteht darin, daß Irreversibilität zu einem Makroniveau von Systemen gehört, die auf einem Mikroniveau völlig reversibel sind. Dies wird vom Kreis um den belgischen Chemiker Ilya Prigogine bestritten, der behauptet, daß Irreversibilität auch auf dem kleinsten Niveau, dem Quantenniveau, vorkommt.

Siehe auch: →dissipative Struktur, →Thermodynamik, →Entropie

Literatur: Briggs und Peat (1993), Coveney und Highfield (1994), Prigogine und Stengers (1993)

J

Julia-Menge *(Mathematik).* Eine nach dem französischen Mathematiker Gaston Julia benannte Art von fraktalen Figuren.
Julia stellte in den 20er Jahren fest, daß viele rekursive Differenz-Gleichungen (bei denen man das Ergebnis einer Gleichung immer wieder als Input verwendet, das neue Ergebnis wieder eingibt usw.) gegen unendlich oder null gehen, wenn man den Vorgang fortlaufend wiederholt.
Die Julia-Menge ist nun die Menge derjenigen Anfangswerte des ersten Inputs, für die das Ergebnis weder gegen unendlich noch gegen null geht, d.h. sie bildet die Grenze zwischen den Werten von x, die die Gleichung dazu veranlassen, sich unendlich bzw. null zu nähern. Bei komplexen Zahlen, die jeweils aus zwei Para-

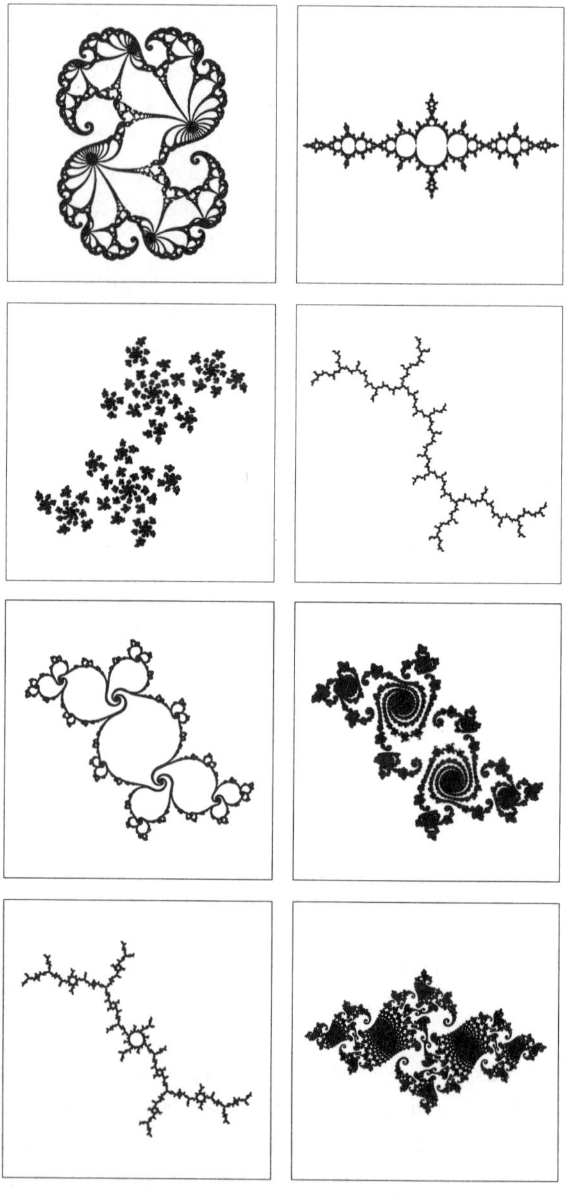

Julia-Mengen für den Prozeß $x \to x^2 + c$, *bei verschiedenen Werten von c.*

metern bestehen, kann eine solche Menge in der komplexen Ebene zweidimensional abgebildet werden; sie hat allgemein die Form eines fraktal deformierten Kreises. Bei Gleichungen der Form $x \rightarrow x^2 + c$ (die auch zu den sogenannten Mandelbrot-Mengen führen) hat die Julia-Menge je nach c ein völlig unterschiedliches Aussehen: Manche haben den Charakter fraktalen Staubes, andere ähneln Schneckenhäusern, Schneeflocken, Schwänzen von Seepferdchen, Barockverzierungen oder stechenden Insekten.

Die Julia-Mengen liegen in zwei grundlegenden Typen vor: Der eine (bei Werten von x, die auf null gehen) hat ein Inneres mit einem Attraktor, der andere (bei dem die Gleichung sich nie null nähern kann) hat kein Inneres; man spricht von degenerierten bzw. nicht-degenerierten Julia-Mengen. Bei den Mengen, die kein Inneres haben, kann man zwischen zusammenhängenden und nicht-zusammenhängenden unterscheiden; letztere haben den Charakter von Fatou-Staub. Diese Aufteilung der Julia-Menge wird durch die Mandelbrot-Menge wiedergegeben.

Julia und ein anderer französischer Mathematiker, Pierre Fatou, bewiesen, daß man, unabhängig davon, wie klein der Teil der Julia-Menge ist, den man vor sich hat, aus diesem Teil das vollständige Aussehen der Menge konstruieren kann. Julia und Fatou konnten sich keinen Eindruck von der Vielfältigkeit des Aussehens der Julia-Mengen bilden; dies wurde erst mit Hilfe des Computers erforscht, vor allem von dem in Polen geborenen Mathematiker Benoit Mandelbrot.

Siehe auch: →Mandelbrot-Menge, →Fatou-Staub, →Cantor-Staub, →Renormierung, →Phasenübergang

Literatur: Mandelbrot (1991), Peitgen und Richter (1986), Barnsley (1989), Devlin (1992)

kalte Fusion *(Physik).* Eine bei Zimmertemperatur ablaufende Atomkernverschmelzung, im Gegensatz zu den Fusionsprozessen, die in der Sonne oder in einer Wasserstoffbombe geschehen und eine hohe Temperatur, typisch viele Millionen Grad, erfordern.

Fusion ist ein Atomkernprozeß, bei dem leichte Atomkerne unter Freisetzung von Energie zu schweren Atomkernen umgewandelt (zusammengeschmolzen) werden. Die Energie der Sonne stammt aus einem Fusionsprozeß, dessen Nettoergebnis die Umwandlung von vier Wasserstoffkernen zu einem Heliumkern ist. Wenn man diesen Prozeß auf der Erde nachahmen könnte, z. B. mit dem Wasserstoff aus dem Wasser der Weltmeere als Brennstoff, würde man über eine praktisch unbegrenzte Energieversorgung verfügen.
Das Problem ist, daß der Fusionsprozeß eine sehr hohe Zündtemperatur erfordert. Im Falle der Sonne wird die entsprechende Energie von der thermischen Bewegung der Atomkerne geliefert (die Temperatur im Zentrum der Sonne beträgt etwa 15 Millionen Grad), und bei der Wasserstoffbombe löst man das Problem, indem man eine Atombombe als »Zündsatz« benutzt. Bis heute ist es jedoch noch nicht gelungen, den Fusionsprozeß im Labor zu zähmen.
Daher war es eine Sensation, als zwei amerikanische Forscher namens Martin Fleischmann und Stanley Pons 1989 behaupteten, einen Fusionsprozeß bei Zimmertemperatur durchgeführt zu haben (kalte Fusion). Das Prinzip ihrer Methode bestand darin, daß der benutzte Wasserstoff in einem Metall aufgelöst war.
Das Ergebnis konnte von anderen Forschergruppen nicht reproduziert werden, und heute wird das Ereignis oft als der größte wissenschaftliche Skandal unserer Zeit bezeichnet. Nach Auffassung mehrerer Spezialisten kann allerdings nicht völlig ausgeschlossen werden, daß kalte Fusion als Energiequelle der Zukunft möglich ist.
Literatur: Peat (1989)

Katastrophentheorie *(Mathematik)*. Eine von dem französischen Mathematiker René Thom konstruierte, umfassende mathematische und philosophische Theorie, die sich mit abrupten Übergängen (»Katastrophen«) in verschiedenen Systemen befaßt.

Thom war in den 50er Jahren an der Gestaltung der sogenannten Differentialtopologie beteiligt. Einige sich daraus ergebende entscheidende Einsichten veranlaßten ihn im Laufe der 60er Jahre dazu, die Katastrophentheorie aufzustellen. Die empirische Herausforderung, die Thom dabei im Blick hatte, war eine Wissenschaft, bei der Stabilität immer noch ein Rätsel darstellt: die Biologie. Er stellte sich vor, daß die Entwicklung des Embryos und die Formbildung in der Biologie allgemein auf der Basis von Formen erklärt werden sollten, wobei die tieferen biochemischen Ursachen ausgeklammert werden könnten.

Thom nahm an, daß die Entwicklung vom Ei über den Embryo zum fertigen Organismus sich als die Entfaltung immer komplizierterer Formen betrachten ließe, die man topologisch beschreiben könne. In der 60er Jahren arbeitete er mit dem englischen Biologen Conrad H. Waddington zusammen, und die Katastrophentheorie hat somit ihren Ursprung im Interesse, eine theoretische Biologie zu entwickeln, die sich polemisch gegen den genetischen Reduktionismus wendet. Seitdem hat Thom die Theorie zu einer generellen Wissenschaftsphilosophie erweitert, die auch auf semiotische und linguistische Probleme Anwendung findet.

Die Katastrophentheorie interessiert sich für stabile Systeme, deren Verhalten den Charakter langer, kontinuierlicher Entwicklungen hat, die jedoch von kurzen, diskontinuierlichen Sprüngen (Katastrophen) unterbrochen werden. Die Deutung solcher Systeme reicht über die Klassifikation von Singularitäten (Katastrophen) in die Mathematik hinein. Thom konnte zeigen, daß die in hochkomplizierten Gleichungssystemen auftretenden Katastrophen häufig isoliert und mit einer kleinen Zahl von Variablen verbunden werden können, während alle anderen Variablen zu einer glatten Variation führen.

Diese Einsicht veranlaßte ihn dazu, die Katastrophentheorie als eine generelle Deutungstheorie für viele Arten von Systemen vorzuschlagen: Wenn man die Funktionsweise eines Systems nicht völlig kennt, kann man sich damit begnügen, die abrupten

Übergänge zu beobachten, die in seinem Verhalten vorkommen, und es davon ausgehend darzustellen, indem man die glatten Variablen phänomenologisch ausklammert.

In Verbindung mit dieser Modellierung des Verhaltens von Systemen schlug Thom die sieben einfachsten Katastrophen (mit Namen wie Falte, Cusp, Schwalbenschwanz, Schmetterling und drei »Nabeln«) als Modelle für Zustandsänderungen eines Systems vor. Man kann sagen, daß die Katastrophen lokale Karten von Grenzverhältnissen und damit den möglichen Übergängen – Bifurkationen – zwischen bis zu vier stabilen Zuständen, Punktattraktoren, im Phasenraum desselben Systems sind. Dies ist allerdings eine Darstellung, die die innere Topologie der Attraktoren vernachlässigt und nur ihr gegenseitiges Verhältnis betrachtet.

Die Katastrophentheorie ist somit absichtlich unempfindlich gegen Fluktuationen und Anfangsbedingungen konstruiert; sie interessiert sich für andere Aspekte als die Chaostheorie, mit der sie jedoch das Interesse an der Untersuchung von Attraktoren teilt.

Die Katastrophentheorie ist allerdings keine anti-deterministische Theorie. Sie hält grundsätzlich am Determinismus fest, sagt aber, daß dieser sich nicht in allen Fällen völlig darstellen läßt. Thom beschäftigte sich später auch mit Semiotik und Sprachwissenschaft, bei denen es ja auch um die Bildung stabiler Formen zu gehen scheint. Er stellt sich vor, daß die verschiedenen möglichen »Wege« durch die Katastrophen eine Gruppe nackter »fundamentaler Begebenheiten« oder Gestalten ausmachen, die hinter der Semantik der Verben wie auch der Art und Weise liegen, in der wir die Umwelt kognitiv in Verläufe von kleinen Begebenheiten mit wenigen (bis zu vier) beteiligten Einheiten organisieren. Er hat eine lange Reihe origineller Vorschläge zum Aufbau einer – wie er es nennt – »Semiophysik« geliefert, die Bedeutung in sehr hohem Maße als ein natürliches Phänomen betrachtet.

Die Katastrophentheorie wurde von dem englischen Mathematiker Chr. Zeeman aufgegriffen, und Mitte der 70er Jahre erlebte sie einen gigantischen Erfolg in den Medien, wo ihre Möglichkeiten stark übertrieben wurden, so daß Rückschläge nicht ausbleiben konnten.

Während die Katastrophen selbst wohlbekannte Werkzeuge zur Modellierung einfacher Zustandsübergänge geworden sind, blieb der spekulative, philosophische Teil der Theorie Thoms eher unbeachtet.

Siehe auch: →Cusp, →Singularität, →Bifurkation, →Morphogenese, →Attraktor

Literatur: Thom (1983, 1989), Zeeman (1980), Petitot (1992)

Kategorisierung *(Linguistik, Kognitionsforschung).*

1. Die klassische Theorie der Kategorisierung geht auf Aristoteles zurück, der zwischen Essenz und Nebensächlichkeiten einer Sache oder eines Gegenstandes unterscheidet (z.B. Mensch ist Lebewesen und zweifüßig = Essenz; Mensch ist gebildet, weiß = Nebensächlichkeit). Eine Kategorie wird notwendig über Merkmale definiert, die Charakterisierung einer Kategorie erfolgt also über Merkmalszuweisung. Die Kennzeichnung der Kategorien ist binär, d.h. ein Merkmal ist vorhanden oder nicht (+/–). Die Kategorien teilen das Universum in zwei Gruppen: diejenigen, die zu der jeweiligen Kategorie gehören, und die, die nicht dazugehören. Die klassische Theorie der Kategorisierung kann als Gegensatz zur Prototypentheorie verstanden werden. Alle Mitglieder einer Kategorie haben den gleichen Status und sind voneinander klar abgrenzbar.
2. Der Begriff der Kategorisierung hat zentrale Bedeutung für Teilbereiche der neueren Kognitionsforschung und der Linguistik. Kategorisierung ist fundamental charakterisierend für jegliche Art von kognitiver Aktivität. So können sprachliche Begrifflichkeiten zur Beschreibung von Objekten Kategorien darstellen. Man unterscheidet zwischen formalen (z.B. syntaktischen) Kategorien, die als Resultat einer Klassifikation

von Lexemen (z.B. Wortarten o.ä.) verstanden werden können, und inhaltlichen (semantischen) Kategorien, die Wissen über die Objekte in der Wirklichkeit repräsentieren. Mit sprachlichen Mitteln wird auf Gegenstände und Objekte referiert (Bezug genommen). Es gibt zwei Sichtweisen im Bereich der Kategorisierung: a) Der Realismus, der davon ausgeht, daß Objekte aus der Wirklichkeit mittels sprachlicher Kategorien, die erlernt werden müssen, eingeordnet werden; und b) der Nominalismus, der besagt, daß die Dinge der Wirklichkeit dadurch existieren, daß wir sie benennen. So konstituieren die Begriffe die Objekte aus der Wirklichkeit.

3. Im Gegensatz zur klassischen Kategorienbildung steht die Prototypentheorie. Sie geht davon aus, daß jeder Mensch eine prototypische Vorstellung von bestimmten Objekten hat, die sprachlich bezeichnet werden. Nach den Untersuchungen von Rosch und Labov können Prototypen nicht durch eine einzige Serie von notwendigen Merkmalen bestimmt werden und so im Gegensatz zur klassischen Kategorienbildung nicht eindeutig bestimmt werden.

   Der amerikanische Computerforscher Douglas Hofstadter meint, daß Kategorisierung das zentrale Problem der Kognitionsforschung sei und daß Alltagssprache und -denken Kategorien enthalten, die sich nur durch Gödels Beweis verstehen lassen: Es ist unmöglich, im voraus (durch Regeln) zu bestimmen, welche Exemplare zu einer gegebenen Kategorie gehören. Ein Beispiel hierfür ist das Wiedererkennen von Buchstaben und Gesichtern. Die Konstruktion neuer Beispiele, die zur Kategorie gehören, hat daher größere Ähnlichkeit mit Variationen über ein Thema und Beweisführung als mit Berechnung. Kategorisierung ist somit für Hofstadter ein »kreativer« Prozeß, der auch in der Ästhetik eine zentrale Rolle spielt.

Siehe auch: →Prototyp, →kognitive Semantik, →Kognitionsforschung, →künstliche Intelligenz

Literatur: Rosch (1978), Lakoff (1987), Hofstadter (1993, 1994)

Kladismus *(Evolutionsbiologie)* (gr. *klados:* Zweig). Eine Theorie der phylogenetischen (oder phyletischen) Systematik, die systematische Gruppierung der Organismen nach ihrem Stammbaum fordert: Taxonomische Gruppen (sogenannte Taxa) enthalten alle Nachkommen einer gemeinsamen Stammform. So gehen z.B. Krokodile und Vögel auf einen gemeinsamen Ursprung zurück (sie sind monophyletisch) und bilden daher eine natürliche Gruppe. Ein sogenanntes Kladogramm (Stammbaum) umfaßt alle Nachkommen einer Stammform und stellt damit die Verwandtschaftsverhältnisse dar.

Um solche Gruppierungen nach Abstammung und daher Verwandtschaft vornehmen zu können, muß man zwischen ursprünglichen und abgeleiteten Merkmalen unterscheiden. Wenn Organismen solche abgeleiteten (oder fortgeschrittenen) Merkmale gemeinsam sind, die einer Schwestergruppe fehlen, sind sie zu einem Taxon zu zählen, das auf eine gemeinsame Stammform zurückgeht. Dabei wird das Prinzip der Parsimonie (Sparsamkeit) angewendet: Man wählt die einfachste Erklärung, die den Verlauf der Entwicklung unter der Annahme möglichst weniger Merkmalsänderungen darstellen kann. Ursprüngliche Merkmale sind dagegen vielen Gruppen gemeinsam, die sich ihrerseits durch fortschrittlichere Merkmale unterscheiden.

Ein praktisches Problem ist, fortgeschrittene von ursprünglichen Merkmalen zu unterscheiden. Daher verzichten die numerischen Taxonomen weitgehend darauf (obwohl sie heute ebenfalls auf kladistische Denkansätze mit Merkmalsgruppierung zurückgreifen). Sie vergleichen möglichst viele Merkmale verschiedener Organismen miteinander und berechnen mit den Mitteln moderner Statistik Ähnlichkeitswerte. Die evolutionäre Taxonomie wiederum richtet sich nach dem Grad der genetischen Übereinstimmung und damit nach dem Ausmaß des phylogenetischen Wandels zwischen verschiedenen Artengruppen. Sie stellt Krokodil und Vogel nicht in eine Gruppe, weil die Unterschiede zwischen den beiden bereits sehr groß sind, auch wenn sie aus gemeinsamen Wurzeln stammen. Damit werden

Mechanismen der Evolution, Anpassung an unterschiedliche Umwelten usw. berücksichtigt. Die Kladisten blicken dagegen nur auf den Weg, den die Phylogenie genommen hat.

Der Kladismus geht auf ein Werk des deutschen Insektenforschers Willi Hennig (1913–1976) zurück, das 1950 erschien. Er gewinnt trotz Gegnerschaft an Bedeutung, da er am konsequentesten das Anliegen verfolgt, in der Klassifizierung der Organismen den Verlauf der Evolution wiederzugeben.

Siehe auch: →Evolutionstheorie, →Neodarwinismus

Literatur: Hennig (1982), Eldredge und Cracraft (1980)

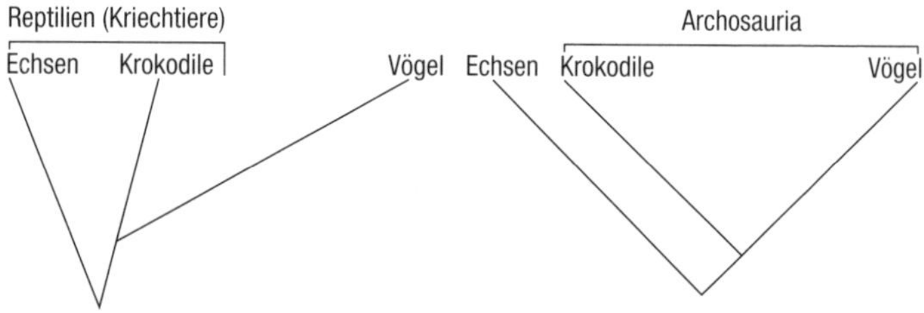

***Links:** die Auffassung der »evolutionären« Taxonomie von der Verwandtschaft zwischen Krokodilen und Echsen; diese bilden eine monophyletische Gruppe (Kriechtiere), die eine Reihe primitiver anpassungsmäßiger Ähnlichkeiten teilen, die es bei Vögeln nicht gibt. **Rechts:** die Auffassung der Kladisten, angegeben durch ein sogenanntes Kladogramm, in dem die Gruppe Vögel + Krokodile (Archosauria) eine monophyletische Einheit bilden (eine Klade, die alle Nachkommen von a, einer gemeinsamen Stammform, umfaßt), da sie bestimmte fortgeschrittene Charakterzüge teilen, die in der Schwestergruppe der Echsen fehlen. Hier wird »Kriechtiere« nicht als eine echte Gruppe betrachtet. Zu bemerken ist, daß es bei der Uneinigkeit nicht darum geht, ob Vögel und Krokodile eine gemeinsame Stammform a haben, von der Echsen nicht abstammen.*

Kognitionsforschung (oder **Kognitionswissenschaft,** engl. *cognitive science)* versteht sich als fachübergreifender Ansatz, der verschiedene Aspekte des menschlichen Geistes, wie Gedächtnis, Erinnerung, Sprachverstehen, Sprachproduktion u. a. erforscht.

Über viele Jahrhunderte hinweg war die Beschäftigung mit kognitiven Prozessen eine Domäne der Philosophie. In der Psychologie wurde als Reaktion und in Abgrenzung auf den behavioristischen Ansatz, der sich nur mit Reiz-Reaktionsmustern des menschlichen Verhaltens beschäftigt, ein kognitivistisches (kognitives) Modell entwickelt, das innere mentale Zustände als ernst zu nehmenden wissenschaftlichen Untersuchungsgegenstand erkannte.

Neben anderen Wissenschaftsdisziplinen wie der Biologie, Linguistik, Anthropologie u.a. beschäftigte sich insbesondere die Neurophysiologie seit Mitte der 50er Jahre mit kognitiven Prozessen, die allerdings erst knapp 20 Jahre später durch die rasante Computerentwicklung größere Beachtung fanden. Indem sie das Gehirn mit einem Computer und das Denken mit dem Ablauf eines Computerprogramms verglichen, lieferten kognitive Psychologen eine äußerst fruchtbare Metapher für ein wissenschaftliches Studium der Kognition. Man geht davon aus, daß ein Computer modellhaft Prozesse des menschlichen Geistes simuliert. Es wird eine spezifische Ebene menschlichen Geistes angenommen, die über Regeln beschrieben werden kann. In der Kognitionswissenschaft spricht man in diesem Zusammenhang auch von »mentaler Repräsentation«.

Weitere wichtige Untersuchungsbereiche der Kognitionsforschung sind visuelle Wahrnehmung, Mustererkennung, Problemlösungsstrategien und Spracherwerb. Kritiker versuchen nachzuweisen, daß kognitive Prozesse anders strukturiert sind als die in den kognitiven Modellen vorgestellten Annahmen, so daß die Diskussion aktuell weitergeführt werden wird.

Siehe auch: →künstliche Intelligenz, →neuronales Netz, →stummes Wissen, →kognitive Karte, →Intentionalität, →kognitive Semantik

Literatur: Varela (1990), Gardner (1992)

kognitive Karte *(Psychologie, Neuropsychologie).* Die Bezeichnung für ein Element im Gehirn, das den Körper und seine Teile im Verhältnis zur Umwelt lokalisiert.

Der Begriff entstand in den 70er Jahren als Bezeichnung für psychische Repräsentationen der Plazierung des Körpers im dreidimensionalen Raum. Die kognitiven Karten werden ständig im

Gehirn gebildet. Dies ist notwendig, damit man den Körper im Verhältnis zu dem ihn umgebenden Raum lokalisieren kann.

Siehe auch: →Hippocampus

Literatur: Oakley (1985)

Kognitive Semantik (oder **kognitive Linguistik**) *(Kognitionsforschung)* wird als Teildisziplin der Kognitionsforschung betrachtet. Kognitive Fähigkeiten des Menschen umfassen neben der visuellen Perzeption, wie sie traditionell in der Wahrnehmungs-, Lern- und Gedächtnispsychologie untersucht wird, auch die Sprachfähigkeit des Menschen. Der Mensch verfügt von Geburt an über bestimmte kognitive Fähigkeiten, die der bedeutende amerikanische Linguist N. Chomsky im Bereich der sprachlichen Fähigkeiten erkannt hat. Damit führte er die Vorstellung von einem Zusammenhang zwischen Sprache und Kognition ein. Chomsky als Begründer der generativen Grammatik postuliert, daß jeder Mensch über ein spezifisches sprachliches Wissen verfügt (Kompetenz), das ihm erlaubt, einen Satz unabhängig von seiner Bedeutung als richtig oder falsch zu beurteilen. Aufgrund dieser Trennung von Form und Inhalt konzentrierte sich Chomsky ausschließlich auf die Syntax und vernachlässigte die Semantik. Die kognitive Linguistik hingegen hält eine Beschreibung von Sprache als formales System für nicht ausreichend und wendet sich der semantischen Seite zu. Syntax kann nur um der Semantik willen geschehen, so wird postuliert. Außerdem gibt es sprachliche Phänomene, die formal nicht erfaßt und erklärt werden können. Die Hauptvertreter der kognitiven Semantik sind die Amerikaner Ralf Jackendoff, George Lakoff, Mark Johnson, Eve Sweetser, Leonard Talmy und Ronald Langacker. In der kognitiven Linguistik gibt es eine Methoden- und Modellvielfalt, die nur in einigen Grundgedanken Einigkeit aufweist. Als eine Grundannahme kann gelten, daß die Sprachfähigkeit neurobiologisch durch funktionale und strukturelle Gesetzmäßigkeiten bestimmt wird und daß sich die Sprache als ein Subsystem anderer mentaler Fähigkeiten unabhängig beschreiben läßt. Somit beschäftigt sich die kognitive Linguistik mit Zusammenhängen zwischen Denken und Sprache, mit dem Erwerb der Sprachfähigkeit und mit den mentalen Strukturen und Mechanismen, die Sprache konstituieren. Man geht von mentalen Modellen aus, die das menschliche Denken repräsentieren.

Kognitive Semantik steht damit in Verbindung mit gestalttheoretischen Ansätzen und bedient sich sowohl der kognitiven Psychologie als auch der Biologie. Auch durch die sich stetig entwickelnde Computerwissenschaft, insbesondere im Bereich der Künstlichen Intelligenz (KI), erhielt die kognitive Semantik wichtige Impulse für die Darstellung mentaler Wissensstrukturen. Zu den entfernteren Vorfahren der kognitiven Semantik gehören verschiedene Formen der europäischen Phänomenologie und des Strukturalismus.

Siehe auch: →Kognitionsforschung, →künstliche Intelligenz, →Prototyp

Literatur: Lakoff (1987), Lakoff und Johnson (1980), Johnson (1987), Langacker (1987–91)

kollektive Phänomene *(Physik)*. Wenn eine große Zahl einfacher Elemente dazu gebracht wird, sich gegenseitig nach einfachen Regeln zu beeinflussen, können in diesem System qualitativ neue Formen von Bewegung entstehen, die zusammengenommen als ein neues Verhalten erscheinen – ein kollektives Phänomen.

Ein einfaches Beispiel ist eine Welle, die die Bewegungen vieler einzelner Wassermoleküle organisiert. Auch die Bildung komplexerer Muster ist möglich, z. B. bei Supraleitung, neuronalen Netzen und Gensystemen sowie bei Computersimulationen wie zellulären Automaten und künstlichem Leben. Dies widerspricht der klassischen Erwartung, daß komplexe Phänomene komplexe Ursachen erfordern: Durch ständige Wiederholungen (Iterationen) einfacher Wechselwirkungen kann sich das Komplexe durch Selbstorganisation spontan aus dem Einfachen entwickeln.

Siehe auch: →Simulation, →Selbstorganisation, →Emergenz, →zellulärer Automat, →neuronales Netz, →künstliches Leben, →nicht-linear, →Komplexität, →Supraleitung

Komplementaritätsprinzip *(Physik).* Dieses 1927 von Niels Bohr formulierte Prinzip besagt, daß zwei Beschreibungen, die einander anscheinend ausschließen, gleichermaßen notwendig sind, wenn man das beschriebene Phänomen verstehen will.

Als deutlich geworden war, daß die besondere Beobachtungssituation in der Quantenmechanik eindeutige Beschreibungen von Quantenphänomenen unmöglich macht – beispielsweise zeigt das Elektron manchmal Eigenschaften von Wellen und manchmal eines Teilchens –, nahm Bohr den Stier bei den Hörnern und sagte, daß dies kein bedauerlicher Mangel der Quantenmechanik sei, sondern ganz im Gegenteil ein allgemeines Merkmal vieler Beschreibungen der Welt.

Das Komplementaritätsprinzip spielt weiterhin bei der Deutung der Quantenmechanik eine wichtige Rolle, während Bohrs verallgemeinerte Komplementaritätsphilosophie, die ihn u.a. dazu veranlaßte, unter das chinesische Yin-Yang-Zeichen in seinem Wappen *contraria sunt complementa* zu schreiben, heute weniger Anhänger hat.

Siehe auch: →Welle-Teilchen-Dualismus, →Heisenbergs Unschärferelation, →Quantenmechanik, →Kopenhagener Schule

Literatur: Gribbin (1993), Fischer (1987)

Komplexität *(Physik, Mathematik, Biologie).* Der Umstand, daß etwas kompliziert, schwer zu durchschauen ist (von lat. *com:* zusammen + *plectere:* flechten). Im wissenschaftlichen Zusammenhang wird der Begriff auf mehrere Weisen benutzt:

1. Komplexität der Beschreibung liegt vor, wenn man mehrere verschiedene Methoden braucht, um ein Phänomen relativ erschöpfend zu beschreiben. Ein Organismus, ein Photon und das Bewußtsein sind jeweils auf verschiedene Weise komplex zu beschreiben: Der Organismus muß auf verschiedenen Ebenen, die alle über einen eigenen Beschreibungsapparat verfügen, beschrieben werden (biochemisch, zellbiologisch, anatomisch, ökologisch), wenn man das tiefste mögliche Verständnis erreichen will. In der Quantenmechanik erfordern

selbst »einfache« Dinge wie Photonen (ein Lichtquant) die Anwendung komplementärer Beschreibungen, die einander ausschließen (Welle-Teilchen-Dualismus). Das Bewußtsein kann teils qualitativ von innen, durch das subjektive Erlebnis, beschrieben werden, teils von außen durch die neurophysiologischen Prozesse, die hinter einem solchen Erlebnis liegen.

2. Ontologische Komplexität liegt vor, wenn ein Phänomen (das wir nicht immer völlig erfassen können) als ein System aus vielen nicht gleichen Teilen organisiert ist, deren gegenseitige Wechselwirkung ein kollektives Verhalten erzeugt, das sich vom Verhalten der einzelnen Teile unterscheidet. Ein Phänomen ist komplex, wenn es die besondere Form von Ordnung besitzt, die »interessant«, d.h. objektiv betrachtet weit vom zufällig Ungeordneten und vom völlig Geordneten und Vorhersagbaren entfernt ist. Beispiele hierfür sind eine lebende Zelle, das Gehirn, der Körper als formbildendes System, eine Gesellschaft, ein Ökosystem oder ein Galaxienhaufen. Daß X komplex ist, sagt an sich nicht viel über X.
3. Komplexe, dynamische Systeme bilden ein Forschungsgebiet innerhalb der Mathematik, Physik und Biologie, in dem man sich allgemein für Selbstorganisation, die Entwicklung von sogenanntem kollektiven oder kooperativen Verhalten und Emergenz in solchen Systemen interessiert. Man sucht nach quantitativen Maßstäben für den Komplexitätsgrad von Systemen, ausgehend z.B. von Vorstellungen wie logische Tiefe, hierarchische Struktur und algorithmische Komplexität.

Ein Forschungszentrum in den USA, das Santa Fe Institute in New Mexiko, mit Forschern wie Murray Gell-Mann, A.S. Perelson, Stuart A. Kauffman und Christopher G. Langton, trug zur Entwicklung eines neuen interdisziplinären Forschungsfeldes bei. Hier werden Forschungsansätze aus der Physik, u.a. Chaosforschung, Computerwissenschaft und künstliches Leben, zur Beschreibung komplexer Systeme eingesetzt. Es handelt sich nicht um eine zusammenhängende universelle Theorie über komplexe Systeme, sondern eher um eine generelle physikalischmathematische Betrachtung der Formen von spontaner Bildung geordneter Muster, die in den Gebieten vorkommen, aus denen »complex systems research« Beispiele bezieht: Wirtschaft, Verkehrsplanung, Zellbiologie, Immunologie, Evolutionstheorie, Thermodynamik und Theorien über die Entstehung der Sprache.

Siehe auch: →Organisationsniveau, →Selbstorganisation, →dissipative Struktur, →Emergenz, →algorithmische Komplexität, →kollektive Phänomene, →logische Tiefe

Literatur: Pagels (1988), Nørretranders (1994), Waldrop (1993), Gell-Mann (1995)

Komplexitätsreduktion bedeutet eigentlich Vereinfachung, hat aber einige fachspezifische Bedeutungen:

1. *(Informationstheorie):* In der Theorie des amerikanischen Mathematikers Gregory Chaitin über algorithmische Komplexität können bestimmte, nicht-zufällige Bit-Reihen reduziert werden. In anderen Worten: Solche Reihen können mit Hilfe eines kürzeren Algorithmus beschrieben werden. Praktische Bedeutung hat dies bei der Bearbeitung und Übertragung von Bildern, die, wenn sie digital durch Punkte (Pixels) repräsentiert werden, häufig komprimiert werden können. Besondere Algorithmen packen die Bildinformation ein, ehe sie gesendet wird, und packen sie nach Empfang des Bildes wieder aus.
2. *(Soziologie):* Der deutsche Soziologe Niklas Luhmann versteht unter Komplexitätsreduktion den Umstand, daß soziale Systeme immer einem größeren »Informationsdruck« der Umgebung ausgesetzt sind, als sie wirklich rational verarbeiten können. Deshalb müssen sie diese Komplexität reduzieren. Dies geschieht häufig willkürlich: Eine Handlung ist in der Regel nur eine von vielen möglichen, ebenso vernünftigen Handlungen, doch durch die Handlung selbst wird die Komplexität reduziert, und die realisierte Möglichkeit erhält (dadurch, daß sie existiert) einen höheren Wert. Komplexitätsreduktion betrifft auch das Wissen des Systems über

seinen eigenen Aufbau, denn kein System besitzt hundertprozentige Selbsteinsicht.

Siehe auch: →Komplexität, →algorithmische Komplexität

Literatur: (1) Chaitin (1987), (2) Luhmann (1987)

Konnektionismus *(künstliche Intelligenz).* Die neuronale Netze benutzende Methode zur Simulierung von Intelligenz. Das Wort wurde um 1980 von *connections,* d.h. Verbindungen (zwischen Neuronen in einem Netzwerk), abgeleitet.

Der Konnektionismus entstand als Alternative zur klassischen, kognitivistischen oder symbol-basierten Erforschung künstlicher Intelligenz, bei der man versucht, Intelligenz durch eine auf Logik basierende Programmierung digitaler Computer zu schaffen. Dabei ahmt das Programm die Symbole nach, mit denen das menschliche Gehirn vermutlich operiert.

Im Gegensatz hierzu erfordern konnektionistische Modelle (neuronale Netze) keine Programmierung; sie enthalten daher auch keine identifizierbaren Symbole. Lernvorgänge und Informationsspeicherung finden überall, in sämtlichen Verbindungen des Netzes, statt.

Der Konnektionismus hat zu einem Wiederaufleben der ansonsten leicht stagnierenden Forschungsprogramme auf dem Gebiet der künstlichen Intelligenz geführt.

Siehe auch: →neuronales Netz, →PDP-Theorien, →künstliche Intelligenz, →Emergenz

Literatur: Varela (1990)

Konstruktivismus *(Philosophie, Mathematik, Wissenschaftstheorie).*

1. In der Erkenntnistheorie besagt der »radikale Konstruktivismus«, daß das, was wir die Wirklichkeit oder die Welt nennen, eine Konstruktion sozialer, sprachlicher oder neuropsychologischer Art ist. Die von dem deutsch-amerikanischen Psychologen Ernst von Glasersfeld stammende Bezeichnung wird häufig in Diskussionen innerhalb der Kybernetik zweiter Ordnung und der Autopoiese-Theorie benutzt, bei denen man versucht,

zu einem tieferen Verständnis der Art und Weise zu gelangen, in der wir Wirklichkeiten konstruieren oder »erfinden«.

Eine entsprechende Auffassung findet man bei einer Gruppe von Wissenschaftssoziologen, die z. B. die sozialen Aspekte der Konstruktion der Welt durch die Naturwissenschaften untersuchen (»sozialer Konstruktivismus«).

Siehe auch: →Kybernetik zweiter Ordnung, →Autopoiese, →Selbstreferenz

Literatur: Watzlawick (1994), Maturana und Varela (1991), Fuller (1993)

2. In der Philosophie der Mathematik bezeichnet Konstruktivismus die Vorstellung, daß eine Zahl, eine Formel oder ein Satz nur dann ein vollgültiges mathematisches Objekt ist, wenn ein endlicher Prozeß für die Konstruktion der jeweiligen Größe angegeben werden kann. Die Forderung nach einem endlichen Prozeß wird auch als Finitismus bezeichnet.

   Es handelt sich um einen der Standpunkte, die während der Grundlagenkrise der Mathematik in der Zeit von 1880 bis 1930 als Argument gegen die Paradoxe des Logizismus benutzt wurden. Konstruktion steht im Gegensatz zu Definition. Mit logisch gültigen Mitteln kann man leicht Definitionen erstellen, die sich bei näherem Hinsehen als widersprüchlich oder diffus herausstellen (z. B. »die Menge aller Mengen«, »die Menge aller Mengen, die nicht Mitglied ihrer selbst sind«).

   Der Konstruktivismus wurde von dem holländischen Mathematiker L. E. J. Brouwer vertreten. Unter Mathematikern findet er heute wenig Gehör, da er viele wohlbekannte Objekte relativiert, z. B. die reellen Zahen (die oft durch unendliche Konvergenzreihen beschrieben werden). Doch für Forscher auf dem Gebiet der theoretischen Computerwissenschaft, wie den Amerikaner Gregory Chaitin, markierte der Einzug des Computers in die Mathematik den unerwarteten Sieg des Konstruktivismus. Dieser wird oft mit dem Intuitionismus in Verbindung gesetzt, der fordert, die Mathematk auf mentale Vorstellungen (von Raum, Ausdehnung usw.) zu gründen.

Siehe auch: →Grundlagenkrise

Literatur: Davies und Hersh (1981)

3. Innerhalb der Wissenschaftstheorie ist der Konstruktivismus auch als Erlanger Schule bekannt. Es handelt sich hierbei um eine Richtung, die nach einer haltbaren philosophischen Begründung für die Fachwissenschaften durch eine Konstruktion (oder Rekonstruktion) ihrer sprachlichen Ausdrucksmittel sucht.

   Die Erlanger Schule beschäftigt sich mit dem Verhältnis zwischen wissenschaftlicher Theorie und alltäglicher Praxis und Erfahrung, von denen man behauptet, daß sie die Theorien begründen und rechtfertigen. Ihre Forderung, daß die Begründung methodisch (d.h. logisch klar, explizit und zirkelschlußfrei) und vollständig sein soll, wurde als unerfüllbar kritisiert, da sie bedeutet, daß jede Behauptung selbst begründet werden muß. Bei dem Versuch, dies zu tun, stößt man entweder auf unendliche Ketten von Begründungen, wird in Zirkelschlüssen gefangen oder muß dogmatisch von fundamentalen Axiomen ausgehen, die selbst nicht begründet zu werden brauchen (vgl. Münchhausens Trilemma).

   Der deutsche Mathematikphilosoph Paul Lorenzen, der in den 50er Jahren Beiträge zum Konstruktivismus in der Metamathematik lieferte, gründete die Erlanger Schule, deren Programm sich durch die Arbeiten des deutschen Philosophen Jürgen Mittelstrass auf dem Gebiet der Gesellschaftswissenschaften auch auf andere Wissenschaften ausdehnte. Die Schule ist heute fast unbekannt, obwohl sie wesentliche Beiträge zur Physik und zur Wissenschaftstheorie der Geometrie geleistet hat.

Siehe auch: →Münchhausens Trilemma

Literatur: Lorenzen (1987)

Kontinuum *(Mathematik).* Die Bezeichnung für eine mathematische Abstraktion, die sich durch eine ununterbrochene Linie veranschaulichen läßt.

Das Problem des Kontinuums deckt zahlreiche Probleme der Mathematik, die auf Zenons Paradoxe zurückgehen. (Warum

holt Achilles die Schildkröte ein, wenn er vorher eine unendliche Menge kleiner Strecken durchlaufen muß; warum kann ein Pfeil fliegen, wenn er auf jedem Punkt seiner Bahn ruht?)
Die Rätselhaftigkeit dieser Fragen hängt natürlich davon ab, ob man die Linie als eine Aneinanderreihung unendlich vieler Punkte ohne Ausdehnung betrachtet. Tut man dies erst einmal, wird es problematisch, die Linie aus einzelnen Punkten zu konstruieren, und die Linie wird zu einem Objekt, das die aktuelle Unendlichkeit in Frage stellt. Die Untersuchung der Mächtigkeit unendlicher Mengen durch den deutschen Mathematiker Cantor zeigte, daß die Menge der reellen Zahlen – die der Anzahl von Punkten auf der Linie entspricht – mächtiger ist als die Menge der ganzen, zählbaren Zahlen, und Cantor entwarf die Hypothese (die sogenannte Kontinuumshypothese), daß die Mächtigkeit des Kontinuums die nächste transfinite Zahl nach der Mächtigkeit der natürlichen Zahlen ausmache. Spätere Untersuchungen (Gödel, Cohen) haben allerdings gezeigt, daß diese Hypothese unentscheidbar ist. Wenn man annimmt, daß die Linie tatsächlich aus diesen Punkten besteht, kann man zeigen, daß die meisten von ihnen zufälligen, nicht berechenbaren Zahlen entsprechen, so daß die meisten Punkte auf der Linie nicht berechenbar sind und von einem Computer nie angegeben werden können (Chaitin).
Eine andere Möglichkeit besteht darin, das Kontinuum als eine in sich gegebene primitive Größe anzunehmen (so daß die Linie nicht aus Punkten aufgebaut ist, potentiell aber an unendlich vielen Stellen von Punkten durchschnitten werden kann). Vor dieser Konsequenz, die intuitiv für sich einnimmt, da wir selbst geometrische Figuren, die wir sehen, nicht Punkt für Punkt aufbauen, schrecken die meisten Forscher allerdings zurück, weil sie zu Problemen mit den reellen Zahlen führt. (Existieren die reellen Zahlen nur dann, wenn man sie herausgreift?)
Während der erste Standpunkt algebraische Sicherheit höher einstuft als geometrische Vorstellung, verhält der zweite sich umgekehrt. Der erste zieht daher Logiker, Syntaktiker und Formalisten an, während der zweite z.B. Topologen und Semantiker an-

spricht. Der Streit zwischen den beiden Standpunkten ist daher nicht entschieden; er findet sich auch in Wissenschaften außerhalb der Mathematik wieder. René Thom hat vorgeschlagen, daß jede Wissenschaft einen sehr tiefen Aporie-Gegensatz besitzt – den sie nicht lösen kann und der auf dem Gegensatz zwischen der kontinuierlichen und der diskontinuierlichen Betrachtungsweise aufgebaut ist.

Siehe auch: →Unendlichkeit, →Unentscheidbarkeit, →Gödels Theorem, →algorithmische Komplexität, →Grundlagenkrise

Literatur: Hofstadter (1993, 1994), Dantzig (1930)

Kopenhagener Schule *(Physik)*. Eine in den 30er Jahren von Niels Bohr und seinen Mitarbeitern in Kopenhagen formulierte Deutung der Quantentheorie, die die Beobachtungssituation betont. Die Quantentheorie ist eine mathematisch formulierte Theorie darüber, wie Elementarteilchen und andere kleine Teile des Universums sich verhalten. Sie hat sich als ungeheuer stark erwiesen, da sie konsequent Voraussagen über Experimente liefert, die mit den Beobachtungen übereinstimmen.

Da die Ausdrücke und Gleichungen dieser Theorie jedoch äußerst abstrakt sind, ist es schwierig, sie zu deuten, d.h. herauszufinden, wie die von der Theorie beschriebene Welt eigentlich aussieht. Ist ein Elektron ein Teilchen oder eine Welle? Bewegen Teilchen sich auf bestimmten Bahnen? Kann man überhaupt sagen, daß ein Teilchen sich an einer bestimmten Stelle befindet?

Die Anhänger der Kopenhagener Schule würden diese Fragen verneinen. Niels Bohr betonte, daß man nicht glauben soll, man könne genauso einfache Modelle der Welt herstellen wie in der klassischen Physik. Die Quantenwelt *ist* nicht auf eine bestimmte Weise, sondern sie hängt von den Bedingungen ab, unter denen wir die Welt beobachten. In der einen Anordnung von Instrumenten verhält sich das Elektron wie ein Teilchen, in der anderen wie eine Welle. Die moderne Physik handelt laut Bohr nicht von der Wirklichkeit als solcher, sondern davon, was wir über die Wirklichkeit sagen können.

Einige Physiker gehen noch weiter und sagen, daß die Quantenphänomene vom Bewußtsein des Menschen und von der Weise abhängen, auf die wir die Welt betrachten, doch diese Deutung wird von den meisten Forschern abgelehnt.

Die Kopenhagener Deutung war im großen und ganzen alleinherrschend in der Quantenphysik. Ihr Zögern gegenüber allzu konkreten Bildern der Quantenwelt (das sogenannte Bildverbot) wird allerdings schwächer, und heute ist es wieder akzeptabel, ontologische Fragen (Woraus besteht die Welt?) zu stellen.

Siehe auch: →Quantentheorie, →Vielweltendeutung, →verborgene Variable, →implizite Ordnung

Literatur: Peat (1990), Gribbin (1993)

kosmische Hintergrundstrahlung *(Astronomie).* Mikrowellenstrahlung, die mit gleicher Intensität aus allen Richtungen des Universums kommt.

Man vermutet, daß die kosmische Hintergrundstrahlung der stark abgekühlte Rest des intensiven Lichtes ist, das das Universum bis etwa eine Million Jahre nach seiner Entstehung erfüllte. Zu diesem Zeitpunkt hörte der direkte Kontakt zwischen der Materie des Universums und der Strahlung auf: Die Materie wurde zu Galaxien verdichtet, während die Strahlung als Folge der Ausdehnung des Universums zu immer längeren Wellenlängen verschoben wurde; die heutigen Wellenlängen liegen in der Größenordnung von Millimetern.

Die Existenz der kosmischen Hintergrundstrahlung wurde 1948 von dem amerikanischen Physiker George Gamow auf der Grundlage des Urknall-Modells des Universums vorhergesagt und 1965 von den amerikanischen Ingenieuren Arno Penzias und Robert Wilson empirisch nachgewiesen.

Seitdem ist die Hintergrundstrahlung Gegenstand umfangreicher Untersuchungen, die jedoch dadurch sehr erschwert werden, daß die meisten ihrer Wellenlängen von der Erdatmosphäre absorbiert werden. Ein Durchbruch geschah 1989 mit der Entsendung des NASA-Satelliten COBE (Cosmic Background Explorer). Dadurch kam man zu folgenden Ergebnissen:

1. Die Intensität der kosmischen Hintergrundstrahlung verteilt sich über die Wellenlängen auf eine charakteristische Weise, die mit einem extrem hohen Präzisionsgrad der Strahlung aus einem perfekt absorbierenden (»schwarzen«) Körper mit einer Temperatur von 2,73 K (Grad über dem absoluten Nullpunkt) entspricht. Es erscheint sinnvoll, diese Größe als die Temperatur des Universums zu bezeichnen.
2. Die Strahlung kommt gleichmäßig mit einer Genauigkeit von 1 : 100.000 aus allen Richtungen.
3. Bei der erzielten Meßgenauigkeit existieren kleine Intensitätsunterschiede, die vermutlich die allerersten Verdichtungen von Materie im Universum widerspiegeln.

Siehe auch: →Urknall, →Rotverschiebung

Literatur: Weinberg (1992), Gribbin und Rees (1994)

kosmischer String *(Astrophysik)*. Ein hypothetisches, fadenförmiges – extrem dünnes und extrem langes – Objekt, in dem die Struktur der Raum-Zeit im allerfrühesten Universum »eingefroren« wurde und das eventuell bis heute überlebt hat. Kosmische Strings haben keine Verbindung zu den Strings (Superstring), die in der Hochenergiephysik auftreten.

Die Existenz kosmischer Strings wird von den auf das allerfrüheste Universum angewandten Großen vereinheitlichten Theorien vorhergesagt. Als Folge seiner Ausdehnung durchlief das neuerschaffene Universum schnell eine Reihe von »Zeitaltern«, die alle von unfaßbar kurzer Dauer waren und durch abrupte Zustandsänderungen, Phasenübergänge, gegeneinander abgegrenzt wurden (wie bei zu Eis gefrierendem Wasser oder beim Eintreten von Supraleitung bei niedriger Temperatur usw.).

Der Phasenübergang, der das sogenannte inflatorische Zeitalter etwa 10^{-35} Sekunden nach der Erschaffung des Universums einleitete, kann möglicherweise unregelmäßig verlaufen sein und Schäden (ähnlich wie Risse im Eis) in der Form von extrem dün-

nen und extrem dichten Strukturen hinterlassen haben; eine typische Dicke ist 10^{-25} Meter und eine typische Dichte 1 Erdmasse pro Meter String. Die Theorie sagt außerdem voraus, daß kosmische Strings entweder geschlossene Schleifen von astronomischen Dimensionen oder unendlich sind.
Die Existenz der kosmischen Strings, die um 1985 vorgeschlagen wurde, hat sich nicht durch Beobachtungen bestätigen lassen. Man hat vermutet, sie seien die »Samen«, die die ersten Galaxien und Galaxienhaufen geschaffen haben. Um ihre Existenz nachzuweisen, hat man – bisher vergeblich – nach Strukturen gesucht, die aus in identischen Paaren entlang einem (unsichtbaren) kosmischen String angebrachten Galaxien bestehen; man meinte, die lichtkrümmende Wirkung eines Strings würde Doppelbilder hervorrufen.
Kosmische Strings können eventuell durch Aussendung von Gravitationsstrahlung zerstört werden, doch auch ein solches Phänomen hat man nicht beobachten können.
Siehe auch: →inflatorisches Universum, →Große vereinheitlichte Theorien
Literatur: Gribbin und Rees (1994)

Kosmologie *(Physik)*. Ein Zweig der Astrophysik, der das Universum als ein einheitliches physikalisches System betrachtet. Im weiteren Sinne philosophisch-wissenschaftliche Betrachtung des Kosmos und seiner Entstehung.
Durch Einsteins allgemeine Relativitätstheorie gelangte man zu der Auffassung, daß das Universum möglicherweise besondere Eigenschaften besitzt, die über jene hinausgehen, die sich auf seine Komponenten zurückführen lassen. Man stellt sich u. a. vor, daß die gesamte Verteilung der Energie, die von der Materie und der Strahlung des Universums stammt, einen abstrakten, mit besonderen geometrischen Eigenschaften versehenen Raum erzeugt. Die interessantesten dieser Eigenschaften sind die Krümmung – je größer der Energiegehalt, desto größer die Krümmung – und die Zeitabhängigkeit: Das Universum dehnt sich aus, eine Folgerung, die darauf fußt, daß die Wellenlängen des Lichts weit

entfernter Galaxien systematisch zum roten Ende der Wellenlängenskala hin verschoben sind. Für die Verschiebung gilt Hubbles Gesetz: Je größer der Abstand, desto größer die Rotverschiebung (d.h. desto größer die Geschwindigkeit von uns weg).
Bei der Beschreibung dieser Eigenschaften nimmt man an, daß die Ursache für die Krümmung wie auch für die Dynamik die Gravitation (Schwerkraft) ist.
Beobachtungen zeigen, daß die Energie überall gleichmäßig verteilt ist, wenn man eine genügend grobe Längenskala benutzt (in der Größenordnung 1 Milliarde Lichtjahre). Als Folge hiervon ist die Krümmung überall dieselbe, und daraus kann man schließen, daß der Raum nur eine von drei möglichen geometrischen Strukturen haben kann: 1. eine offene, sattelähnliche Geometrie (negative Krümmung), 2. eine flache oder euklidische Geometrie (keine Krümmung), 3. eine geschlossene Geometrie, wie die der Oberfläche einer Kugel (positive Krümmung). Aus der Theorie folgt, daß die drei Möglichkeiten jeweils zu einer bestimmten Art von Entwicklung gehören. Alle Modelle operieren mit einem Anfangsereignis, dem Urknall, bei dem die Dichte extrem hoch, möglicherweise unendlich war und das die Geburt des Raums und der Zeit markiert. Das erste Modell würde sich in einem Zustand ewiger Ausdehnung befinden; das zweite würde sich ebenfalls für immer ausdehnen, doch würde die Ausdehnung nach unendlich langer Zeit gerade noch aufhören; im dritten würde die Ausdehnung von einer Schrumpfung und einem möglicherweise katastrophalen abschließenden Kollaps (»Big Crunch«) abgelöst werden.
Die detaillierten Modelle für den Zustand im frühen Universum sagen voraus, daß Wasserstoff und Helium, aber so gut wie keine anderen Grundstoffe gebildet werden konnten. Die tatsächlich beobachteten Häufigkeiten dieser zwei – der leichtesten – Grundstoffe stimmen gut mit den vorausgesagten Häufigkeiten überein. Schließlich hat man vorausgesagt, daß die Strahlung des frühen Universums bis heute überlebt hat; ihre Wellenlänge ist allerdings als Folge der Rotverschiebung mehr als tausend Male

gestiegen und kann als Mikrowellen beobachtet werden: die kosmische Hintergrundstrahlung.

Die einfachsten kosmologischen Modelle der heutigen Zeit werden von nur zwei Parametern charakterisiert, die man im Prinzip durch Beobachtungen bestimmen kann. Diese beiden Parameter bezeichnet man als die Hubble-Konstante bzw. den Dezelerationsparameter; sie beschreiben die Skala des Universums (in Raum und Zeit) bzw. seine Krümmung. Bis heute hat man die Parameter noch nicht auf überzeugende Weise bestimmen können, doch wird dies in vielleicht nicht allzu ferner Zukunft mit Hilfe der neuesten astronomischen Technik gelingen, die mit digitalen Aufnahmen, digitaler Bildbearbeitung, Satellitenbeobachtungen usw. arbeitet.

Siehe auch: →kosmologisches Prinzip, →kosmische Hintergrundstrahlung, →Rotverschiebung, →Urknall

Literatur: Gribbin (1986), Gribbin und Rees (1994), Hawking (1991), Weinberg (1992)

kosmologisches Prinzip *(Astrophysik)*. Die Annahme, daß das Universum in bezug auf Ort und Richtung im Raum gleichartig ist.

Das heute vorgezogene kosmologische Modell, die auf Einsteins allgemeiner Relativitätstheorie aufbauende Urknalltheorie, stützt sich auf das kosmologische Prinzip: Man nimmt an, daß die Materie und die Strahlung im Universum von Ort zu Ort (Homogenität des Universums) und nach allen Richtungen (Isotropie des Universums) gleichmäßig verteilt sind. Diese Annahme wird von Zählungen weit entfernter Galaxien wie auch von Messungen der kosmischen Hintergrundstrahlung unterstützt, allerdings unter der Voraussetzung, daß man einen genügend großen Maßstab von der Größenordnung eine Milliarde Lichtjahre der Mittelung zugrunde legt.

In einigen speziellen Modellen für das Universum tritt »das perfekte kosmologische Prinzip« auf, dem zufolge die Gleichartigkeit auch für die Zeit gilt; man nimmt also an, daß das Universum auch zu allen Zeiten dasselbe ist. Dies widerspricht den

Vorstellungen der Urknalltheorie von einem Universum, das sich nicht nur ständig entwickelt, sondern auch einmal geboren worden ist. Das perfekte kosmologische Prinzip bildet u.a. die Grundlage der (heute verworfenen) Theorie des stationären Zustands, die annimmt, daß die Ausdehnung des Universums durch ständige Entstehung von Materie »kompensiert« wird.

Siehe auch: →Urknall, →kosmische Hintergrundstrahlung, →Theorie des stationären Zustands

Literatur: Gribbin und Rees (1994)

künstliche Intelligenz *(Informatik).* Programme und Maschinen, die »intelligente« Prozesse ausführen, z.B. Schach spielen, Muster wiedererkennen und mathematische Beweise durchführen. Der Begriff steht auch für den gesamten Forschungszweig, der sich mit diesem Thema beschäftigt (engl. *artificial intelligence*, abgekürzt AI; hier: KI).

Der Traum von künstlicher Intelligenz findet sich schon früh in der Geistesgeschichte (z.B. bei Leibniz, Babbage und Pierce) und lebte mit der Verwirklichung der ersten großen digitalen Computer nach dem Zweiten Weltkrieg wieder auf. Die Computer waren frei programmierbar und konnten so gebaut werden, daß sie – wie die erwähnten Philosophen es sich erträumt hatten – viele verschiedene Operationen ausführen.

Anfangs zog die Forschung zahlreiche Modellvorstellungen in Betracht, doch um 1960 herrschte die Auffassung vor, daß die verschiedenen Programme (Software) im Computer mit menschlicher Intelligenz Vergleichbares leisten, wenn die Hardware des Computers dem menschlichen Gehirn entspricht. Hierbei handelt es sich um die sogenannte funktionalistische Hypothese – entscheidend ist nicht, ob die Hardware dem menschlichen Gehirn ähnelt (was nicht der Fall ist), sondern ob sie einige der Funktionen des Gehirns ausführen kann (überlegen, berechnen, sich erinnern, wahrnehmen). Die funktionalistische Hypothese interessiert sich daher ganz bewußt nicht für das tatsächliche Aussehen und das physikalische Verhalten des Gehirns.

Da ein Computerprogramm aus freien Zeichen (0 und 1) und Regeln für deren Abarbeitung besteht, lautet die entsprechende Hypothese für die Intelligenz, daß auch sie aus Regeln für die Manipulation freier Zeichen besteht (*physical symbol system hypothesis*). Folglich bilden Entwicklung, Studium und Anwendung von Computerprogrammen und formalen Sprachen die Basis der künstlichen Intelligenz.
Die großen Namen der KI-Forschung sind Herbert Simon, John McCarthy und Marvin Minsky; unterstützt wurden sie von Linguisten wie Noam Chomsky und Jerry Fodor, alle Amerikaner. Die KI war von großem Optimismus geprägt und wurde besonders vom amerikanischen Verteidigungsministerium in den 60er und 70er Jahren finanziell sehr stark unterstützt. Man konstruierte computergesteuerte Roboter, die in einem einfachen und wohldefinierten Raum Handlungen mit z.B. farbigen Klötzen ausführen konnten; Dame-Programme feierten Triumphe, und Schachprogramme besitzen heute eine Spielstärke, die sie Großmeistern ebenbürtig macht.
Diese Richtung war bis zum Anfang der 80er Jahre vorherrschend. Dann wurde sie aus den eigenen Reihen stark angefochten, da sie für Aufgaben wie z.B. Mustererkennung oder kontextabhängiges Wissen keine Ergebisse vorlegen konnte; von außerhalb kritisierten verschiedene Philosophen (u.a. die Amerikaner John Searle und Hubert Dreyfus) allzu optimistische Vorstellungen von einem möglichen »Bewußtsein« gewöhnlicher Computer und wiesen darauf hin, daß die menschliche Intelligenz nicht den Charakter einer von Regeln gesteuerten Maschine habe. Herausgefordert wurde die künstliche Intelligenz auch vom Konnektionismus, einem konkurrierenden Paradigma, das man in den 60er Jahren zunächst aufgegeben hatte. Der Konnektionismus propagierte eine völlig andere Betrachtungsweise: Statt zu versuchen, intelligente Computerprogramme zu konstruieren, sollte man auf die Idee zurückgreifen, den Computer selbst wie ein Gehirn zu formen, indem man ihn als ein neuronales Netz konstruiert, das aus einfachen, in sich selbst nicht intelli-

genten Prozessoren aufgebaut ist, denen man dafür Mustererkennung »beibringen« kann.
Nach einer Periode großer Euphorie über den Konnektionismus Mitte der 80er Jahre scheint die Begeisterung deutlich abgenommen zu haben: Die Leistungen »intelligenter« Computer sind mit denen des richtigen Gehirns nicht annähernd vergleichbar. Zur Zeit scheint sich die Auffassung durchzusetzen, daß sowohl die »gute alte« KI als auch der Konnektionismus gleichgeordnete Forschungsstrategien darstellen.
Searle hat in seiner Kritik der KI-Forschung eine Unterscheidung zwischen »starker« und »schwacher«, d.h. radikaler und moderater, KI eingeführt. Die »starke« These – in der klassischen wie auch der konnektionistischen KI – dehnt die funktionalistische Hypothese auch auf Bewußtseinsqualitäten aus, so daß man davon ausgehen muß, daß eine Maschine, die intelligenzähnliche Prozesse ausführt, tatsächlich auch intelligent und bewußt ist sowie Intentionalität besitzt. Die »schwache« These sieht den Computer dagegen nur als Forschungsgerät zur Simulation intelligenter Prozesse, ohne irgendeine Ähnlichkeit mit der menschlichen Intelligenz zu postulieren.

Siehe auch: →Konnektionismus, →Turingmaschine, →Turingtest, →Churchs These, →neuronales Netz, →künstliches Leben, →Kognitionsforschung, →Halte-Problem, →stummes Wissen

Literatur: Gardner (1992), Searle (1986), Dreyfus und Dreyfus (1987)

künstliches Leben *(Biologie, Informatik).* Ein Forschungsgebiet, das Systeme zu erschaffen versucht, die Eigenschaften lebender Wesen aufweisen, letztendlich sogar wirklich als lebend bezeichnet werden können.
Der Mathematiker John von Neumann formulierte in den 40er Jahren die Theorie der selbstreproduzierenden Automaten. Später entstanden andere Ideen zur Synthese lebender Organismen, entweder als reine Informationsstrukturen in einem Computer (Leben als Software), als kleine, tierähnliche Roboter (Leben als Hardware) oder durch Synthese chemischer Verbindungen in

wäßriger Lösung, die vielleicht etwas bilden, was einer Zelle ähnelt (Leben als »*wetware*«). Der Grundgedanke ist, Leben dadurch zu verstehen, indem man es zu konstruieren versucht.
1987 veranstaltete der amerikanische Informatiker Chris Langton eine internationale Konferenz über künstliches Leben. Dies war der Beginn einer Zusammenarbeit zwischen verschiedenen Disziplinen, die das Ziel hat, selbstorganisierende, adaptive und komplexe Systeme, die in abstraktem Sinne an Leben erinnern, zu erforschen.

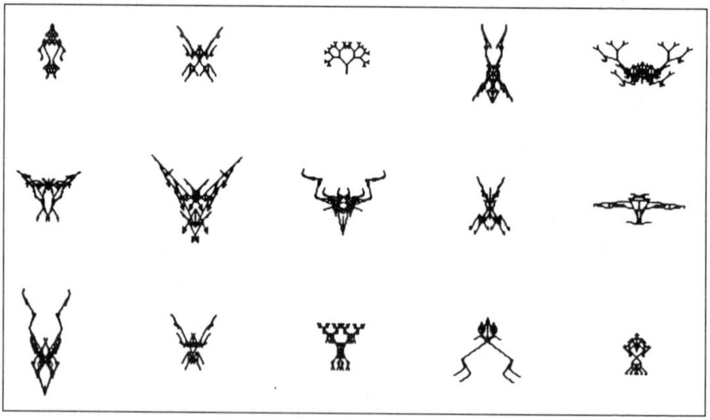

Ein Beispiel für ein Vorstufe zu »künstlichem Leben«: die »Biomorphe« von Richard Dawkins.

Bei der traditionellen Simulation von z.B. Ökosystemen wählt man einige wenige Parameter aus und beschreibt sie durch ein mathematisches Modell. Man behauptet nicht, das Modell entspräche der Wirklichkeit. Die Computersimulation von künstlichem Leben läuft anders ab: Man programmiert beispielsweise eine Zahl kleiner Programme dazu, sich gegenseitig auf ganz einfache, »dumme« Weisen zu beeinflussen. Wenn die Programme zufälligerweise kooperieren und eine Einheit, vielleicht so etwas wie eine Zelle, bilden, wozu sie nicht explizit programmiert sind, kann man diesen Prozeß als die synthetische Erschaffung echten Lebens (der simulierten Zelle) im Computer deuten. Nur das einfache Verhalten der einzelnen Elemente wird im voraus vom Programm bestimmt; das Gesamtverhalten des Systems ist ein unvorhergesehenes, »emergentes« Merkmal auf einem höheren Niveau.

Siehe auch: →künstliche Intelligenz, →Emergenz, →genetischer Algorithmus, →selbstreproduzierender Automat

Literatur: Emmeche (1994), Weibel und Gerbel (1993), Levy (1993)

Kybernetik *(Ingenieurwissenschaft).* Das Studium sich selbst regelnder Prozesse, in den 40er Jahren entwickelt und benannt (nach gr. *kybernétés:* Steuermann) von dem amerikanischen Mathematiker Norbert Wiener.

Die Kybernetik setzt sich mit dem klassischen Stimulus-Respons-Modell auseinander, das Organismen und technische Systeme als automatisch und nicht lernfähig betrachtet. Wiener behauptete, daß ein System sich durch interne Informationsübertragung zwischen seinen verschiedenen Teilen selbst, ohne Einmischung von außen, steuern könne.

Ein kybernetisches oder selbstregelndes System (z.B. ein Thermostat) ist auf ein bestimmtes Ziel ausgerichtet (»halte die Raumtemperatur bei 18 Grad«), kontrolliert ständig (mißt die Temperatur im Raum), ob das Ziel erreicht wird, und korrigiert durch Rückkopplung sein Verhalten, um dem Ziel näher zu kommen (die Heizung wird ein- oder ausgeschaltet).

Andere Beispiele für kybernetische Mechanismen sind Autopiloten in Flugzeugen, die Futtersuche hungriger Tiere, wie ein Radfahrer auf schlechter Straße das Gleichgewicht hält, die Erhaltung psychischer Krankheiten in einer Familie und das auf ein Ziel ausgerichtete Verhalten eines Betriebes.

Die Ambitionen der Kybernetiker der 60er Jahre, die eine neue interdisziplinäre Wissenschaft schaffen wollten, haben sich nicht ganz erfüllt, u.a. weil der kybernetische Formalismus quantitativ ist und sich daher nur sehr bedingt auf menschliche und soziale Systeme übertragen läßt. Moderne Kybernetiker interessieren sich besonders für die Zirkularität in Systemen und erkenntnistheoretische Fragen, die in der sogenannten Kybernetik zweiter Ordnung zusammengefaßt werden.

Siehe auch: →Rückkopplung, →Kybernetik zweiter Ordnung, →Informationstheorie, →allgemeine Systemtheorie

Literatur: Wiener (1992)

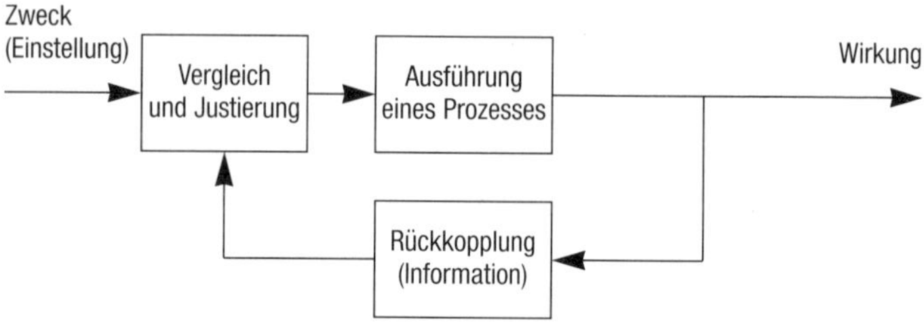

Ein kybernetisches System. Das System wird so eingestellt, daß es einen bestimmten Prozeß ausführt, der zu einer Wirkung führt. Information über die Wirkung wird durch Rückkopplung zurückgeführt und mit dem ursprünglichen Ziel des Prozesses verglichen; falls notwendig, wird der Prozeß korrigiert usw.

Kybernetik zweiter Ordnung *(Wissenschaftstheorie)*. Eine »neue« Kybernetik, die die Bedeutung zirkulärer Prozesse in Systemen hervorhebt, darunter besonders erkenntnistheoretische Fragen in bezug auf die Wechselwirkung zwischen dem Beobachter und dem beobachteten System.

Das von dem österreichisch-amerikanischen Kybernetiker Heinz von Foerster Mitte der 70er Jahre gebildete Wort »second-order cybernetics« wird der traditionellen Kybernetik (erster Ordnung) gegenübergestellt, die sich nur mit Prozessen in Systemen *außerhalb* des Beobachters beschäftigt.

Weil sie die Rolle des Beobachters in allen Beschreibungen stark hervorheben, sind Wissenschaftler auf dem Gebiet der Kybernetik zweiter Ordnung erkenntnistheoretisch betrachtet Konstruktivisten: Die Wirklichkeit existiert für sie nicht objektiv, wie die Realisten behaupten, sondern wird von dem erkennenden Subjekt konstruiert oder (mit)geschaffen.

Vor allem amerikanische und deutsche Kybernetiker eher philosophischer Prägung haben die Kybernetik zweiter Ordnung weiterentwickelt. Diese hat die systemorientierte Familientherapie stark beeinflußt.

Siehe auch: →Kybernetik, →Konstruktivismus, →Autopoiese, →allgemeine Systemtheorie

Literatur: von Foerster (1994), Boscolo u.a. (1992)

L

logische Tiefe *(Informatik)*. Von logischer Tiefe spricht man, wenn etwas komplex in dem Sinne ist, daß seine Konstruktion lange Zeit in Anspruch nimmt. Der Begriff wurde in den 70er Jahren von dem amerikanischen Physiker Charles Bennett geprägt.

Der Begriff soll einen quantitativen Maßstab für die Komplexität darstellen, einen Maßstab, der der intuitiven Auffassung, daß das Komplexe zwischen dem völlig Geordneten und dem völlig Zufälligen angesiedelt ist, Rechnung trägt. Ein ähnlicher Maßstab, die algorithmische Komplexität, hat das Problem, daß er das völlig Zufällige hoch bewertet.

Bennetts Begriff ist von der Biologie inspiriert: Ein Organismus enthält eine begrenzte Menge genetischer Information, doch die Konstruktion des Organismus auf der Grundlage dieser Information nimmt viel Zeit in Anspruch. Interessant ist nicht so sehr der Umfang der genetischen Information, sondern der des Wachstumsprozesses, der notwendig ist, damit die Information »sich entfaltet« und die weit reichhaltigere Struktur bildet, die der mehrzellige Organismus darstellt.

Die formale Definition des Begriffes stützt sich auf einen Computer (eine sogenannte Turingmaschine): Die logische Tiefe einer Struktur ist die Zeit, gemessen in rechnerischen Schritten, die die Maschine benötigt, um die Struktur mit dem »kürzest möglichen Programm« zu berechnen und sie als Output zu liefern. Die formale Definition begrenzt allerdings die Verwendbarkeit des Begriffes, z.B. in der Biologie, da Organismen bekanntlich nicht als Output von Turingmaschinen gebildet werden. Trotz dieser und anderer Einschränkungen ist die Vorstellung selbst von großer Bedeutung für die Erforschung von Komplexität.

Siehe auch: →Komplexität, →algorithmische Komplexität, →Turingmaschine

Literatur: Nørretranders (1994), Bennett (1988)

Lokalität *(Physik)*. Der Umstand, daß das Verhalten eines physikalischen Systems nur von den Gegebenheiten in seiner unmittelbaren Nähe bestimmt wird. In der Quantenmechanik wird dieses Prinzip gebrochen.

Die Frage, inwieweit Dinge dicht beieinanderliegen müssen, um einander beeinflussen zu können, wurde schon früh gestellt. Newton meinte nicht, daß dies der Fall sein müsse, da er die Schwerkraft als eine »Wirkung über Abstand hinweg« betrachtete, durch die die Sonne die Erde trotz des großen Abstandes auf ihrem Platz festhielte.

Im 19. Jahrhundert führte man den Begriff des Feldes ein, um diesen etwas mystischen, abstandsunabhängigen Einfluß zu umgehen. Man meinte nun, daß physikalische Wirkungen sich als Störungen im Feld fortpflanzen und daher lokal sind. Danach bildete die Lokalität einen unentbehrlichen Bestandteil der Physik.

In der Quantenphysik stellt sich die Situation nicht so einfach dar. Das berühmte Doppelspaltexperiment ist eines der unzähligen Beispiele dafür, daß die Lokalität anscheinend aufgehoben wird: Im Experiment sieht es so aus, als ob ein Lichtteilchen einen der beiden Spalte passieren und zugleich »wissen« kann, ob der andere offen oder geschlossen ist.

Die Experimente, die man in Verbindung mit Bells Theorem und dem EPR-Paradox durchgeführt hat, haben zu einer weiteren Verdeutlichung der Problematik geführt.

Heute rechnet man laut der gängigen Deutung nicht mehr damit, daß die Lokalität in der Quantenmechanik aufrechterhalten wird; Quantensysteme können durchaus aus Komponenten bestehen, die durch große räumliche Abstände voneinander getrennt sind.

Siehe auch: →Bells Theorem, →EPR-Paradox

Literatur: Penrose (1991)

Lorenz-Attraktor *(Physik).* Ein besonders stabiler, chaotischer Zustand, in dem ein dynamisches System sich befinden kann. Er wurde 1960 von dem amerikanischen Meteorologen Edward Lorenz entdeckt.

Der Lorenz-Attraktor hatte große wissenschaftsgeschichtliche Be-

Lorenz-Attraktor.

deutung, da es sich um den ersten fraktalen Attraktor handelte, den man beschreiben konnte. Lorenz konstruierte auf seinem primitiven Computer ein vereinfachtes Klimamodell für die amerikanische Westküste, das ihn zu einer Untersuchung von Chaos inspirierte. Er untersuchte Konvektionsströmungen in Wasser, die in einem rotierenden Zylinder entstehen, der am Rand erwärmt und im Zentrum abgekühlt wird. Das Problem konnte mit Hilfe von drei veränderlichen Größen beschrieben werden.
Das überraschende Ergebnis war, daß die entstehende Strömung nicht-periodisch, d.h. chaotisch, und sehr empfindlich gegenüber einer Änderung der Anfangsbedingungen war.
Die graphische Beschreibung dieser nicht-periodischen Strömungen, die 1963 in Lorenz' berühmtem Aufsatz »Deterministic Nonperiodic Flow« erschien, zeigt ein Paar verbundener Spiralen in einem dreidimensionalen Raum (jede Spirale entspricht einer Strömungsrichtung). Der Zustand des Systems wechselt auf unvorhersagbare Weise zwischen den beiden Spiralen.
Diese Abbildung ist als Lorenz-Attraktor bekannt geworden, obwohl man diesen streng genommen überhaupt nicht abbilden kann: Die Figur stellt nur eine Gruppe ausgewählter Wege dar, die sich schrittweise dem Attraktor nähern, bei dem es sich um einen großen, dreidimensionalen Fraktal im Phasenraum handelt. Der Lorenz-Attraktor erhielt große Bedeutung für die Chaostheorie, als der Aufsatz aus dem Jahre 1963 in den 70er Jahren wiederentdeckt wurde.
Siehe auch: →Attraktor, →Chaos, →Schmetterlingseffekt, →Fraktal
Literatur: Gleick (1990), Cvitanovic (1989)

magnetischer Monopol *(Physik; das Wort wird auf der ersten Silbe betont).* Ein hypothetisches Objekt, das aus einem isolierten Nord- oder Südpol besteht.
Die klassische Elektrodynamik, in der zu einem Nordpol immer ein Südpol gehört und umgekeht, kennt keine magnetischen Monopole. In der Quantentheorie sind sie jedoch erlaubt, wie der englische Physiker Paul Dirac 1931 nachwies.

Den neueren großen vereinheitlichten Theorien zufolge kann man Monopole als Elementarteilchen mit sehr großer Masse (ca. 1016 mal die Masse des Protons) auffassen. Sie können mit der heutigen Beschleunigertechnik nicht erzeugt werden. Doch die Verhältnisse im frühen Entwicklungsstadium des Universums ließen die Bildung von Monopolen in großen Mengen zu, und daher sollte man sie heute eventuell beobachten können. Man hat auch spekuliert, daß sie die dominierende, aber unsichtbare Massenkomponente des Universums darstellen. Bis heute hat man allerdings noch keine magnetischen Monopole finden können.

Siehe auch: →Große vereinheitlichte Theorien

Literatur: Gribbin und Rees (1994)

Mandelbrot-Menge *(Mathematik)*. Eine 1979 von dem in Polen geborenen Mathematiker Benoit Mandelbrot beschriebene, besonders berühmte fraktale Menge.

Die Mandelbrot-Menge gehört zu den kompliziertesten fraktalen Mengen, die man kennt, und die Popularität der Fraktalgeometrie beruht in hohem Maße auf den bunten Vergrößerungen verschiedener Gebiete aus dem Rand der Menge, in dem man verschiedene pittoreske Zonen findet, die man mit Bezeichnungen wie »Seepferdchental« usw. versehen hat. Technisch betrachtet ist die Mandelbrot-Menge die Bezeichnung für eine Abbildung, die zwei Typen von »iterativen Funktionssystemen« voneinander trennt: die stabilen, die gegen endliche Werte gehen, und die instabilen, die nur gegen Unendlich gehen können. Die erste Abbildung dieser Art wurde bei der Darstellung einer einfachen Rechenaufgabe entdeckt: $f(x) = x^2 + c$, wobei x und c komplexe Zahlen sind. Das »Iterative« bezieht sich darauf, daß man die Gleichung mit einem konkreten Wert füttert, das Ergebnis betrachtet und die Gleichung wieder mit dem Ergebnis füttert usw.

Für gewisse Startwerte wird sich das Ergebnis Schritt für Schritt einem oder mehreren Zahlenwerten nähern, bei anderen wird es gegen Unendlich gehen. Komplexe Zahlen bestehen jeweils aus einem Zahlenpaar; daher geschieht die Darstellung einer solchen Gleichung in einer zweidimensionalen Abbildung, der »komplexen Ebene«.

Seit den Arbeiten des französischen Mathematikers Gaston Julia um die Jahrhundertwende war man sich darüber im klaren, daß solche Gleichungen zu komplizierten »Julia-Mengen« mehrerer Typen führen, je nachdem, ob die Iteration gegen einen Zahlenwert, gegen mehrere Zahlenwerte oder gegen Unendlich geht. Dies hängt davon ab, welchen Wert man für c wählt, und die Mandelbrot-Menge stellt nun dar, welche Werte von c zu welchen Ergebnissen führen.

Für Werte von c innerhalb der Menge ist die entspechende Julia-Menge zusammenhängend, für Werte außerhalb der Menge ist sie es nicht.

Die zusammenhängenden Julia-Mengen mit einem »Inneren« lassen sich weiter in zwei Typen unterteilen: solche im herzförmigen Hauptteil der Mandelbrot-Menge, die den Charakter fraktal deformierter Kreise mit einem Attraktor – der Zahl, der man sich durch Iteration schrittweise nähert – haben, und solche in den verschiedenen fraktalen »Kugeln« auf der Peripherie des Herzens; dabei handelt es sich um unendlich viele fraktale Kreise, die sich um eine größere oder kleinere Menge von Punkten gruppieren, die zusammen einen periodischen Attraktor bilden, so daß die Iteration zwischen mehreren Zahlen schwingt. Wenn c einer der »Keimpunkte« der Menge ist, hat die Julia-Menge »Kletterfäden«, die gegen einen stabilen, periodischen Attraktor gehen, und wenn c an einer anderen Stelle auf dem Rand der Menge selbst liegt, ist die Julia-Menge ein sogenannter Siegel-Teller, bei dem die Gleichung schließlich ewig auf einem invarianten Kreis um einen Punkt rotieren wird. Wenn c auf einem der fadenförmigen Auswüchse der Menge liegt, ist die Julia-Menge weiterhin zusammenhängend, hört aber damit auf, ein Inneres zu haben, und sie hat den Charakter fadenähnlicher, baumartiger Strukturen. Ganz außerhalb der Menge hört die

Julia-Menge damit auf, zusammenhängend zu sein, und sie wird zu Fatou-Staub, der dicht an der Mandelbrot-Menge in schönen Mustern auftritt, und die Iteration wird bei allen Werten – bis auf einige wenige – gegen Unendlich gehen.

Der Rand der Mandelbrot-Menge ist eine wahre Orgie komplizierter, aber dennoch regelmäßiger Strukturen, und wenn man sich ein Gebiet aussucht und es nach und nach immer mehr ver-

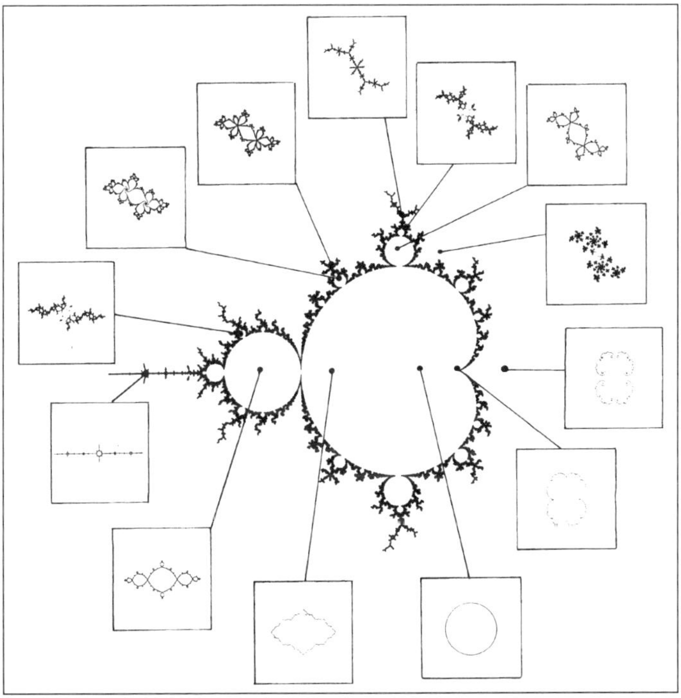

Eine Abbildung der Mandelbrot-Menge, die zeigt, auf welche Weise sie eine Darstellung der verschiedenen Typen von Julia-Mengen ist, zu denen die Gleichung $x \rightarrow x^2 + c$ führt. In jedem der 13 Rahmen ist eine Julia-Menge angegeben, die dem Wert von c entspricht, auf den die Rahmen in der Mandelbrot-Menge »geheftet« sind. Wie man sieht, entstehen die zusammenhängenden Julia-Mengen durch c-Werte innerhalb der Mandelbrot-Menge, während die nicht-zusammenhängenden außerhalb liegen. Die kompliziertesten Julia-Mengen stammen von den Werten für c, die auf dem Rand oder nahe am Rand der Mandelbrot-Menge liegen. (Graphik: Carsten Ertbjerg)

größert, findet man immer wieder neue Muster, häufig auch eingelagerte kleine Kopien der Mandelbrot-Menge selbst. Durch diese Menge hat man daher auf überzeugende Weise entdeckt, welch eine komplizierte Struktur eine so einfache Gleichung enthält. Sie verlieh dadurch dem Platonismus in der Mathematik neues Leben – der Vorstellung, daß die mathematischen Objekte nicht etwas sind, was wir erfinden, sondern daß sie objektiv in einer gedachten Welt vorliegen. Erst im Laufe der 80er Jahre wurde ihre Geometrie mehr oder weniger erforscht – man hat z. B. bewiesen, daß sie ein zusammenhängendes Objekt bildet.

Abgesehen von ihrer großen Schönheit ist die Mandelbrot-Menge auch von grundsätzlichem Interesse: Als Darstellung verschiedener Typen von Julia-Mengen kann sie auch als eine Karte über verschiedene Verhaltensformen dynamischer Systeme gedeutet werden, die durch die betreffende Gleichung beschrieben werden können. In dieser Deutung entspricht die Julia-Menge im Innern der Menge der Möglichkeit eines stabilen Zustandes und seiner Zerstörung, während die verschiedenen Julia-Mengen am Rand der Mandelbrot-Menge mehreren Formen von mehr oder weniger periodischem Verhalten und einem Wechsel zwischen verschiedenen Zuständen entsprechen. Julia-Mengen außerhalb der Menge entsprechen chaotischem Verhalten, bei dem der Wert zwischen den einzelnen Fatou-Staubkörnern wechselt.

Außerdem ist das Szenarium für Übergang zum Chaos, das man als Feigenbaums Diagramm bezeichnet, in der Mandelbrot-Menge eingelagert: Wenn man der großen »Antenne« vom Herzen nach links folgt, entspricht dies einer Periodenverdopplung als Übergang zum Chaos am Ende der Antenne, und das Verhältnis zwischen der Breite der »Blasen« an der Antenne nähert sich Feigenbaums Zahl; andere Wege vom inneren Teil der Mandelbrot-Menge zum äußeren Teil können dann andere Übergänge von Ordnung zu Chaos angeben.

Man kann natürlich Mandelbrot-Mengen als Darstellungen anderer Julia-Mengen für andere iterative Systeme als die oben erwähnten konstruieren; diese weisen ein anderes geometrisches Aussehen auf, besitzen aber den gleichen Typ genereller Eigenschaften wie die erste Mandelbrot-Menge.

Siehe auch: →Fraktal, →Fatou-Staub, →Feigenbaums Diagramm, →Chaos, →Übergang zum Chaos

Literatur: Mandelbrot (1991), Barnsley (1989), Peitgen und Richter (1986)

Messung *(Physik)*. Für den Begriff der Messung hat man sich in diesem Jahrhundert besonders in der Quantenmechanik interessiert, da Messungen dort auf radikal neue Weise einen Teil des Erkenntnisprozesses bilden.

In der Quantenmechanik wird ein Elektron z.B. mit Hilfe einer Wellenfunktion beschrieben, von der man sagt, daß sie während des Meßvorgangs »zusammenbricht« und dadurch das Elektron als an einer bestimmten Stelle existierend angibt. Der sogenannte Welle-Teilchen-Dualismus hebt ebenfalls den Meßprozeß hervor, da dasselbe Phänomen entweder als Teilchen oder als Welle auftreten kann, je nachdem, wie man seine Apparatur gestaltet.

Dies hat zu verschiedenen Deutungen dessen geführt, was Messung in der Quantenmechanik eigentlich ist: etwas Subjektives, das der Forscher dem physikalischen Prozeß hinzufügt; das, was den Zusammenbruch der Wellenfunktion verursacht und damit die Objektivität des Prozesses ausmacht; etwas, das nur rein statistisch interessant ist: etwas, was mit dem klassischen, makroskopischen und daher nicht-quantenmechanischen Teil der Versuchsaufstellung verbunden ist – usw.

Die Diskussion hat zu keiner Einigkeit geführt. Kürzlich hat der amerikanische Physiker H.H. Pattee die quantenmechanische Problematik generalisiert und darauf hingewiesen, daß die Beschreibung einer Messung als Messung immer auf einer höheren Betrachtungsebene geschehen muß als der, die gemessen wird. Die Beschreibung muß von der Art »Der Zeiger schlug nach rechts aus« sein, statt die an der Dynamik des Zeigers beteiligten physikalischen Reaktionen detailliert zu beschreiben (eine Beschreibung, die zusätzliche Meßgeräte erfordern würde, usw.)

Messen bedeutet, daß man mit Hilfe eines Informationssystems der einen oder der anderen Art einen Prozeß zusammenstellt. Messungen stellen daher unausweichlich einen Sprung in der Betrachtung der eigentlichen Welt und ihrer Beschreibung dar und besitzen damit den Charakter von Emergenz.

Siehe auch: →Quantenmechanik, →Wellenfunktion, →Heisenbergs Unschärferelation, →Welle-Teilchen-Dualismus, →Organisationsniveau, →Emergenz

Literatur: Bohr (1985), Pattee (1977)

Modell

1. *(Naturwissenschaftstheorie).* Eine materielle, sprachliche, visuelle oder mathematische Darstellung von Zusammenhängen, die man mit Hilfe des Modells zu verstehen versucht (von lat. *modulus:* Maß).

   In der Ingenieurwissenschaft verwendet man materielle Modelle (z.B. von Brücken) zur Erprobung der Eigenschaften von Konstruktionen in bezug auf Wind, Belastbarkeit usw. Theoretische Modelle können die Form einer erdachten Analogie zwischen dem Phänomen, das man verstehen will (z.B. dem Gehirn), und einem bereits gut beschriebenen Systemtyp haben. Beispielsweise waren früher elektromechanische Modelle des Gehirns beliebt (das Gehirn als Vermittlung), während man heute oft Modelle aus der Informatik benutzt (das Gehirn als Computer).

   Ein theoretisches Modell kann auch strukturell sein, so wie das berühmte Doppelhelixmodell der DNA, das das DNA-Molekül als eine spiralförmig gewundene Leiter abbildet, deren Stufen jeweils ein Basen-Paar repräsentieren.

   Es ist möglich, daß eine naturwissenschaftliche Erklärung auf einem Modell aufbaut; z.B. kann man die Newtonsche Mechanik als ein allgemeines mathematisches Modell der Bewegung physikalischer Körper betrachten. Ein Modell hat jedoch in vielen Fällen hypothetischeren und spezielleren Charakter als eine wohlbegründete und allgemeine Theorie.

Eine besondere Rolle spielen mathematische Modelle, durch die Beziehungen zwischen Variablen quantitativ beschrieben werden. Wenn ein mathematisches Modell ein dynamisches System beschreibt, kann man versuchen, die neuen Zustände des Systems zu berechnen, indem man das Modell als Programm in einen Computer eingibt (Simulation).

Die Wissenschaftstheorie untersucht verschiedene Modelltypen und ihre Rolle im wissenschaftlichen Prozeß.

Siehe auch: →Simulation, →Metapher

2. *(mathematische Logik).* Hier ist ein Modell eine mengentheoretische Deutung einer Reihe von wohldefinierten Formeln (Ausdrücken, die aus erlaubten, d.h. mit den Bildungsregeln übereinstimmenden Verkettungen von Symbolen in der betreffenden formalen Sprache bestehen), wodurch jede Formel den Wahrheitswert »wahr« erhält.

»Deutung« ist in diesem Zusammenhang kein subjektiver Prozeß, sondern gleich einer Funktion zuzüglich einiger Größen (Entitäten) in einer Domäne. Die Funktion bildet die Ausdrücke der formalen Sprache in der aus Entitäten bestehenden Domäne des Modells ab. Durch eine derartige Deutung einer formalen Sprache verleiht man ihren Ausdrücken Sinn. Die Funktion, die einen (an sich sinnlosen) Ausdruck einer bestimmten Größe der Domäne zuordnet, ist eine semantische Regel, und die Größe, die auf diese Weise zugeordnet wird, ist der semantische Wert des Ausdrucks (z.B. wahr/falsch).

»Modell« bezeichnet auch die Deutung der Axiome eines formalen Systems (eine Struktur ist ein Modell einer formalen Theorie, wenn alle Grundregeln der Theorie für die Struktur gelten). Die Modelltheorie als Studium logischer Eigenschaften von Deutungen formaler Systeme spielte u.a. eine Rolle als Grundlagendisziplin der künstlichen Intelligenz.

Siehe auch: →formales System, →Formalisierung.

3. *(Wissenschaftsphilosophie).* Eine Schule von Wissenschaftsphilosophen (u.a. F. Suppe und B.C. van Fraassen) vertritt eine

Auffassung von Theorien, die eine wissenschaftliche Theorie als ein Modell (in Bedeutung 2) oder eher als eine Spezifikation einer Klasse von Modellen eines formalen Systems betrachtet. Sie bezeichnen ihre Auffassung als »semantisch«, im Gegensatz zu einer »syntaktischen« (traditionelleren, positivistischen) Auffassung wissenschaftlicher Theorien, bei der die Semantik (»der Sinn«) der Theorie durch Regeln für die Entsprechungen zwischen Beobachtungstermen und theoretischen Begriffen etabliert wird. Der semantische Standpunkt behauptet dagegen, daß die Semantik der Theorie direkt durch die Definition einer Klasse von Modellen etabliert wird. Eine Theorie (ein Modell) ist hier eine abstrakte mathematische Struktur. Newtons Axiome beschreiben das Verhalten eines abstrakten Systems, dessen Gleichheit mit den Phänomenen der physikalischen Natur eine Frage ist, die außerhalb der Theorie selbst liegt. Beide Standpunkte erkennen jedoch die Notwendigkeit der Formalisierung von Theorien an, eine »Notwendigkeit«, die kaum allgemein anerkannt ist, z. B. in der experimentellen Biologie.

Literatur: Thompson (1989)

Molekularbiologie. Das Studium biologischer Phänomene, u. a. der DNA, auf molekularer Ebene (der Ebene der Zelle und der einzelnen Moleküle).

Die Molekularbiologie ist heute eines der erfolgreichsten Gebiete der Biologie; sie verbindet diese mit der Biochemie und der Chemie. In weiterem Sinne umfaßt die Molekularbiologie jede chemische/biochemische Beschreibung der Makromoleküle (Proteine, Enzyme, Hormone, Lipide, Nukleinsäuren) biologischer Zellen und deren Funktionen.

In engerem Sinne bezeichnet Molekularbiologie das Studium der genetischen Information in der DNA mit Hilfe der neuen Biotechniken.

Siehe auch: →DNA, →genetische Information, →humanes Genomprojekt

Literatur: Judson (1980), Sippel (1988), Weinberg u. a. (1988)

molekulare Uhr *(Molekularbiologie, Evolutionstheorie).* Die molekulare Uhr ist ein indirekter Maßstab für den in geologischer Zeit gemessenen Abstand zwischen zwei Arten, Gattungen, Familien usw., d.h. für die Unterschiede in der Sequenz von »Buchstaben« in der Erbmasse der zu vergleichenden Organismen.

Die Erbmasse ist aus der DNA aufgebaut, die bei der Zellteilung kopiert wird. Dabei können kleine Fehler (Mutationen) in der Reihenfolge der vier »Buchstaben« (der Basen A, G, C und T) der DNA enststehen. Solche Veränderungen treten einmal pro 1000 Millionen Zellteilungen auf. Wenn ein Protein im Durchschnitt von 1000 Basen-Paaren codiert wird, treffen auf jede Mutation in einem Protein also durchschnittlich 1 Million Zellgenerationen. Wenn die Veränderung jedoch dazu führt, daß das vom Gen codierte Protein nicht funktioniert, kann die Mutation in der Regel nicht weitergegeben werden. Unschädliche und für die Selektion bedeutungslose (selektiv neutrale) Veränderungen häufen sich dagegen nach und nach an.

Vergleicht man ein Gen von zwei eng miteinander verwandten Arten (die sich also erst vor relativ kurzer Zeit voneinander abgespalten haben), wird man wenige Unterschiede in der DNA finden. Anders bei zwei Arten, die entfernt verwandt sind und deren gemeinsame Stammform weiter zurückliegt. Vergleiche dieser Art, z.B. des Enzyms Zytochrom c bei Hefe, Weizen, Fliege, Hai, Frosch, Schwein, Wal und Mensch, hat man zur Erstellung von Stammbäumen und zur relativen zeitlichen Bestimmung des Alters der Äste im Stammbaum benutzt.

Bei diesen Vergleichen muß man berücksichtigen, daß die molekulare Uhr in den Teilen der Erbmasse, in denen Mutationen für die Funktionen des Organismus bedeutungslos (neutral) sind, »schneller tickt«. In den »konservativeren« Bereichen, die gegen Veränderungen empfindlich sind, geht die Uhr langsamer, da die Selektion solche Veränderungen seltener akzeptiert. Die Vorstellung von der »molekularen Uhr« als Zeitmesser setzt einen geeichten Zusammenhang zwischen dem geologischen Abstand

(bewertet nach Fossilien der Stammformen, aber auch nach erdgeschichtlichen Daten) und dem »genetischen Abstand« der Arten voraus. Es ist zweifelhaft, ob dieser Zusammenhang verläßlich ist. Ist schon die Geschwindigkeit der molekularen Evolution bei verschiedenen Genen nicht gleich, könnte sie vielleicht auch bei demselben Gen im Laufe der Zeit nicht konstant sein.
Siehe auch: →DNA, →genetische Information, →natürliche Selektion
Literatur: Futuyma (1990)

morphische Resonanz *(Biologie)*. »Formmäßiges Mitschwingen« (gr. *morphé:* Form): ein Prinzip, das versucht, die Stabilität der Formen in der Natur dadurch zu erklären, daß einander ähnliche Formen in eine Art von Informationsaustausch treten, der es ihnen erleichtert, einander nachzuahmen. Zwei Beispiele sind die Vererbung von Eigenschaften in lebenden Organismen und das Erlernen neuer Fertigkeiten bei Tieren.
Diese Hypothese der Formenbildungsursachen wurde 1981 von dem englischen Pflanzenphysiologen Rupert Sheldrake in seinem Buch »A New Science of Life« (»Das schöpferische Universum«) formuliert. Sheldrake argumentiert, daß die Vorstellung, die in der DNA enthaltene Information sei allein in der Lage, einen Organismus zu steuern, unzulänglich sei, u.a. weil sie nur die Substanz des Organismus erklären kann, d.h. welche Proteine und andere Moleküle es in einem Organismus gibt, nicht aber seine Form, d.h. wie die Proteine räumlich organisiert sind. Sheldrake entwickelte daher die Vorstellung, daß eine bisher unbekannte Kraft oder ein unbekannter Einfluß existiere, eben die »morphische Resonanz«, die unabhängig ist von Zeit und Raum. Ein Katzenembryo wächst nicht zu einer Katze heran, weil seine Gene ihn von innen sicher in die Zukunft steuern, sondern weil er »morphische Keime« enthält, die ihn auf ein allgemein existierendes morphogenetisches (gestaltbildendes) Feld für die Entwicklung und das Verhalten von Katzen einstellen.
Dieses Feld stellt den primären Organisationsfaktor für die Form des Organismus dar. Die morphischen Keime, die einen

Katzenembryo von einem Hundeembryo unterscheiden, besitzen nur sekundäre, auslösende Wirkung. Sie bestehen vielleicht aus DNA.

Trotz einiger moralischer Unterstützung durch die englische Zeitschrift »New Scientist« haben Sheldrakes Ideen praktisch keinen wissenschaftlichen Einfluß, u.a. weil empirische Beweise sich nur in äußerst bescheidenem Umfang finden ließen. Einzelne moderne theoretische Biologen beschäftigen sich mit Theorien über morphogenetische Felder, doch die von Sheldrake postulierte raumunabhängige Kraft ist ein wissenschaftliches Unding, das ihn völlig isoliert hat, nicht zuletzt nachdem die international angesehene Zeitschrift »Nature« sein Buch in einem Leitartikel als den besten Kandidaten für eine Bücherverbrennung bezeichnet hatte, den es seit langem gab.

Die Theorie hat dennoch großes Interesse in der Öffentlichkeit gefunden, u.a. seit Sheldrake in zwei späteren Büchern Jungs Archetypen als morphogenetische Felder gedeutet und in Gesprächen mit dem amerikanischen Physiker David Bohm dessen »implizite Ordnung« als einen möglichen Träger der morphischen Information betrachtet hat.

Siehe auch: →Morphogenese, →genetischer Code, →DNA, →implizite Ordnung

Literatur: Sheldrake (1992, 1993), Dammann (1990)

Morphogenese *(Biologie).* »Körperbildung«, (gr. *morphé:* Gestalt + *genesis:* das Werden). Der Prozeß, in dem sich aus einer Eizelle ein komplexer Organismus mit seinen vielen spezialisierten Zellen, Organen und Extremitäten entwickelt.

Obwohl Biologen in den letzten Jahren eine Vielzahl von Genen entdeckt haben, die nur während einer bestimmten Entwicklungsphase in einer bestimmten Körperregion aktiv werden und dort offenbar einzelne Entwicklungsschritte in Gang bringen, ist noch nicht klar, welchen relativen Anteil an der Embryonalentwicklung das Erbgut (Genom) und äußere Faktoren haben (siehe Homöobox).

Ein Rätsel liegt beispielsweise darin, daß in der DNA-Sequenz eigentlich nur eine große Vielzahl verschiedener Aminosäureketten verschlüsselt ist. Damit diese eine Funktion erfüllen können, müssen sie sich zur korrekten Form eines Proteins zusammenfalten. Noch ist nicht ganz geklärt, ob alle Aminosäureketten selbständig – also ohne äußere Hilfe – diese Faltung bewerkstelligen. Noch größer sind die Unklarheiten, welche relative Bedeutung äußere Einflüsse dabei haben, wie Zellen oder gar Organe eines Embryos ihre korrekte räumliche Anordnung finden.
Der englische Biologe Lewis Wolpert meint, daß die Bildung räumlicher Muster während der Entwicklung eines Zellverbands auf »Lageinformationen« beruht: Jede Zelle reagiert auf spezifische Einflüsse ihrer Nachbarzellen (Kontaktsignale und ausgeschiedene Stoffe) und kann so gleichsam ihre Lage im Organismus feststellen. Durch diese äußeren Einflüsse werden in der Zelle Gruppen von Genen aktiviert. Deren Produkte können nicht nur die Eigenschaften der Zelle verändern, sondern auch ihrerseits Positionssignale für benachbarte Zellen darstellen.
Deutsche Biologen haben schon zu Anfang des Jahrhunderts die Beobachtung gemacht, daß Teile eines Embryos ab einem gewissen Alter eine festgelegte Fähigkeit zur Entwicklung bestimmter Organe haben. Ahnungslos, woher solche Gewebeareale die Information zur »richtigen« Entwicklung beziehen, schufen sie analog zu den Feldern der Physik den Begriff »morphogenetisches Feld« als gestaltgebende Kraft. Mit Zunahme des Wissens über die genetischen Prozesse der Embryonalentwicklung verlor der Begriff später an Bedeutung.
Siehe auch: →Homöobox, →Chaperonine
Literatur: Wuketits (1983, 1985)

multiple Persönlichkeit *(Psychatrie)*. Die Existenz mehrerer, deutlich verschiedener Persönlichkeiten innerhalb derselben Person. Seit Mitte des 19. Jahrhunderts wurden mehrere Fälle beschrieben, in denen ein Mensch zu verschiedenen Zeitpunkten zwei oder mehrere völlig verschiedene Persönlichkeiten manifestiert.

Ein bekanntes Beispiel aus der Literatur ist die Doppelperson Dr. Jekyll und Mr. Hyde.

Persönlichkeitsspaltung wird heute als eine Selbstschutzreaktion gegen lebensbedrohende psychische Situationen betrachtet. Wenn Kinder grobe Gewalt, Mißbrauch (z. B. Inzest) o. ä. erleben, können sie sich schützen, indem sie die betroffene Person quasi abspalten. Diese Haltung kann sich zu einer permanenten Persönlichkeitsspaltung entwickeln, bei der eine oder mehrere parallele Persönlichkeiten konstruiert werden, die zu verschiedenen Zeitpunkten das Bewußtsein der Person übernehmen und oft nichts von der Existenz der anderen Persönlichkeiten wissen. Die verschiedenen Persönlichkeiten lassen sich am effektivsten unter Hypnose entlarven; moderne Psychopharmaka verhindern andererseits oft, daß eventuelle Fälle von Persönlichkeitsspaltung überhaupt entdeckt werden. Die Behandlung multipler Persönlichkeiten geschieht durch langfristige Psychotherapie mit dem Ziel, die gespaltenen Persönlichkeiten zu einer einzigen zu vereinen.

In den USA ist die Anzahl der als Persönlichkeitsspaltung diagnostizierten Fälle seit den 80er Jahren dramatisch angestiegen. Kritiker des Konzepts plädieren dagegen dafür, die beschriebenen Phänomene unter dem Hysterie-Begriff einzuordnen.

Literatur: Hacking (1994)

Münchhausens Trilemma *(Philosophie)*. Ein besonderes Dilemma mit drei (statt zwei) nicht akzeptablen Situationen, auf die man stößt, wenn man behauptet, daß eine Begründung (einer Behauptung o. ä.) vollständig sein kann.

Nach dem Philosophen Jakob F. Fries, der den Begriff Anfang des 19. Jahrhunderts formulierte, wird die Situation auch als »Fries' Trilemma« bezeichnet. Es geht dabei um die folgende Argumentation: Wenn eine Begründung vollständig sein soll, muß auch ihre Begründung begründet werden. Glaubt man, dieses Problem lösen zu können, verhält man sich wie Baron von Münchhausen, der behauptete, sich am eigenen Schopf aus dem

Sumpf ziehen zu können. Man steht nämlich drei Möglichkeiten gegenüber, die alle gleich wenig akzeptabel sind:

1. Der unendliche Rückgriff auf die Begründung der Begründung, die selbst begründet werden muß, wonach auch diese neue Behauptung begründet werden muß, usw.
2. Der Zirkelschluß, bei dem wir in der Begründung mehr oder weniger versteckt bereits das voraussetzen, was wir begründen wollten.
3. Dogmatismus, bei dem wir an einer willkürlichen Stelle anhalten und uns weigern, zu diskutieren oder eine weitere Begründung zu liefern.

Also kann keine Begründung vollständig sein, meinte Fries. Obwohl das Problem antiquiert erscheinen kann, taucht die Argumentationsfigur häufig in neueren Diskussionen im Bereich der pragmatischen und kommunikativen Philosophie auf.

Siehe auch: →Konstruktivismus, →Wissenschaftstheorie

N

natürliche Berechnung *(Informatik, Physik, Biologie).* Natürliche Berechnung nimmt Bezug auf Systeme, die ohne menschlichen Einfluß Berechnungen vornehmen, im Gegensatz zu traditionellen Rechenmaschinen und Computern, die von Menschen geschaffen wurden.

Die Vorstellung, daß natürliche Prozesse in physikalischen und biologischen Systemen berechnungsähnliche Veränderungen ihres eigenen Zustands vornehmen können, entwickelte sich in sehr verschiedenen Forschungsgebieten.

1. Die Entwicklung neuronaler Netze als Alternative zur klassischen Computerarchitektur hat gezeigt, daß viele der Aufgaben, von denen man früher glaubte, man müsse sie »logisch« durch sinnreich konstruierte Algorithmen lösen, sich (zumindest teilweise) durch massiv parallele Berechnung lösen lassen.
2. Die Erforschung von künstlichem Leben, wobei komplexe biologische Prozesse von künstlichen zellulären Automaten (und anderen parallel wirkenden einfachen Rechenwerten)

simuliert werden können, hat viele Forscher dazu veranlaßt, sich die entsprechenden biologischen Prozesse als eine Art von natürlicher Berechnung vorzustellen.

3. Die von der Molekularbiologie vorgenommene Erforschung der Protein-Maschinerie in einer Zelle zum Kopieren der genetischen Information in der DNA hat dazu geführt, daß biochemische Prozesse sich mit denen, die in einer Rechenmaschine des Turing-Typs ablaufen, vergleichen lassen.
4. Die Zellbiologie hat entdeckt, daß der Aufbau des Skeletts einer Zelle (des Zytoskeletts) eine Struktur aufweist, die der eines (künstlichen) zellulären Automaten ähnelt; dies hat Spekulationen darüber ausgelöst, ob dieses Skelett tatsächlich dynamische Prozesse im Sinne einer Berechnung vornimmt.
5. Das heutige Verständnis z.B. der Sehwahrnehmung bei Katzen und Menschen im Rahmen der Neurobiologie stützt die Vorstellung vom Gehirn als dem komplexesten Beispiel für ein natürliches System, das Berechnungen analoger wie auch digitaler Art vornimmt.
6. Erwägungen darüber, ob es möglich ist, die grundlegenden Naturgesetze als Regeln in einem großen universellen zellulären, alle Naturprozesse steuernden Computer neu zu formulieren, haben zu der Vorstellung geführt, daß Berechnungsprozesse, und allgemeiner Informationsverarbeitung, ein grundlegenderes Element des Wesens der physikalischen Welt sind, als bisher angenommen.

Gleichzeitig warfen viele Aspekte dieser Forschung ungelöste philosophische Fragen auf. Was heißt eigentlich, daß etwas »berechnet« wird? Berechnung wird in der Regel als etwas betrachtet, das Menschen benutzen, um die Entwicklung eines physikalischen Systems zu beschreiben. Mit Newtons Gesetzen in der Form von Differentialgleichungen können wir die Bewegungen der Planetenbahnen beschreiben, doch betrachten wir die Planeten selbst nicht als Größen, die eine Berechnung vornehmen. Verhält es sich anders mit der DNA in der Zelle oder Nervenimpulsen im Gehirn? Ist nicht auch in diesen Fällen ein mensch-

licher Beobachter erforderlich, der bestimmte Naturprozesse als Ergebnis von Berechnungen deutet, während diese Prozesse an sich frei von Zahlen, Rechenregeln u.ä. sind? Müssen wir nicht unterscheiden zwischen Berechnung als etwas, das einem System zugeschrieben wird, und der »reinen Physik« dieses Systems?
Diese Standardannahme führt ihrerseits zu zwei Problemen: (a) Zu welchem Zeitpunkt in der kosmologischen Entwicklung entstanden Information und Berechnung (und setzt dies die Existenz menschlicher Intentionalität voraus)? (b) Was ist das Verhältnis zwischen Mathematik und Physik; gibt es auf irgendeine Weise Mathematik in der Natur (wie die Pythagoräer meinten), oder ist das physikalische Inventar der Natur von einer radikal anderen Art als die Geräte, die wir zu ihrer Beschreibung benutzen? Wenn sie diesen Problemen gegenübergestellt werden, wählen Anhänger des Gedankens natürlicher Berechnung meistens eine völlig naturalistische Perspektive, bei der Information und Berechnung als zu den Bestandteilen des physikalischen Universums gehörende Größen aufgefaßt werden.

Siehe auch: →Turingmaschine, →Intentionalität, →künstliches Leben, →Biosemiotik

Literatur: Brunak und Lautrup (1993), Emmeche (1994), Hameroff (1987), Hameroff u.a. (1989), Conrad (1990), Paton (1994), Penrose (1994)

natürliche Selektion *(Evolutionsbiologie).* Der Umstand, daß die Natur im Existenzkampf jene Individuen selektiert oder »auswählt«, die am besten angepaßt sind. Dies wird als die primäre Triebkraft der Evolution betrachtet.
Darwin meinte, daß besser angepaßte Organismen mit komplexeren Strukturen in der Natur auf folgende Weise entstehen können: In einer Population unterscheiden sich die Organismen zufällig in einer Reihe erblich bestimmter Merkmale (Genotypen). Voraussetzung einer Selektion ist Angebot im Überfluß: Wenn alle Nachkommen überlebten, würde die Population ins Unendliche wachsen. Ressourcen und Umweltfaktoren lassen aber nur begrenztes Wachstum zu. Daher werden nicht alle

Nachkommen überleben; es findet eine Auswahl statt. Sie ist (im Gegensatz zur Variation und Verteilung der ererbten Merkmale) nicht zufällig. In einer bestimmten Umwelt werden einige dieser Merkmale vorteilhafter sein als andere, und so entsteht durch die Selektion ein Zusammenhang zwischen dem Besitz vorteilhafter Merkmale und Überlebens- bzw. Fortpflanzungschance. Das Ergebnis ist, daß »die am besten Geeigneten überleben«. Dieser Prozeß wiederholt sich Generation für Generation, und die zufällig entstandenen vorteilhaften Merkmale werden vielleicht in der gesamten Population dominieren. Änderungen in der Umwelt können dazu führen, daß andere Merkmale vorteilhaft werden; die Entwicklung von Merkmalen kann ihre Richtung ändern.

Darwins Theorie wurde später von der Theorie der Genetik über Erblichkeit untermauert und durch eine mathematische Theorie über Genselektion in Populationen erweitert; in dieser Form ist sie als »Neodarwinismus« bekannt.

Noch heute gibt es ständig zahlreiche Kontroversen über Fragen wie: Wie wesentlich ist natürliche Selektion im Vergleich mit anderen Entwicklungsmechanismen? Kann die Selektion auf mehreren Niveaus geschehen, wie dem Gen, dem Organismus, der Gruppe, der Familie oder eventuell der Art? Löst natürliche Selektion einen gleichmäßigen oder einen sprunghaften Entwicklungsverlauf aus? Ist natürliche Selektion als Mechanismus kreativ genug, d.h. können neue Strukturen durch natürliche Selektion entstehen (statt nur modifiziert zu werden)? Können Ideen und andere kulturell bestimmte Größen sich ebenfalls auf diese Weise entwickeln?

Die Selektion erklärt einen Mechanismus der Evolution, nicht jedoch den zwingenden Ablauf einer konkreten Entwicklung.

Siehe auch: →Gruppenselektion, →Neodarwinismus, →Gradualismus, →egoistische Gene, →Soziobiologie, →Evolutionstheorie

Literatur: Gould (1994), Reichholf (1994), Sober (1984)

Neodarwinismus *(Evolutionsbiologie).* Diese biologische Evolutionstheorie aus den 30er Jahren versucht, Darwins Theorie über die Entwicklung der Arten durch natürliche Selektion (Darwinismus) mit der neueren Genetik zu vereinen.

Der Neodarwinismus ist ein Vorschlag zu einer Evolutionstheorie. Man versuchte, Darwins Gedanken zu präzisieren, indem man sich auf eine biologische Population konzentrierte, also ein Kollektiv verwandter Individuen, die sich miteinander fortpflanzen. Genetisch gesehen haben sie einen gemeinsamen Vorrat an Genen. Evolution wird nun betrachtet als Änderungen in der Häufigkeit der verschiedenen Gene aus diesem Vorrat. Damit konzentriert man sich auf das einzelne Gen und seine Überlebenschance, und man konstruiert mathematische Modelle, die zeigen, wie die Eignung *(fitness)* des Gens beeinflußt wird, z.B. von Änderungen in der Umwelt, anderen Genen oder der Dichte der Population.

Die mathematische Populationsgenetik der 30er Jahre konnte beweisen, daß es keinen Widerspruch zwischen einerseits »kontinuierlicher Vererbung« (der allmählichen Entwicklung neuer Typen von Organismen durch natürliche Selektion) und andererseits Mutationen als Quelle für die plötzliche Veränderung vererbbarer Merkmale gab. Dies beendete einen alten Streit zwischen darwinistischen »Biometrikern« und den von den Arbeiten Gregor Johann Mendels beeinflußten Genetikern.

In den 40er und 50er Jahren versuchten u.a. der Genetiker T. Dobzhansky, der Ornitologe E. Mayr und der Paläontologe G.G. Simpson, eine Gesamttheorie über Mikroevolution (Änderungen in der genetischen Variation der Art; Populationsgenetik) und Makroevolution (Mechanismen der Artenbildung; größere Entwicklungsmuster in geologischen Zeiträumen) vorzulegen. Diese Theorie nannte man »die moderne Synthese«. Sie versteht die natürliche Selektion so, daß das Individuum die Selektionseinheit (es wird ausgewählt) und die Population die Evolutionseinheit (sie entwickelt sich) ist. Alle »höheren« Muster (z.B. Evolutionsschritte in großen erdgeschichtlichen Einheiten über aufeinanderfolgende Arten) müssen sich letztlich auf individuelle Selektion reduzieren lassen.

Von ca. 1935 bis 1970 betrachteten die meisten Biologen den Neodarwinismus als die beste Grundlage für eine allgemeine Evolutionstheorie. Seit 1970 diskutiert man darüber, ob der Neodarwinismus erweitert oder vielleicht ganz durch ein anderes Paradigma ersetzt werden sollte, da einer Reihe von Phänomenen, die sich mit der Theorie nicht vereinbaren lassen (z. B. selektiv neutrale Mutationen und Evolutionssprünge zwischen geologischen Epochen), heute sehr große Bedeutung zugemessen wird. Der Neodarwinismus und die moderne Synthese haben jedoch weiterhin große Bedeutung, obwohl auch Neodarwinisten heute, u. a. als Folge der Entwicklung auf dem Gebiet der Molekularbiologie, eine relativierte Auffassung von der Vielfältigkeit der Wirkungsmechanismen der Evolution vertreten.

Siehe auch: →Evolutionstheorie, →Gradualismus, →unterbrochenes Gleichgewicht

Literatur: Gould (1994),

neuronaler Darwinismus *(Hirnforschung).* Die Theorie, daß die neurobiologische Grundlage für psychische Phänomene nach den Prinzipien der darwinistischen Selektion funktioniert.

Die Theorie wurde in den 80er Jahren von dem amerikanischen Hirnforscher Gerald Edelman vorgelegt. Er erhielt 1972 den Nobelpreis für die Erforschung der Immunabwehr. Viele der Grundprinzipien der von ihm postulierten Mechanismen der Neuropsychologie basieren auf seinen früheren Arbeiten über immunologische Fragestellungen.

Edelman definiert Wiedererkennung als eine Grundfunktion des Nervensystems. Anatomisch ist das Gehirn aus Modulen (= kleine Netzwerke aus Nervenzellen) aufgebaut, die jeweils bestimmte Erregungsmuster in den elektrischen Impulsen (Aktionspotentiale) wiedererkennen, die das Modul von anderen Modulen empfängt. Die Module sind von Geburt des Nervensystems an mit der Fähigkeit versehen, Millionen von Mustern wiederzuerkennen. Die Anzahl wird durch Selektion vermindert, und der weitaus größte Teil der Wiedererkennungsaktivität geschieht intern im Gehirn – nur etwa 10 Prozent der Module beschäftigen sich mit von den Sinnesorganen kommenden Stimuli.

Die serielle Informationsverarbeitung – spezifischer Reiz, Weiterleitung der elektrischen Impulse vom Sinnesorgan zum Gehirn, schließlich eine Reihe von Bearbeitungsschritten im Gehirn – lehnt Edelman ab. Statt dessen wird dieser Verlauf als paralleler Prozeß betrachtet: Ein von außen registriertes Muster wird von Sinnesreizen gleichzeitig in verschiedenen Modulen bearbeitet.

Die Theorie ist noch nicht allgemein verbreitet, findet aber in der modernen Neurobiologie immer mehr Anhänger.

Siehe auch: →neuronales Netz, →Kognitionsforschung, →Neodarwinismus, →Engramm, →PDP-Theorien

Literatur: Edelman (1995)

neuronales Netz *(Biologie, Informatik)*. Eine Anzahl eng miteinander verbundener Nervenzellen (Neuronen), die zusammen an menschliche Intelligenz erinnernde Fähigkeiten aufweisen.

Man unterscheidet zwischen natürlichen und künstlichen neuronalen Netzen. Bei ersteren handelt es sich schlicht um die Nervensysteme der Organismen, bei letzteren um vereinfachte Computer-Nachahmungen der natürlichen Vorbilder. Die Erforschung der künstlichen neuronalen Netze hat in den letzten zehn Jahren enormes Interesse unter Kognitionsforschern und Informatikern erregt, und der Ausdruck »neuronales Netz« weist daher oft (wie im folgenden) auf diese hin.

Neuronale Netze sind eine Art »intelligente« Maschinen. Im Gegensatz zu normalen Computern müssen sie nicht im herkömmlichen Sinne programmiert, sondern angelernt oder trainiert werden. Dies geschieht, indem man dem Netz etwa eine Reihe von Fragen zusammen mit den korrekten Antworten eingibt. Dadurch lernt es, neue Fragen korrekt zu beantworten.

Neuronale Netze bestehen aus einer Anzahl (zur Zeit typischerweise 10 bis 10.000) von Neuronen, die in eine Inputschicht, eine

Zwischenschicht und eine Outputschicht aufgeteilt werden. Die Neuronen sind von Schicht zu Schicht kreuz und quer miteinander verbunden. Während des Lernprozesses wird die Stärke dieser Verbindungen verändert, bis die Outputschicht die korrekte Antwort auf die Frage gibt, die man der Maschine durch die Inputschicht gestellt hat.

»Wissen« wird auf diese Weise letztlich in einem diffusen Muster von Verbindungen gespeichert, die über das gesamte Netzwerk verteilt sein können, während ein gewöhnlicher Computer Daten an bestimmten lokalen Adressen im Speicher ablegt. Dies verleiht dem Netzwerk ungewöhnliche »holistische« Eigenschaften; es kann von bekannten auf unbekannte Muster schließen, mit unvollständigen Daten arbeiten und anhand von Teilen eines Musters größere Strukturen wiedererkennen. Außerdem ist es unempfindlich gegen kleine Fehler.

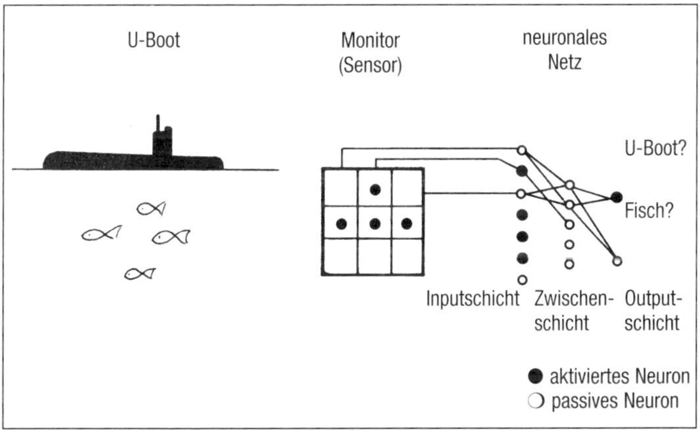

Ein neuronales Netz hat hier die Aufgabe, zwischen U-Booten und anderen unter der Wasseroberfläche befindlichen Objekten zu unterscheiden. Eine Fernsehkamera registriert den Gegenstand, der auf einem Monitor in Form schwarzer Bildpunkte wiedergegeben wird. Jeder dieser Punkte löst die Aktivierung eines Neurons in der ersten Schicht des Netzes aus, das den Impuls an die Zwischenschicht und die Outputschicht weitergibt. Durch Training werden die Verbindungen zwischen den Neuronen so justiert, daß das Netz lernt, als Reaktion auf viele verschiedene Bilder von U-Booten auf dem Fernsehschirm das »U-Boot-Neuron« in der Outputschicht zu aktivieren.

Man hat neuronale Netze darauf trainiert, Handschriften zu erkennen, die Kreditwürdigkeit von Darlehensempfängern zu bewerten, durch Sonarsignale U-Boote von Fischschwärmen zu unterscheiden, einen englischen Text laut zu lesen, Wörter bei Zeilenwechsel zu trennen und andere Aufgaben auszuführen, für die sich Regeln nur schwer oder gar nicht formulieren lassen.
Ein neuronales Netz simuliert damit Aspekte der menschlichen Intelligenz, was ein traditioneller Computer nicht kann. Dies hat einzelne Forscher zu der Behauptung veranlaßt, neuronale Netze besäßen Intuition.

Siehe auch: →Konnektionismus, →PDP-Theorien, →Zellverband, →Engramm, →künstliche Intelligenz

Literatur: Brunak und Lautrup (1993), Allman (1993), Brause (1991), Lossau (1992)

Neuronentheorie *(Hirnforschung).* Die von dem spanischen Neuroanatomen Satiago Ramón y Cajal 1889 begründete Theorie, daß das Nervensystem aus voneinander getrennten Neuronen (Nervenzellen) besteht.
Die Neuronentheorie wurde als Gegenstück zur sogenannten Retikulartheorie (Netztheorie) konzipiert, deren Verfechter der italienische Arzt Camillo Golgi war. Die Retikulartheorie behauptet, daß das Nervensystem aus Zellen aufgebaut ist, die anatomisch in einem großen Netz zusammenhängen, ähnlich wie die Fäden in einem Gewebe. Dadurch könnten sich Nervenimpulse ungehindert durch das gesamte Nervensystem fortpflanzen.
Auf der Grundlage sehr genauer Zeichnungen von Nervenbahnen in der Netzhaut des Auges (und des visuellen Systems) bewies Cajal, daß das Nervensystem aus selbständigen Zellen besteht. Ein Neuron besitzt meist mehrere Verzweigungen. An den sogenannten Dendriten enden Fasern von anderen Neuronen. Das Axon leitet die elektrische Aktivität auf andere Neuronen bzw. Muskel oder Drüsen weiter. Das einzelne Neuron ist kein Transportkanal, sondern es produziert aktiv den elektrischen Nervenimpuls, wenn durch Verschiebung des Membranpoten-

tials die Schwelle für die Auslösung eines Ionenstroms überschritten wurde.
Der Transport des elektrischen Impulses von einem Neuron zu einem anderen geschieht im Raum zwischen den Neuronen (der Synapse) auf chemische Weise mit Hilfe der sogenannten Transmittersubstanzen.
Die Neuronentheorie wurde erst mit Hilfe des Elekronenmikroskopes endgültig bewiesen. Heute stellt sie den unumstrittenen Ausgangspunkt für die Erforschung des Gehirns dar. Sie ist ebenfalls der Hintergund für neuere Computermodelle, z.B. neuronale Netze (die also nicht auf Golgis Netztheorie aufbauen).

Siehe auch: →Neurotransmitter, →Synapse, →neuronales Netz, →Zellverband

Literatur: Allman (1993)

Neurotransmitter *(Hirnforschung).* Signalstoff, der die Übertragung eines elektrischen Nervenimpulses von einem Neuron zu anderen Neuronen besorgt.
Diese chemische Übertragung wird über Synapsen, kleine Zwischenräume zwischen den Neuronen, vermittelt. Wird eine bestimmte Schwellenspannung im Axon (Fortsatz des Neurons) durch einlaufende Aktionspotentiale (depolarisierende Spannungsänderungen) erreicht, so wird der Neurotransmitter freigesetzt und diffundiert über den synaptischen Spalt auf das nächste Neuron. Auf diesem Neuron werden Transmitter verschiedener Neuronen wirksam. Es hängt von der Kombination erregender und hemmender Transmitter ab, ob in diesem Neuron wieder ein Aktionspotential ausgelöst und die Information weitergeleitet wird.
Psychopharmaka beeinflussen das Nervensystem, indem sie die Wirkmechanismen von Transmittern verändern. Beispielsweise wirken Psychopharmaka gegen Depression, indem sie die Wiederaufnahme von Transmittern in die Nervenendigungen, aus denen sie freigesetzt wurden, hemmen oder wie die Beruhigungsmittel (z.B. Benzodiazepine wie Valium) die durch den

hemmend wirkenden Transmitter γ-amino-buttersäure (GABA) ausgelösten Hemmechanismen verstärken.
Ein Nachteil der Psychopharmaka ist mit der Tatsache verbunden, daß die Freigabe von Transmittern unspezifisch wirkt, d.h. daß sie große Teile des Gehirns beeinflussen.
Siehe auch: →Endorphin, →Psychoneuroimmunologie, →Neuronentheorie, →Synapse

nicht-euklidische Geometrie *(Mathematik).* Eine Geometrie, die von der klassischen, um 300 v. Chr. von dem Griechen Euklid systematisierten Geometrie u.a. dadurch abweicht, daß sie verschieden »gekrümmte« Räume einführt.
Euklid systematisierte die Geometrie in so hohem Maße, daß sie viele Jahrhunderte lang das Ideal dafür darstellte, wie Mathematik und häufig auch alle anderen Wissenschaften aufgebaut werden sollten. Von den Pythagoräern übernahm Euklid die Vorstellung, daß eine Wissenschaft axiomatisch aufgebaut sein sollte, d.h. daß sie sich auf wenige nicht bewiesene, aber einleuchtende Grundsätze gründen müsse, aus denen man ihre übrigen Aussagen logisch erschließen kann.
Bis zum 19. Jahrhundert herrschte kein Zweifel an der absoluten Wahrheit der euklidischen Geometrie, doch dann legten mehrere Geometriker alternative Systeme vor, die sogenannten nicht-euklidischen Geometrien.
Das Problem bestand in der Vorstellung vom einleuchtenden Charakter der Axiome. Allmählich war deutlich geworden, daß Euklids am wenigsten einleuchtendes Axiom, das sogenannte Parallelaxiom (wenn man einen Punkt und eine Linie hat, kann man durch den Punkt eine und nur eine Linie zeichnen, die parallel zur ersten ist) genau dasselbe besagte wie die Aussage, daß die Winkelsumme eines Dreiecks 180 Grad beträgt – was als eine nicht-intuitive einleuchtende Aussage betrachtet wurde, die einen Beweis erforderte.
Mehrere Mathematiker bezweifelten daher den einleuchtenden Charakter des Parallelaxioms, und eine Möglichkeit bestand da-

rin, das Parallelaxiom durch andere Axiome zu ersetzen. Man könnte sich z.B. vorstellen, daß man durch den Punkt keine parallelen Linien zeichnen kann, oder alternativ, daß man unendlich viele Linien durch den Punkt zeichnen kann – und diese beiden Wahlmöglichkeiten führen zu verschiedenen Geometrien, die nach ihren Urhebern als Riemann- bzw. Lobachevskij-Geometrien bezeichnet werden. Man nennt sie auch elliptische bzw. hyperbolische Geometrien; bei ihnen ist die Winkelsumme des Dreiecks größer bzw. kleiner als 180 Grad. Die erste entspricht der Geometrie auf der Oberfläche einer Kugel, die zweite der Geometrie auf der Oberfläche eines Sattels.

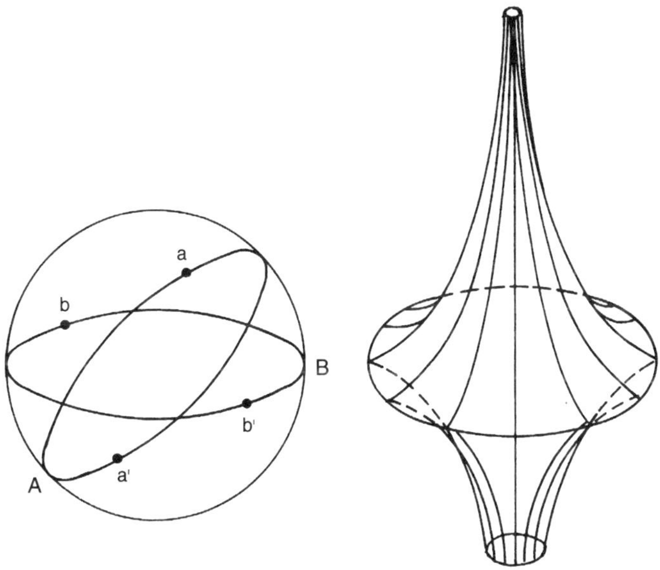

Die elliptische und die hyperbolische Geometrie können mit der Geometrie auf der Oberfläche einer Kugel bzw. einer sogenannten Pseudo-Kugel verglichen werden. Auf der Kugel wird »gerade Linie« als »Großkreis« gedeutet (er hat den gleichen Durchmesser wie die Kugel), und dann gilt, daß keine parallele Linie zu einer gegebenen parallelen Linie existiert; alle Großkreise schneiden einander. Auf der Pseudo-Kugel gilt umgekehrt, daß es zu jeder geraden Linie (definiert als der kürzeste Abstand zwischen zwei Punkten) unendlich viele parallele Linien durch einen gegebenen Punkt gibt.

Vor diesem Hintergrund sind alternative Räume in der Physik auf verschiedene Weisen benutzt worden. Beispielsweise haben Kosmologen erwogen, ob der Weltraum ein Riemann- oder Lobachevskij-Raum sein könne, nur in einem so großen Maßstab, daß der Raum lokal überall euklidisch ist; kleine Teile eines Sattels sind annähernd eine Fläche. Diese Räume benutzte Einstein für die Vorstellung der allgemeinen Relativitätstheorie, daß die Schwerkraft den Raum deformiert, so daß er sich krümmt.
Die herausragende Bedeutung der nicht-euklidischen Geometrien ist in ihrem philosophischen Einfluß zu sehen. Als man die euklidische Geometrie in Frage stellen konnte, entwickelte sich die Mathematik von einer Systematisierung ewiger Wahrheiten zu einem formalen Spiel, das man mit verschiedenen Axiomsystemen spielen kann. Daher führten die nicht-euklidischen Geometrien zur Grundlagenkrise der Mathematik um die Jahrhundertwende, und sie waren Auslöser dafür, daß Beweistheorie, Formalismen, Algorithmen, Algebra usw. in der Mathematik grundsätzlich von den Phänomenen getrennt wurden, von denen die Formalismen »handeln« (Geometrie, Topologie, Arithmetik usw.), so daß man die axiomatischen Systeme ohne Rücksicht auf ihren eventuellen Inhalt behandeln konnte, der auf der anderen Seite von einer Deutung abhing. Dabei handelt es sich um eine Trennung, die noch heute in der Logik und der Informatik als Unterschied zwischen Syntax und Semantik zu erkennen ist.

Siehe auch: →Grundlagenkrise, →Kosmologie, →Formalisierung, →Relativitätstheorie

Literatur: Husserl (1983), Dantzig (1930)

nicht-linear *(Mathematik, Physik)*. Eine Eigenschaft einer besonderen Klasse von schwer lösbaren Gleichungen, die physikalische Phänomene beschreiben, bei denen – vereinfacht gesagt – eine kleine Ursache eine große Wirkung haben kann.
Die Bezeichnung wurde kontrastierend zu der besonderen Bedeutung von »linear« gebildet und bezieht sich nicht auf eine Alternative zum »linearen« Denken, wie etwa zirkulär oder spiral-

förmig. Sie betrifft Gleichungen, bei denen eine Operation auf der Summe von zwei Funktionen gleichbedeutend ist mit der Summe derselben Operation auf den beiden Funktionen einzeln. Phänomene wie Elastizität, Schwingungen und Wellenbewegungen sind traditionell als linear betrachtet worden: Verschiedene Wellen beeinflussen einen Korkpfropfen im Wasser mit einem Gesamteffekt, der die Summe des Einflusses der einzelnen Wellen ist. Dieses »Superpositionsprinzip« gilt z.B. nicht für sehr intensive Lichtwellen, wie sie z.B. von der nicht-linearen Optik untersucht werden.

»Nicht-linear« ist somit eine rein negative Bestimmung; sie betrifft lediglich Gleichungen, bei denen das Superpositionsprinzip nicht gilt. Es ist daher strenggenommen falsch, das Nicht-lineare als eine besondere Klasse zu betrachten. Die Zahl der nicht-linearen Probleme und Gleichungen ist größer als die der linearen, und die Einteilung ist mit einer Klassifikation von Tieren in Elefanten und Nicht-Elefanten verglichen worden. Es ist eher so, daß die Linearität die Ausnahme darstellt; dies war nur schwer zu begreifen, da die klassische Vorstellung – bis hin zu Poincaré Ende des 19. Jahrhunderts – davon ausging, daß alle Probleme grundsätzlich auf lineare zurückgeführt werden können (sollten).

Da Linearität die Ausnahme ist, stehen Mathematik und Physik vor einer enormen Aufgabe: Nicht-lineare Probleme sind meistens schwieriger zu lösen als lineare. Mathematisch kann man versuchen, die nicht-linearen Fälle anzugehen, indem man mit partiellen Differentialgleichungen oder Differenzengleichungen Näherungslösungen für die fundamentalere mikroskopische Dynamik sucht. Physikalisch handelt es sich bei nicht-linearen Systemen um solche, bei denen eine Veränderung einer Variable nicht zu einer proportionalen Veränderung anderer Variablen führt: Eine Abweichung kann vergleichsweise dazu führen, daß bereits wenige Investoren einen Börsensturz auslösen.

Siehe auch: →Chaos, →Übergang zum Chaos, →Attraktor, →Katastrophentheorie, →Bifurkation

Literatur: Jackson (1989f.), Briggs und Peat (1990)

Nichtberechenbarkeit *(Mathematik, Informatik).* Bezeichnet in der Mathematik und der Naturwissenschaft bestimmte Grenzen für die Berechnung oder Vorhersage der Entwicklung eines Systems oder die Lösung eines Problems.

Die Grenzen der Berechenbarkeit sind ein Ausdruck des allgemeinen Phänomens, daß unsere Erkenntnis immer von begrenztem und vorläufigem Charakter ist – was ihren Wert als Erkenntnis nicht aufhebt. Einsicht in die verschiedenen Arten von Grenzen für die Berechenbarkeit enthält in sich selbst Erkenntnis.

1. Die Berechenbarkeit eines bestimmten Systems wird häufig durch Unkenntnis der Gesetze, denen seine Entwicklung unterliegt, und von unzureichenden Daten über seinen aktuellen Zustand begrenzt. Große komplexe Systeme wie der Gesamtverlauf der biologischen Evolution sind beispielsweise nicht berechenbar, u.a. weil noch keine einheitliche Theorie über die Entwicklung neuer Gene und neuer Arten sowie über das Zusammenspiel zwischen Ökologie und Evolution existiert. Man kann jedoch vereinfachte Modelle des Evolutionsverlaufs herstellen, indem man einen Computer eine mathematische Beschreibung einzelner Aspekte berechnen (simulieren) läßt.
2. Nichtberechenbarkeit kann auf Eigenschaften des Systems zurückgeführt werden, die sich spontan ändern, d.h. nicht nach Regeln, so daß das System im Hinblick auf diese Eigenschaften als nichtdeterministisch beschrieben werden muß.

   (a) Ein Beispiel für einen natürlichen Prozeß, dessen detaillierter Verlauf im Einzelfall nicht vorausberechnet werden kann, ist der radioaktive Zerfall eines individuellen Uraniumatoms. Hier kann eine »Vorhersage« nur eine bestimmte Menge von Atomen und die Wahrscheinlichkeit für den Zerfall betreffen. Wenn die Quantenmechanik in der Form, die wir heute kennen, vollständig ist, ist diese Art von Nichtberechenbarkeit absolut, und in diesem Fall gibt es natürliche Prozesse, die nicht mit einer strikten Notwendigkeit im klassischen Sinne geschehen. Strahlung, die durch den Zerfall individueller Atome entsteht, kann Mutationen in der DNA verursachen, die wiederum zu bleibenden Änderungen in den Funktionen eines Organismus führen können – eine Verbindung zwischen einer physikalischen und einer biologischen Form von Notwendigkeit.

(b) In Systemen, die aufgrund von Reibung Wärme mit der Umgebung austauschen (dissipative Strukturen), sowie bei sich selbst verstärkenden Mechanismen (positive Rückkopplung) können sehr kleine Fluktuationen verstärkt werden und zu beobachtbaren makroskopischen Wirkungen führen.

In den letzten 10–15 Jahren hat man sich besonders für komplexe Systeme interessiert, die aufgrund ihrer mathematischen Eigenschaften nicht berechenbar sind. »Chaotisch«, »irreduzibel« und »nicht simulierbar« sind einige der Bezeichnungen, die man für diese Art von Nichtberechenbarkeit benutzt hat.

3. Nichtberechenbarkeit kann dadurch entstehen, daß die für die Lösung eines Problems bekannten Prozesse die Rechenkapazität von Computern zeitlich (Anzahl der Rechenschritte) oder räumlich (Speicherplatz) überschreiten, obwohl das Problem sowohl wohldefiniert als auch logisch lösbar ist. Ein Beispiel ist das Problem des Handelsreisenden: Welcher Weg zwischen den Städten, die er besuchen soll, ist der kürzeste? Wenn man alle Möglichkeiten erproben und miteinander vergleichen muß, wächst die Zeit, die die Durchführung der Analyse in Anspruch nimmt, unter Umständen ins Unermeßliche. Ein breites Forschungsgebiet mit dem Namen Komplexitätstheorie (oder *computational complexity*, nicht zu verwechseln mit algorithmischer Komplexität) analysiert diese Art von Problemen. Ein neuerer Bereich, informationsbasierte Komplexität, beschäftigt sich vor allem mit den Problemen, bei denen die Information über den Charakter des Problems unvollständig, mit Fehlern behaftet oder mit Unkosten verbunden ist (der Handelsreisende kann es sich nicht leisten, vor der Abfahrt alle möglichen Fahrpläne zu kaufen).

4. Nichtberechenbarkeit kann auf Zufälligkeit im algorithmi-

schen Sinne beruhen (in Verbindung mit formalen Systemen): Wenn T eine formalisierte Ausgabe (in Form von Grundsätzen, abgeleiteten Sätzen und Schlußsätzen) der Zahlentheorie der Mathematik ist, kann sie durch Zahlen codiert werden, die wiederum zu einer sehr großen Zahl verkettet werden können. Durch effektive Codierung kann die Zahl bis zu einer bestimmten Grenze komprimiert werden (bis man einen »minimalen Algorithmus« hat; vgl. algorithmische Komplexität). Die in Bit gemessene Länge dieser Zahl, die das formale System auf kleinstmöglichem Platz beschreibt, nennt man T's Komplexität. Man kann nun zeigen, daß es eine Zahl t gibt, für die man auf T (mit den Mitteln, die T selbst enthält) nicht berechnen kann, ob es eine Zahl gibt, deren Komplexität größer als t ist. Es gibt also eine Grenze für die Komplexität, die wir innerhalb eines bestimmten mathematischen Rahmens bestimmten Objekten zuschreiben können. Der amerikanische Mathematiker Gregory Chaitin, der 1965 diesen Beweis vorlegte, hat später gezeigt, daß es in der Theorie über die ganzen Zahlen Grade von Nichtberechenbarkeit gibt, und er konstruierte selbst eine Zahl, Ω (Omega), die »auf die schlimmste vorstellbare Weise« nicht berechenbar ist und der er in seinen schwachen Momenten fast magische Kräfte zuschrieb.

Siehe auch: →Simulation, →zellulärer Automat, →Unentscheidbarkeit, →Unvorhersagbarkeit, →algorithmische Komplexität, →Problem des Handelsreisenden

Literatur: Pagels (1988), Rucker (1987), Chaitin (1987), Dewdney (1989)

Ökosystem *(Ökologie).* Ein aus den Organismen eines Lebensraums (z. B. See, Wald usw.) im Zusammenspiel mit ihrer physisch-chemischen und biologischen Umgebung bestehendes System (von gr. *oikos:* Haus).

Ökologen versuchen u. a. zu verstehen, warum bestimmte Arten von Pflanzen, Tieren und Mikroorganismen in bestimmten Ökosystemen auftreten. Untersucht wird auch, welche Faktoren das Zusammenspiel der Arten regulieren, die Bedeutung des Kli-

mas, Muster bei aufeinanderfolgenden Pflanzengesellschaften (Sukzessionen), Dynamik von Populationen usw.
Die moderne Ökologie konzentriert sich besonders auf Umweltverschmutzung und den Einfluß des Menschen auf die Ökosysteme der Erde. Man versucht u.a, die Rolle der Vielfalt (Biodiversität), der Statizität, der Stoffkreisläufe und des Energieflusses für das Funktionieren und den Bestand der Ökosysteme als einer Art »Superorganismus« mit vernetzten Beziehungen zu verstehen.

Siehe auch: →Organisationsniveau, →Biodiversität, →Humanökologie, →Gaia-Hypothese, →Biosphäre

Literatur: Eichler (1993), Groombridge (1992)

O

Organisationsniveau *(fachübergreifend).* Daß wir die Welt auf verschiedenen Ebenen beschreiben können, z.B. der physikalischen, der biologischen, der psychischen und der gesellschaftlichen, ist allgemein bekannt. Umstrittener ist die Frage, welchen Status diese Ebenen oder Organisationsniveaus besitzen: Handelt es sich lediglich um etwas, das wir als erkennende Subjekte über die Welt ausbreiten, um diese besser verstehen zu können (d.h. sind die Niveaus epistemologisch), oder sind sie auch ein objektiver Teil der Welt selbst (d.h. sind sie ontologisch)?
Wenn man behauptet, daß das Psychische einem selbständigen Organisationsniveau angehört und nicht mit Hilfe einer Beschreibung des biologischen Gehirns erklärt werden kann, gibt es zwei Möglichkeiten. Entweder können wir die Komplexität, mit der sich die Prozesse im Gehirn abspielen, nicht erkennen und werden sie vielleicht nie erkennen können. In diesem Fall kann man sagen, daß die Psyche einer Ebene für sich angehört, die man nie als direkt vom Gehirn produziert erkennen kann.
Begründet man die Zugehörigkeit der Psyche zu einer selbständigen Ebene dagegen ontologisch, geht es nicht um die Frage, was wir zur Zeit erkennen können, sondern um das ontologische Postulat, daß die Psyche als eine selbständige Existenzform an sich existiert. Und auch als solche wird man sie nicht er-

kenntnismäßig aus einer Beschreibung des Gehirns ableiten können.

Die Frage der Organisationsniveaus hat durch die zahlreichen antireduktionistischen Theorien innerhalb der neuen Wissenschaften neue Aktualität gewonnen.

Siehe auch: →Emergenz, →Reduktionismus, →Randbedingungen, →allgemeine Systemtheorie, →Komplexität, →dissipative Struktur

Literatur: Salthe (1985), Hofstadter (1993)

P

Paradigma *(Philosophie).* Das Verständnis der Wirklichkeit und ihrer Erforschung, das einer Mehrzahl von Forschern einer bestimmten Wissenschaftsdisziplin in einer bestimmten Periode gemeinsam ist (gr. *paradeigma:* Beugungsmuster, Vorbild).

Der Begriff wurde 1962 von dem amerikanischen Wissenschaftshistoriker Thomas Kuhn lanciert. Kuhn setzte sich mit der traditionellen Auffassung auseinander, daß die Wissenschaft durch eine ständige Anhäufung unwiderlegbarer Tatsachen Fortschritte erzielt.

Kuhn vertrat die Auffassung, daß wissenschaftliche Forschung zu jeder Zeit von einem Paradigma gesteuert wird, d.h. einer Gruppe übergeordneter, oft unbewußter Vorstellungen darüber, wie die Wirklichkeit aussieht, welche Probleme man erforschen kann und mit welchen Methoden, was eine Theorie leisten muß usw.

Als Beispiele für wissenschaftliche Disziplinen und Erklärungen, die sich auf eindeutige Paradigmen gründen, nennt man oft die klassische Mechanik, die Quantenphysik, die Evolutionslehre und die auf der Idee der Kontinentalverschiebung basierende Geologie.

Wissenschaftliche Fortschritte können nur im Rahmen des Paradigmas erreicht werden, indem Probleme, die das Paradigma als legitime Forschungsobjekte akzeptiert, in Angriff genommen und aufgeklärt werden.

Doch auf lange Sicht häufen sich sogenannte Anomalien an, die nicht innerhalb des Paradigmas erklärt werden können und daher ignoriert werden. Irgendwann wird dann ein mögliches Paradigma lanciert, das die Anomalien des alten Paradigmas lösen kann. Die Anhänger des alten Paradigmas und die des möglichen neuen Paradigmas haben so unterschiedliche Auffassungen von Wirklichkeit, Wissen und Forschung, daß das neue Paradigma sich normalerweise erst durchsetzt, wenn eine neue Forschergeneration die Vertreter des alten Paradigmas ablöst.

Dieser *Paradigmawechsel* hat den Charakter einer wissenschaftlichen Revolution, da Kompromisse zwischen den beiden Paradigmen nicht möglich sind.

Bestimmte neue Paradigmen inkorporieren die Ergebnisse des alten Paradigmas als Sonderfälle. Beispielsweise enthält die Quantenmechanik die Newtonsche Mechanik, und das neue Kontinentalverschiebungs-Paradigma der Geologie ist umfassender als die ältere Auffassung, die die Kontinente der Erde als statisch betrachtete.

Kuhns Theorie hatte enorme Durchschlagskraft, besonders in der Öffentlichkeit, in der »Paradigma« heute häufig als Synonym von »Weltbild« benutzt wird. In den 80er Jahren entstand die Vorstellung, daß »ein neues Paradigma« dabei sei, sich im allgemeinen wissenschaftlichen Denken und außerdem in der Moral, der Politik und im Umweltbewußtsein durchzusetzen. In streng Kuhnschem Sinne ergibt dies keinen Sinn, da ein Paradigma nur zu einer einzelnen Wissenschaft gehört. Es handelt sich eher um eine Änderung des Weltbilds.

Siehe auch: →Wissenschaftstheorie

Literatur: Kuhn (1973)

PDP-Theorien *(Informatik, Psychologie).* Theorien innerhalb der Kognitionsforschung, deren Vertreter behaupten, daß das Gehirn durch einen sogenannten parallel-distribuierten Prozeß *(parallel distributed processing)* funktioniert. Information, z.B. bei der Muster- und Ähnlichkeitserkennung, wird parallel (nicht seriell oder stückweise und zeitlich nacheinander) behandelt. Die Codierung des Langzeitgedächtnisses beruht auf subsymbo-

lischen Strukturen, die in größeren, aus Nervenzellen bestehenden Netzwerken abgelegt (nicht in einzelnen Nervenzellen lokalisiert) sind.
Der Begriff PDP wurde durch die Arbeiten der amerikanischen Psychologen David Rumelhart und James McClelland Mitte der 80er Jahre bekannt. Die PDP-Theorien bilden die wesentlichste Richtung innerhalb des Konnektionismus.

Siehe auch: →neuronales Netz, →Konnektionismus, →Kognitionsforschung

Literatur: Rumelhardt u. a. (1987)

Penrose-Fliesen *(Mathematik).* Besondere Fliesen, die eine Fläche auf eine regelmäßige und dennoch nicht völlig periodische Weise bedecken (erfunden von dem englischen Mathematiker Roger Penrose).
Das Verlegen von Fliesen (engl. *tilings)* kann als Aufteilung einer Fläche in eine Anzahl regelmäßiger Teilflächen beschrieben werden. Klassische Muster wie das Schachbrett oder die Bienenwabe teilen die Fläche in Vier- bzw. Sechsecke auf, doch auch viele andere Kombinationen von Polygonen (Vielecken) sind möglich. Die meisten dieser Kombinationen scheinen regelmäßig zu sein, so daß das Muster, das die Fliesen bilden, sich über größere Strecken hinweg wiederholt.
Charakteristisch für Penrose-Fliesen ist jedoch, daß sie keine solche Regelmäßigkeit aufweisen, obwohl sie aus ganz wenigen Elementen aufgebaut sind; sie sind nur quasi-periodisch.
Eine physikalische Realisierung dieses mathematischen Problems glaubt Penrose in bestimmten natürlich vorkommenden, quasi-periodischen Kristallen finden zu können. Er betrachtet dies als Zeichen für eine entscheidende Nicht-Lokalität im Prozeß, weil man fragen muß, wie ein weit entferntes Atom in einem Kristallgitter, das noch nicht gebildet ist, »wissen« kann, wo es sich aufhalten soll, wenn der Kristall gebildet wird.
Diese Nicht-Lokalität betrachtet Penrose als einen quantenmechanischen Faktor im Kristallisationsprozeß; er vermutet, daß

die quantenmechanische Wellenfunktion die mögliche Plazierung der Teilchen aussucht, und ihr Zusammenbruch muß dann konkret als der »Beschluß« gedeutet werden, der über die Plazierung der Teilchen entscheidet. Penroses Idee stellt damit eine Kritik jener Tradition der Quantenmechanik dar, die den Zusammenbruch der Wellenfunktion als etwas betrachtet, das mit der Beobachtungssituation verbunden ist. Nach seiner Auffassung handelt es sich um einen tatsächlich existierenden Prozeß, für den eine theoretische Erklärung noch fehlt.

Siehe auch: →Quantenmechanik, →Wellenfunktion

Literatur: Penrose (1991)

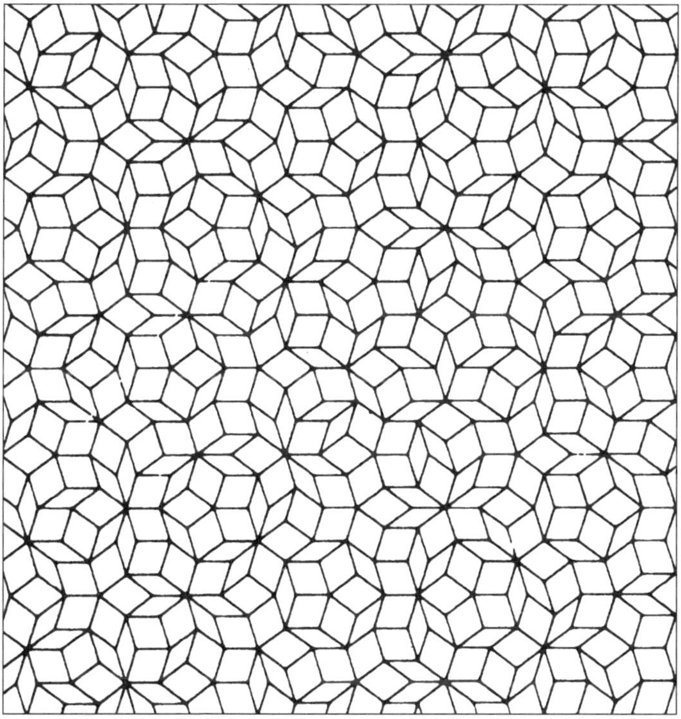

Eine Penrose-Fliesenverlegung, die aus zwei einfachen Elementen besteht, dünnen bzw. dicken Rhomben. Ein großer Ausschnitt der Fliesenverlegung zeigt deutlich, daß sie aperiodisch ist.

Phasenraum *(Physik, Mathematik)*. Ein abstrakter Raum, der zur Abbildung eines komplizierten Systems und zur Berechnung seiner Entwicklung dient.

Die Motivation für die Entwicklung des Begriffs ist in thermodynamischen Problemen mit einer großen Zahl sich gegenseitig beeinflussender Elemente (z. B. Molekülen in einem Gas) zu suchen, bei denen eine vollständige numerische Beschreibung des Systems nicht möglich ist. Man kann statt dessen einen Raum aufstellen, der eine Dimension für jede Variable des Systems enthält.

Wenn es sich um ein Gas handelt, hat jedes Molekül sechs Variablen (weil sein Ort und seine Geschwindigkeit im dreidimensionalen Raum jeweils mit drei Zahlen beschrieben werden müssen). Der betreffende Phasenraum erhält dann sechsmal mehr Dimensionen, als es Moleküle gibt. Er ist unübersichtlich, besitzt dafür aber einige einfache Eigenschaften. Jeder Punkt in diesem Raum entspricht einem Zustand des gesamten Systems, und die Entwicklung des gesamten Systems läßt sich als eine einzelne, ununterbrochene Linie einzeichnen. In vielen Fällen kann man diesen komplizierten Phasenraum auf einen wesentlich einfacheren Raum, der oft als Zustandsraum bezeichnet wird, projizieren. Dieser ist durch statistische, meßbare Eigenschaften des Systems (wie Druck, Temperatur usw.) definiert. In dieser Form wurde der Phasenraum zur Schematisierung von Phasenübergängen in der Thermodynamik benutzt.

Daß der Phasenraum den Charakter einer qualitativen Beschreibung hat, rief in verschiedenen Teildisziplinen der »neuen Wissenschaften« erneutes Interesse hervor, weil er einen anschaulichen Vorstellungsrahmen für komplexe Systeme liefert. Wenn ein System beispielsweise in einem Gebiet des Phasenraums einen Attraktor besitzt, der ein großes Gebiet beherrscht, ist es stabil und dissipativ. Anderswo im Phasenraum kann es einen Staub aus winzigen Attraktoren aufweisen, so daß das System durch einen sehr kleinen Anstoß seinen Zustand verändern kann. Die zwischen diesen Extremen liegende Möglichkeit –

mehrere relativ stabile Zustände – bilden dann ein Gebiet, in dem das System nach einer größeren Beeinflussung seinen Charakter verändern kann.

Siehe auch: →Chaos, →Katastrophentheorie, →Komplexität, →Attraktor, →Phasenübergang

Literatur: Gleick (1990), Penrose (1991), Waldrop (1993)

Phasenübergang *(Physik).* Die Veränderung der Materie von einer Zustandsform zu einer anderen, z. B. Verdampfung, Schmelzen und Gerinnung.

Der Begriff bezeichnet eines der ganz großen Probleme der Thermodynamik: Wie kann es sein, daß eine kontinuierliche Veränderung der Temperatur einer Menge von Mikropartikeln dazu führt, daß deren Verhalten auf dem Makroniveau sich abrupt (und nicht kontinuierlich) verändert? Der Übergang hat den Charakter einer Singularität und einer Katastrophe und ist im wesentlichen noch nicht erklärt. Einer der größten Fortschritte in neuerer Zeit ist die Anwendung der sogenannten Renormierung bei der Beschreibung der Phasenübergänge.

Daß Phasenübergänge auf dem Mikroniveau den Charakter eines kontinuierlichen Prozesses, auf dem Makroniveau aber den Charakter eines diskontinuierlichen Prozesses haben, hat dazu geführt, daß man sie als emergent deutet. So wurden Phasenübergänge zu einem allgemeinen Verständnismuster für eine ganze Reihe ähnlicher Prozesse, z. B. Magnetisierung und Entmagnetisierung von Eisen (dabei handelt es sich um eine Menge kleiner Teilbereiche mit einem koordinierten Verhalten), das Verhalten des Universums kurze Zeit nach dem Urknall (das vielleicht als eine Art von »Kochen« beschrieben werden kann) und Veränderungen bei Verständnismustern neuronaler Netze, die ein einzelnes Verständnis »herauskristallisieren« können, ganz zu schweigen von sozialen und wirtschaftlichen Prozessen wie Aufständen und Börsenstürzen, die als eine kochende Masse gedeutet werden können.

In dieser allgemeineren Bedeutung ist das Wort zu einem zentralen Begriff für die neueste Erforschung von Komplexität geworden.

Siehe auch: →Emergenz, →Katastrophentheorie, →Komplexität, →Phasenraum, →Thermodynamik, →neuronales Netz, →Urknall, →Renormierung

Literatur: Waldrop (1993)

Planckzeit *(Quantenphysik)*. Ein Zeitraum der Größenordnung 10^{-43} Sekunden: die vermutete untere Grenze für eine kontinuierliche Zeitauffassung (benannt nach dem deutschen Physiker Max Planck, der das kleinste »Energiepaket« der Natur, das Quant, entdeckte).

Jede Messung von Zeit beinhaltet eine Wechselwirkung zwischen einem Beobachter und einem beobachteten System. Die Energie, die bei dieser Wechselwirkung ausgetauscht wird, tritt laut der Quantentheorie »körnig« auf, d.h. in separaten Paketen, die man Quanten nennt. Der Meßwert »Zeitraum« muß daher auch in einer bestimmten kleinsten Menge auftreten. Diese läßt sich berechnen als ca. $6{,}3 \times 10^{-43}$ Sekunden, die sogenannte Planckzeit. Für Zeiträume, die kürzer sind als die Planckzeit, gelten die bekannten physikalischen Gesetze nicht.

In den modernen Theorien über das allerfrüheste Universum bildet das unfaßbar kleine Zeitintervall, das mit dem eigentlichen Erschaffungsereignis beginnt und eine Planckzeit dauert, die sogenannte Planckära, die von den existierenden physikalischen Gesetzen nicht beschrieben werden kann, während das Universum nach der Planckära vermutlich von sogenannten vereinheitlichten Theorien beschrieben werden kann. Es ist allerdings noch nicht gelungen, eine zufriedenstellende vereinheitlichte Theorie aufzustellen, die auch die Gravitation – die während der Planckära dominierende Wechselwirkung des Universums – umfaßt.

Siehe auch: →Quantentheorie, →Große vereinheitlichte Theorien

Literatur: Gribbin und Rees (1991)

Poincaré-Schnitt *(Mathematik, Physik)*. Ende des 20. Jahrhunderts von dem französischen Mathematiker Henri Poincaré entdeckte Methode zur Darstellung der Entwicklung eines komplizierten Systems.

Die Methode geht von der Abbildung des Systems im Phasenraum aus. Wenn man aus praktischen Gründen daran gehindert ist, den gesamten Phasenraum darzustellen, kann man einen zweidimensionalen Schnitt anlegen, eine Fläche, die quer zu den Bahnen des Systems verläuft.

Wenn man nun das System an einem Punkt in der Fläche beginnen läßt, kann man darin einzeichnen, wo die »Lebenslinie« des Systems die Fläche das nächste Mal kreuzt, und während dies

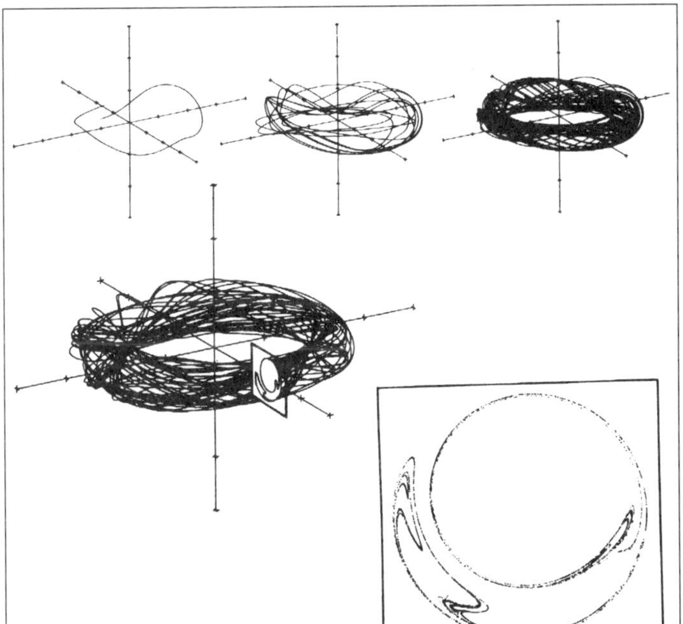

Ein Poincaré-Schnitt, der die innere Struktur eines »seltsamen Attraktors« darstellt. Man verliert den Überblick über das globale Aussehen des Attraktors (oben), gewinnt dafür aber Einsicht, wie mehr oder weniger stabile Lösungen sich auf einem lokalen Teil des Attraktors verteilen.

sich allmählich wiederholt, erhält man eine Karte, die ein Muster für das Verhalten des Systems im betreffenden Gebiet zeigt.
Die Punkte im Poincaré-Schnitt nähern sich dem Attraktor des betreffenden Systems, und auf der Grundlage des Schnittes kann man beurteilen, ob die Reihenfolge von Punkten sich einem Punkt nähert (was einem einfachen Zyklus entspricht), ob die Punkte periodisch zwischen zwei oder mehreren Attraktoren im Schnitt wechseln oder ob sie sich in Richung auf das komplizierte Muster eines fraktalen Attraktors bewegen.

Siehe auch: →Phasenraum, →Attraktor, →Fraktal, →Chaos

Literatur: Gleick (1990), Davies (1991)

Problem des Handelsreisenden *(Informatik, künstliche Intelligenz).* Ein Handelsreisender soll eine Reihe von Städten besuchen. Welcher Weg ist am kürzesten?
Dieses scheinbar einfache Problem hat in der Informatik einen besonderen Stellenwert bekommen, da seine Lösbarkeit speziellen Bedingungen unterworfen zu sein scheint, die es mit einer ganzen Reihe anderer Probleme gemeinsam hat, den sogenannten »NP-kompletten Problemen«.
Das Problem ist nicht die Lösbarkeit an sich, sondern die »Behandelbarkeit«. Das Problem des Handelsreisenden ist einfach zu lösen: Man rechnet die Länge aller möglichen Wege aus, vergleicht sie miteinander und stellt fest, welcher der kürzeste ist. Problematisch ist, daß die Anzahl zu vergleichender Wege in beunruhigendem Maße wächst, wenn es sich um viele Städte handelt; tatsächlich wächst die Anzahl denkbarer Wege exponentiell zur Anzahl der Städte. Das hinter dem Problem des Handelsreisenden liegende informatische Problem lautet nun: Gibt es einen Algorithmus, eine Rechenvorschrift, die es ermöglicht, die Berechnung so abzukürzen, daß man um die langwierige Aufzählung aller Wege herumkommt? In der Informatik entspricht dies der Frage, ob ein lösbares Problem auch »behandelbar« *(»tractable«)* ist, d.h. mit Hilfe eines effektiven Algorithmus in endlicher Zeit praktisch behandelt werden kann. Der amerikanische

Computerforscher Cook zeigte 1970, daß das Problem des Handelsreisenden genau wie eine ganze Reihe anderer Probleme (z. B. das Problem, ob man aus einer bestimmten Menge von Bauklötzen zwei gleich hohe Türme bauen kann) zum sogenannten Erfüllbarkeitsproblem der Logik transformiert werden kann, das darauf abzielt, Wahrheitsbedingungen für die einzelnen Glieder einer Aussage zu finden, so daß die gesamte Aussage wahr wird. Wenn man dies schnell, durch einen einfachen Algorithmus, lösen kann, sind auch alle anderen Probleme lösbar.
»Cooks Theorem« behauptet, daß dies nicht der Fall ist; Probleme dieser Art erfordern exponentiell wachsende Berechnungszeit, wobei die Zeit also proportional zu x^n wächst. n ist die Länge des Problems, ausgedrückt in Bits.
Alle diese Probleme kann man allerdings behandeln, indem man sie zu ja/nein-Fragen verändert (z. B. »Kann der Handelsreisende sich mit einem Weg begnügen, der kürzer ist als 42 Kilometer?«), die sogenannte »NP«-Probleme darstellen (NP = *nondeterministic polynomial time)* – was bedeutet, daß sie von einem nichtdeterministischen Computer, d. h. einem Computer, der die Antwort errät, innerhalb polynomial anwachsender Zeit gelöst werden können, einer Periode, die proportional zu x^n ist, wobei n die Länge des Problems ist, ausgedrückt in Bits. Man kann dann den Computer dazu bringen, verschiedene Vorschläge zu liefern, die allmählich das Ergebnis einkreisen, doch insgesamt dauert die Berechnung des gesamten Problems des Handelsreisenden dennoch sehr lang. Der Unterschied zwischen einem Problem, das nur lösbar ist, und einem Problem, das lösbar und behandelbar ist, entspricht also dem Gegensatz zwischen exponentieller und polynomialer Zeit.
Es ist (noch) nicht bewiesen, daß diese »NP«-Probleme nicht zu »P«-Problemen transformiert werden können (die in polynomialer Zeit durch einen deterministischen Computer lösbar sind, also durch einen genauen Algorithmus und nicht durch ja/nein-Fragen), doch alles deutet darauf hin, daß dies nicht der Fall ist, so daß das Problem des Handelsreisenden und ver-

wandte Probleme eine Grenze dafür darstellen, was man mit Hilfe von schnellen Algorithmen behandeln kann.

Siehe auch: →Turingmaschine, →Churchs These, →Halte-Problem, →künstliche Intelligenz

Literatur: Dewdney (1989), Davis und Weyuker (1994)

Prototyp *(Kognitionsforschung)*. Ein Mitglied einer Klasse von Elementen, das typischer ist als die meisten anderen Vertreter einer Klasse. Der Prototyp enthält relevante Anteile an der Gesamtbedeutung von sprachlichen Ausdrücken.

Der Begriff erhielt seine zentrale Bedeutung in den sprachpsychologischen Tests der amerikanischen Psychologin Eleanor Rosch, die davon ausging, daß jeder Mensch eine prototypische Vorstellung von bestimmten Objekten hat. Empirisch wurde festgestellt, daß im Rahmen von mentalen wie sprachlichen Kategorisierungen Prototypen entwickelt werden.

Beispielsweise werden Spatzen und Amseln von den meisten Menschen als typische Vögel betrachtet, während Pinguine und gebratene Enten als weniger typisch angesehen werden.

Dieses Ergebnis widerspricht z. B. dem Aristotelischen Kategoriensystem, das ein Symbol als etwas versteht, das in gleichem Maße auf alle Gegenstände hinweist, die es umfaßt. Roschs empirische Studien bilden die Grundlage für zahlreiche Theorien innerhalb der kognitiven Semantik und allgemein für Studien von Wissensrepräsentation innerhalb der Kognitionsforschung.

Siehe auch: →kognitive Semantik, →Kognitionsforschung, →Kategorisierung

Literatur: Rosch (1978), Lakoff (1987)

Psychoneuroimmunologie *(Medizin; abgekürzt: PNI)*. Das Studium des Zusammenhangs psychischer Zustände mit der Immunabwehr und dem Gehirn.

PNI ist die moderne Bezeichnung für ein Forschungsgebiet, das früher innerhalb von Psychologie, Medizin und biologischer Psychiatrie angesiedelt war. Sie umfaßt das Zusammenspiel zwi-

schen den vier komplexesten Steuerungssystemen des Organismus – der Psyche, dem Nervensystem, der Immunabwehr und dem Hormonsystem.
Die Forschung der letzten 20 bis 30 Jahre hat gezeigt, daß es sich beim Immunsystem um ein komplexes, in verschiedener Hinsicht mit dem Nervensystem vergleichbares System handelt. Es registriert Umwelteinflüsse und setzt entsprechende zielgerichtete Reaktionen in Gang, da es die Fähigkeit hat, »sich zu erinnern«. So werden z.B. Abwehrstoffe rascher produziert, wenn sie erneut angefordert werden.
Zwischen Gehirn und immunregulatorischen Prozessen gibt es einen wechselseitigen Informationsaustausch. Die Botschaften werden durch Nervenimpulse und durch immunologische Stimuli, wie z.B. Bakterien, Pilze, Viren und Proteine, vermittelt. Bereits in den 30er Jahren wurde deutlich, daß Zusammenhänge zwischen Gefühlszuständen (Angst, Aggression) und den Streßhormonen (u.a. Cortisol) sowie zwischen psychisch bedingten Streßzuständen und bestimmten somatischen Krankheiten (Magengeschwür, erhöhter Blutdruck, Asthma) existieren. Die Psychoneuroimmunologie hat die Forschung auf zahlreiche andere Krankheiten und die entsprechenden Abwehrprozesse des Organismus ausgedehnt.
Streß erhöht nach Ansicht vieler Forscher die Anfälligkeit gegenüber Infektionskrankheiten; eventuell spielt er auch bei vielen anderen Krankheiten eine wichtige Rolle. Es wurde sogar vermutet, daß ein Zusammenhang zwischen der Anfälligkeit für Krebs und passivem psychischen Streß besteht. Gezeigt werden konnte allerdings nur, daß eine positive Einstellung lebensverlängernd wirkt.
Literatur: Kaschka und Aschauer (1990)

Quantenchaos *(Physik)*. Chaotische Zustände in quantenmechanischen Systemen; diese Zustände sind Gegenstand theoretischer Diskussionen, jedoch noch nicht empirisch nachgewiesen.
Chaos entsteht, einfach formuliert, wo kleine Ursachen große

Wirkungen haben können. Doch in der Quantenwelt ergibt der Begriff »kleine Ursache« möglicherweise keinen Sinn, da jede wechselseitige Beeinflussung und Energieübertragung durch den Austausch von mindestens einem Wirkungsquantum, dessen Größe endlich ist, geschieht. Noch heute wird daher diskutiert, ob das Phänomen Quantenchaos überhaupt existiert; überzeugende Beispiele dafür sind nicht bekannt.

Faßt man das Wort Chaos als synonym mit Zufälligkeit auf, sollte man nach der obigen Definition und einer Vorstellung über die Allgegenwärtigkeit des Chaos erwarten, daß Quantenchaos die Bedeutung »besonders chaotisches Chaos« hätte – Chaos im gewöhnlichen Sinne, verstärkt durch den quantenmechanischen Systemen inhärenten Mangel an Determinismus.

Dies ist nicht unbedingt der Fall. Ganz im Gegenteil hat es sich als unmöglich erwiesen, die Regeln für die Entwicklung makroskopischer Systeme zum Chaos hin so auf die Quantenphysik zu übertragen, daß sie auch dort gelten. Es scheint sich vielmehr so zu verhalten, als ob man den klassischen Determinismus wiederfände!

Der Begriff Quantenchaos hat daher heute einen sehr diffusen Status, und manche Forscher meinen, daß es überhaupt keine zufriedenstellende Definition des Themas gibt.

Siehe auch: →Chaos, →Quantentheorie

Literatur: Berry (1991)

Quantenchromodynamik *(Physik)*. Die grundlegende Theorie der starken Kernkräfte – die Kräfte, die Protonen in einem Atomkern zusammenhalten, obwohl sie sich gegenseitig elektrisch abstoßen.

Das Vorbild der Quantenchromodynamik ist die Quantenelektrodynamik, die etwa 40 Jahre ältere und bekannte Quantentheorie zum Elektromagnetismus. Während in der älteren Theorie nur zwei Typen von Ladung auftreten, nämlich positiv und negativ, hat man in der neuen Theorie eine Dreiteilung, für die man willkürlich die Bezeichnungen rot, grün und blau eingeführt hat (was nichts mit Farbe im gewöhnlichen Sinn des Wortes zu tun hat). Dies erklärt das Wort »chromo« (gr. *chroma:* Farbe) im Namen der Theorie, die nach ihren englischen Anfangsbuchstaben auch als QCD bezeichnet wird.

Die Quantenchromodynamik geht davon aus, daß Elementarteilchen wie Protonen und Neutronen aus drei kleineren Teilchen bestehen, den sogenannten Quarks, zu deren Eigenschaften »Farbe« zählt. Jede Farbe hat außerdem ihre »Antifarbe«. Quarks können nicht selbständig existieren, sondern nur zusammen mit anderen, und eine der Regeln für die Kombination von Quarks zu beobachtbaren Teilchen ist, daß die Zusammensetzung »weiß« sein muß, d.h. daß die Farben Rot, Grün und Blau immer gleich stark vertreten sein müssen oder daß jede Farbe von ihrer Antifarbe begleitet werden muß.

Die Theorie beschreibt die Wechselwirkungen zwischen den verschiedenen Arten von Quarks als einen Austausch von »Gluonen«, den »Trägern« oder Wechselwirkungsteilchen der starken Kernkraft. Die Theorie verlangt sechs Typen von Quarks und acht Typen von Gluonen (außer deren Antiteilchen).

Die Quantenchromodynamik ist ein Beispiel für eine um den Begriff Eichsymmetrie aufgebaute Theorie. Sie ist der Hauptbestandteil der heute akzeptierten und allgemein angewendeten Theorie der Elementarteilchen, des sogenannten Standardmodells.

Siehe auch: →Eichsymmetrie, →Quark, →Quantentheorie

Literatur: Ferris (1989), Fritzsch (1994)

Quantenfluktuation *(Physik).* Eine Fluktuation (lat. *fluctuare:* wogen) im leeren Raum, die zur Bildung lokalisierter Energie führt, z.B. einem Teilchenpaar, das anschließend wieder verschwindet. Die Quantenfluktuation wird durch Heisenbergs Unschärferelation ermöglicht, die lokalisierter Energie erlaubt, für kurze Zeiträume unbestimmt zu sein. Wendet man die Unschärferelation auf den leeren Raum an, ist dieser grundsätzlich fortwährend voller Aktivität; sogenannte virtuelle Teilchen werden gebildet und vernichtet – je energiereicher die Teilchen sind, desto kürzer ist ihre Lebensdauer.

Einige Physiker sind der Überzeugung, daß die Quantenfluktuation nicht beobachtet werden kann; man könnte sie daher als Hypothese aufgeben. Doch in anderen Theorien ist die Quantenfluktuation unentbehrlich als Erklärung dafür, daß Anregungszustände in Atomen nach einer gewissen Zeit »zerfallen« (sie werden von einer Fluktuation leicht angestoßen).

In der Kosmologie hat der englische Physiker Stephen Hawking die Quantenfluktuation als Erklärung dafür benutzt, daß schwarze Löcher Energie abgeben können: Sie saugen durch ihr starkes Schwerkraftfeld ein Teilchen eines Quantenfluktuation-Teilchenpaars auf, um anschließend das andere Teilchen als Strahlung auszusenden.

Die Quantenfluktuationen sind einer der Gründe dafür, daß die Quantentheorie mit den Relativitätstheorien unvereinbar zu sein scheint: Die fortwährende Bildung und Zerstörung von Masse hätte gewaltige Schwerkrafteffekte zur Folge, die man noch nicht beobachtet hat.

Laut zahlreicher kosmologischer Theorien ist das Universum als Folge von Quantenfluktuation entstanden, die z. B. durch den sogenannten Inflationsmechanismus verstärkt worden ist.

Siehe auch: →Heisenbergs Unschärferelation, →schwarzes Loch, →inflatorisches Universum, →Urknall, →Fluktuation

Literatur: Hawking (1991)

Quantenmechanik *(Physik)*. Mathematische Beschreibung der zeitlichen Entwicklung von Systemen, die aus atomaren und subatomaren Partikeln bestehen. Die Quantenmechanik gründet sich auf die Schrödingergleichung, die entsprechend Newtons 2. Axiom in der klassischen Mechanik beschreibt, wie sich ein System unter Einwirkung äußerer Kräfte bei gegebenen Anfangsbedingungen entwickelt.

Die Quantenmechanik, die in den 20er Jahren entstand, bildet die mathematische Grundlage der Quantentheorie, deren Vor-

stellungen über die »körnigen« (quantisierten) kleinsten Bestandteile der Wirklichkeit einige Jahrzehnte älter sind.
Siehe auch: →Quantentheorie, →Schrödingergleichung, →Wellenfunktion

Quantensprung *(Physik).* Ursprünglich der »Sprung«, durch den ein Elektron seinen Zustand von einer »Schale« um den Atomkern zu einer anderen verändert.
Der Begriff wurde 1913 von Niels Bohr zur Erklärung des Aufbaus des Wasserstoffatoms eingeführt. Diese Erklärung löste die frühere Auffassung ab, nach der Elektronen auf allen möglichen Bahnen um den Atomkern kreisen. Bohr wies nach, daß nur ganz wenige, bestimmte Bahnen möglich sind, die sogenannten Schalen. Ein Elektron springt von einer Schale zu einer anderen, ohne sich zu irgendeinem Zeitpunkt in einem Zwischenzustand zu befinden. Diesen Sprung, den man korrekter als einen Zustandswechel betrachten muß, bezeichnet man als Quantensprung, da er unter Abstrahlung oder Aufnahme einer gewissen Energiemenge, einem sogenannten Quant, z.B. einem Lichtteilchen, geschieht.
In der Quantenmechanik wurde das Prinzip später verallgemeinert, so daß man heute weiß, daß alle Wechselwirkungen durch den Austausch von Quanten geschehen. Energieübertragungen sind also, wenn man sie genau betrachtet, nicht kontinuierlich, sondern sie verlaufen als Quantensprung.
Im übertragenen Sinne bezeichnet »Quantensprung« im alltäglichen Sprachgebrauch jede radikale Veränderung, z.B. die einer Denkweise (vgl. Paradigmawechsel).
Siehe auch: →Quantentheorie, →Paradigma
Literatur: Gribbin (1993)

Quantentheorie *(Physik).* Eine Theorie über die allerkleinsten Bestandteile der Natur, u.a. Atomkerne und Elektronen. Sie geht von der Beobachtung aus, daß es bei jeder Wechselwirkung eine untere Grenze für die ausgetauschte Energie gibt, die durch das sogenannte Wirkungsquant bestimmt wird, nach dem die Theorie benannt ist. Die Theorie entstand in den ersten Jahrzehnten dieses Jahrhunderts als Erweiterung der klassischen Mechanik und wird zusammen mit der Relativitätstheorie als die große physikalische Theorie dieses Jahrhunderts betrachtet.

Die Quantentheorie wurde 1900 begründet, zu einem Zeitpunkt, als die Physik nach Auffassung vieler Forscher vor ihrem Abschluß stand, da es anscheinend nur noch ganz wenige unerklärte Phänomene gab.

Der Startschuß für die neue Physik kam, als der deutsche Physiker Max Planck die Schwarzkörperstrahlung – eines der ungelösten Probleme – durch die Annahme erklärte, daß die Wechselwirkung zwischen Materie und Strahlung durch den Austausch einzelner »Pakete« von Energie geschieht, die er als Quanten bezeichnete.

Plancks Hypothese konnte nicht begründet werden, sie wurde jedoch weiter untermauert, als Einstein 1905 den photoelektrischen Effekt, d.h. die Freisetzung von Elektronen aus einer beleuchteten Metalloberfläche, mit Hilfe von Plancks Quanten erklärte. Einstein nahm an, daß das Licht aus getrennten Quanten besteht, was der wohlbelegten Auffassung des vorausgegangenen Jahrhunderts widersprach, nach der Licht eine Wellenbewegung war.

In den folgenden Jahren schritt die Entwicklung rasch voran. Niels Bohr erklärte die Struktur des Wasserstoffatoms auf der Grundlage der klassischen Physik durch eine zusätzliche »quantentypische« Annahme. Der Franzose Louis de Broglie erstellte eine Wellentheorie für die Materie (genau wie Einstein eine Materietheorie für Lichtwellen erstellt hatte), und diese Wellenbeschreibung wurde mit der berühmten Gleichung des Österreichers Erwin Schrödinger aus dem Jahre 1926 abgerundet.

Parallel zu dieser Entwicklung hatte der Deutsche Werner Heisenberg seine Unschärferelation und seine »Matrizenmechanik« entwickelt, einen Formalismus, von dem sich später herausstellte, daß er mit dem Schrödingers identisch war, nur in einem anderen mathematischen Gewand.

Die Quantenmechanik als neues Werkzeug zur Beschreibung

atomarer und subatomarer Phänomene erwies sich als ungeheuer erfolgreich, es war aber schwierig, sie intuitiv zu verstehen. Der Determinismus der klassischen Physik mußte aufgegeben werden, und an seine Stelle trat eine Beschreibung, bei der der Beobachter eines Meßprozesses das Beobachtete aktiv beeinflußt, wodurch der Begriff »objektive Wirklichkeit« keinen Sinn mehr ergab.

Man hat mehrere Versuche unternommen, diese Deutung zu umgehen; Einstein selbst war einer ihrer Gegner. Sie hat jedoch, vor allem aufgrund ihres absoluten Minimums von Voranahmen über die Natur, bis heute überlebt und wird als Kopenhagener Schule oder Kopenhagener Deutung bezeichnet.

Auf Schrödingers und Heisenbergs Beiträge folgte die Aufstellung einer Gleichung durch den Engländer Paul Dirac, in der die Effekte der Relativitätstheorie berücksichtigt wurden. Es stellte sich heraus, daß diese Gleichung für eine Untersuchung der Natur der Elementarteilchen und als Grundlage für eine Quantenbeschreibung des elektromagnetischen Feldes geeignet war. Danach folgten die sogenannten Quantenfeldtheorien und eine übergeordnete Quantentheorie für die elektromagnetische Wechselwirkung, die Quantenelektrodynamik.

Heute liegen außerdem Quantentheorien für die schwachen und die starken Kernkräfte vor. Die schwache Kraft ist zusammen mit der Elektrodynamik Teil einer gemeinsamen Beschreibung, der Weinberg-Glashow-Salam-Theorie, in der die elektromagnetischen und die schwachen Kräfte als ein und dieselbe Wechselwirkung betrachtet werden (die elektroschwache Kraft).

Es existiert auch eine konsistente Theorie für die starke Kraft, die Quantenchromodynamik, und durch die sogenannten Großen vereinheitlichten Theorien wurden vielversprechende Versuche zu einer Vereinigung aller drei Kräfte unternommen. Es ist jedoch noch nicht gelungen, die letzte der vier fundamentalen Wechselwirkungen, die Gravitation, zu »quantisieren«. Dieses Problem wird vermutlich durch die nächste Generation von Theorien (die Superstringtheorien?) gelöst werden, deren Ziel eine einheitliche Beschreibung von sowohl Raum und Zeit als auch Materie und Kräften ist.

Siehe auch: →Schrödingergleichung, →Heisenbergs Unschärferelation, →Kopenhagener Schule, →Spin, →Eichsymmetrie, →Große vereinheitlichte Theorien, →Quantenchaos, →Quantenchromodynamik, →Superstring

Literatur: Gribbin (1993)

Quark *(Physik)*. Der kleinste Baustein der Materie, kleiner als die Elementarteilchen. Die zwei amerikanischen Physiker Murray Gell-Mann und George Zweig sagten 1964 unabhängig voneinander die Existenz von Quarks voraus.

Das Wort »Quark« selbst ist eine Erfindung von Gell-Mann. Er wollte dem neuen Teilchen keinen fundamentalen Status zuschreiben, da ähnliche Versuche früher fehlgeschlagen waren (das Atom ist nicht unteilbar, Elementarteilchen sind nicht elementar, das Proton ist nicht das erste Teilchen), und suchte nach einem Nonsenslaut, der an »kwork« erinnerte; später fand er eine passende Schreibweise in der Zeile »Three Quarks for Muster Mark« aus dem Roman »Finnegans Wake« von James Joyce. Die Zahl »3« in der erwähnten Zeile benutzt Gell-Mann, um darauf hinzuweisen, daß Atomkernteilchen (Protonen und Neutronen) jeweils aus drei Quarks aufgebaut sind. Die elektrische Ladung von Quarks beträgt $+2/3$ oder $-1/3$ der Elektronenladung. Quarks kommen in sechs Typen oder *flavours* vor (engl. *flavour:* Geschmack, ein Beispiel für die vielen, zufällig aus der Alltagssprache ausgewählten Wörter, die man zur Charakterisierung von Quarks benutzt). Die Typen bezeichnet man als Up, Down, Charme, Strange, Top und Bottom. Zu jedem Quark gibt es außerdem ein Antiquark.

Das Proton besteht aus zwei Up-Quarks, jeweils mit der Ladung $+2/3$, und einem Down-Quark mit der Ladung $-1/3$. Das Neutron besteht aus einem Up-Quark und zwei Down-Quarks.

Quarks existieren nicht als freie Teilchen, sondern sie kommen nur miteinander verbunden vor, z.B. drei Quarks zusammen oder ein Quark mit einem Antiquark. Dies wird als Argument dafür benutzt, daß die Quarks nicht aus noch kleineren Teilchen bestehen. Quarks haben den Spinwert ½ und sind außerdem mit einer besonderen Eigenschaft versehen, die man als Farbe bezeichnet. Es gibt drei Farben, die man willkürlich als Rot, Grün und Blau (neben Antirot, Antigrün und Antiblau) bezeichnet. Von jeder frei existierenden Quarkkombination (d.h. als Elementarteilchen existierend) verlangt man, daß sie farbneutral sein muß, d.h. daß sie aus jeder der drei Farben oder einer Farbe und der entsprechenden Antifarbe besteht. Dies sind die Grundspielregeln für die detaillierte Theorie über die Wechselwirkung zwischen den Quarks, die Quantenchromodynamik.

Siehe auch: →Quantenchromodynamik, →Spin

Literatur: Gell-Mann (1995), Fritzsch (1994)

Quasikristall *(Physik)*. Ein Stoff mit einem kristallähnlichen Aufbau, bei dem sich das Kristallmuster allerdings nicht – wie bei einem normalen Kristall – von Ort zu Ort wiederholt.

Der erste Quasikristall wurde 1984 im National Bureau of Standards (USA) entdeckt. Es handelte sich um eine Aluminium-Mangan-Legierung, die Fünfecksymmetrie aufwies (Symmetrie für Drehungen um 72, 144, 216, 288 … Grad), ein Muster, für das die normale Verschiebungssymmetrie nicht möglich ist: Das Kristallmuster wiederholte sich nicht selbst von Ort zu Ort. (Fünfecksymmetrie ist bei normaler Verschiebung nicht möglich.)

Die Quasikristalle wurden als Beispiel zur Illustration einer bisher unerklärten Fähigkeit der Natur benutzt, sich selbst in großem Maßstab zu organisieren. Eine normale Kristallstruktur kann ohne atomare »Zusammenarbeit« gebildet werden, da alle Atome nur an identischen Verbindungen mit den Nachbaratomen teilnehmen müssen. Die Bildung eines Quasikristalls erfordert dagegen, jedenfalls anscheinend, eine weitreichende Ordnung, eine Art von globaler »Planung«.

Siehe auch: →Selbstorganisation, →Symmetrie, →Penrose-Fliese

Literatur: Davies (1991), Penrose (1991)

R

Randbedingungen *(Mathematik, Physik, Erkenntnistheorie).* Die Bedingungen, die die möglichen Entwicklungen eines Systems genau auf die realisierbaren begrenzen (engl. *boundary conditions).*

In der Physik versteht man unter Randbedingungen die Bedingungen, die von den geometrischen Grenzen eines physikalischen Systems für dessen Dynamik gesetzt werden. Beispielsweise bestimmt die Länge einer Wasserwanne die Größe der stehenden Wellen, die in ihr entstehen können. Im Bereich der Mathematik werden Randbedingungen als Wahl einer von vielen möglichen Gruppen von Konstanten zur Lösung einer Differentialgleichung definiert.

Der ungarisch-englische Philosoph Michael Polanyi führte Randbedingungen im weiteren Sinne als Bezeichnung für jede Begrenzung der möglichen Realisierungen eines Systems ein. Ein Organismus hat eine bestimmte Struktur, und diese hat die Funktion von Randbedingungen für die biochemischen Prozesse, die im Organismus stattfinden. Dabei handelt es sich um wesentlich weniger biochemische Prozesse, als eigentlich möglich wären.

Der amerikanische Biologe S. Salthe führte die aus der Physik bekannte Bezeichnung »Anfangsbedingungen« für die grundsätzlich möglichen Realisierungen ein. Er bringt die Trennung zwischen Anfangsbedingungen und Randbedingungen in eine antireduktionistische Theorie über die Organisationsniveaus der Materie – das physikalische, das chemische, das biologische usw. – ein und vertritt die Auffassung, daß eine gegebene Entität immer Randbedingungen unterworfen ist, die nicht auf Erklärungen der Entität auf einem niedrigeren Niveau reduziert werden können (z.B. kann die Struktur des Organismus nicht auf der Grundlage der biochemischen Prozesse beschrieben und erklärt werden).

Siehe auch: →Organisationsniveau, →Emergenz

Literatur: Polanyi (1968), Salthe (1985)

Reduktionismus *(Philosophie).* Die Auffassung, daß die Beschreibung jedes Phänomens von dessen elementarsten Bestandteilen ausgehen kann und muß.

Im engeren Sinne fordern reduktionistische Wissenschaftstheorien, daß jede wissenschaftliche Beschreibung letztlich das Phänomen auf eine physikalische Beschreibung zurückführen sollte. Damit würde letztlich die Trennung zwischen den einzelnen Wissenschaften aufgehoben und auf eine physikalistische Einheitswissenschaft zurückgeführt.

Man kann unterscheiden zwischen einem ontologischen Reduktionismus, dessen Vertreter behaupten, daß die Welt letzten Endes nur aus Elementarteilchen zusammengesetzt ist (weshalb die Beschreibung der gesamten Welt aus einer Beschreibung der Elementarteilchen besteht), und einem epistemologischen Reduktionismus, dessen Fürsprecher meinen, daß wir nicht wissen, woraus die Welt besteht, daß wir aber die Beschreibungen der Welt auf die elementarsten Begriffe in unserer Erkenntnis, z. B. Sinneseindrücke, reduzieren müssen. Der Glaube des Reduktionismus, man brauche nur die Teile zu verstehen, um das Ganze zu erfassen, wurde als Paradigma naturwissenschaftlicher Forschung in den 80er Jahren zunehmend kritisiert. Die Kenntnis des Aufbaus und Verhaltens von Atomen bedeutet nicht, daß das Verhalten komplexer Systeme vorausgesagt oder beschrieben werden kann. Oder wie der amerikanische Physiker und Nobelpreisträger P. W. Anderson bereits 1972 schrieb: »Die Fähigkeit, alles auf einfache grundlegende Gesetze zu reduzieren, bedeutet nicht, daß wir in der Lage sind, von diesen Gesetzen ausgehend das Universum zu rekonstruieren.« Auch die Existenz von Emergenz wurde als Argument gegen den Reduktionismus ins Feld geführt.

Siehe auch: →Antireduktionismus, →Emergenz, →Holismus

Literatur: Anderson (1972), Nørretranders (1994), Drieschner (1991)

rekursiv *(Mathematik, Informatik).* Etwas, das »wiederkehrend« benutzt wird, z. B. grammatische Regeln für einen Satz, der immer länger werden kann, indem man eine Regel über die Hinzu-

fügung eines Nebensatzes benutzt, der wiederum Nebensätze haben kann, der wiederum Nebensätze haben kann … (lat. *cursus:* Lauf).
In der Informatik können Prozesse in einem Programm sich selbst aufrufen, entweder direkt oder durch einen Prozeß, der einen anderen Prozeß aufruft, der schließlich den ersten aufruft. Durch rekursive Programmierungssprachen lassen sich viele Probleme lösen. In der Mathematik können Funktionen rekursiv definiert werden; z. B. kann die Fakultätsfunktion n! ausgedrückt werden als $n! = 1 \times 2 \times \ldots n$ oder rekursiv als $n! = n\,(n-1)!, 1! = 1$. Die durch Computer erzeugten Fraktale sind rekursiv gebildet, und zwar durch die Anwendung einfacher Prozesse für die Einzeichnung von Punkten oder Linienstücken nach den Regeln, die diese Kurven definieren.
Man meint, daß eine mathematisch definierte Klasse von Funktionen, die man allgemein als rekursiv bezeichnet, den intuitiven Begriff der effektiven Berechenbarkeit (Churchs These) auf ähnliche Weise repräsentiert wie Alan Turings formale »Maschine« und Alonzo Churchs Lambda-Kalkül.

Siehe auch: →Fraktal, →Churchs These, →Selbstähnlichkeit, →Rückkopplung

Literatur: Dewdney (1989)

Relativitätstheorie *(Physik).* Gemeinsame Bezeichnung für zwei Theorien über Zeit und Raum, die Einstein 1905 bzw. 1915 veröffentlichte.
Die erste und einfachere ist die spezielle Relativitätstheorie. Sie geht davon aus, daß die Naturgesetze für Beobachter, die sich gleichförmig und geradlinig zueinander bewegen, gleich sind, und daß alle Beobachter bei der Messung der Lichtgeschwindigkeit zum gleichen Ergebnis kommen (knapp 300 000 km pro Sekunde). Aus diesen beiden einfachen Annahmen entwickelte Einstein eine umfassende Theorie, die zahlreiche unbekannte mechanische und elektromagnetische Phänomene bei Geschwindigkeiten nahe der Lichtgeschwindigkeit vorhersagte.

Bei derart hohen »relativistischen« Geschwindigkeiten treten der speziellen Relativitätstheorie zufolge drei bisher unbekannte Effekte auf: Längenverkürzung, Zeitverlängerung und Massenerhöhung.
Die relativistische Längenverkürzung äußert sich dadurch, daß ein Beobachter, der den Abstand zwischen den Endpunkten eines an ihm vorbeibewegten Gegenstandes mißt, zu einem Wert kommen wird, der kleiner ist als der, den er für denselben Gegenstand mißt, wenn dieser ruht. Die Zeitverlängerung besteht darin, daß eine sich bewegende Uhr, die man mit ruhenden Uhren entlang ihrer Bahn vergleicht, langsamer geht als diese. Die Längenverkürzung wie auch die Zeitverlängerung sind unabhängig von dem gemessenen Gegenstand bzw. den benutzten Uhren. Beide Effekte sind völlig grundsätzlicher Natur: Raum und Zeit selbst hängen vom Bewegungszustand ab (sie sind »relativ«).
Der dritte Effekt, die relativistische Massenerhöhung, besteht darin, daß die Masse eines Körpers unbegrenzt anwächst, wenn er sich mit Geschwindigkeiten nahe der Lichtgeschwindigkeit bewegt (z. B. ist die Masse etwa verdoppelt, wenn der Körper sich mit 90 Prozent der Lichtgeschwindigkeit bewegt). Daß die Masse sich »Unendlich« nähert, ist der Grund für die wichtige Aussage, daß kein Körper mit Masse Lichtgeschwindigkeit erreichen kann.
Die »zweite« Relativitätstheorie bezeichnet man als die allgemeine, da sie nicht nur Körper in gleichförmiger und geradliniger Bewegung umfaßt, sondern auch solche in beschleunigter Bewegung. Einstein wies darauf hin, daß die während der Beschleunigung wirkenden Kräfte an die Schwerkraft erinnern: Wenn man z. B. in einem Aufzug im Weltraum steht, wird man eine Beschleunigung des Aufzugs nach oben so erleben, als sei man unter dem Einfluß eines von unten wirkenden Schwerkraftfeldes. Dies ist Einsteins berühmtes Äquivalenzprinzip.
Die allgemeine Relativitätstheorie faßt Raum und Zeit – mit Verweis auf den Relativitätsbegriff der speziellen Theorie – als etwas Deformierbares auf, und die Beschreibung wird dadurch geo-

metrisch. Die Quelle für diese Deformation, die man die Krümmung der Raum-Zeit nennt, ist die lokal vorhandene Masse.
Während man die allgemeine Relativitätstheorie früher als eine unzugängliche, fast sterile Theorie betrachtete, bildet sie heute die Grundlage sowohl der experimentellen Physik (bei der Suche nach der Gravitationsstrahlung) als auch der Astrophysik (Grundlage kosmologischer Modelle) sowie der Beschreibung von Prozessen im Universum, die unter extremen physikalischen Bedingungen ablaufen.

Siehe auch: →Gravitationsstrahlung, →schwarzes Loch

Literatur: Gribbin und Rees (1994), Hawking (1991), Ferris (1989), Sexl und Schmidt (1991), Hoffmann (1993)

Renormierung *(Mathematik, Physik).* Eine Rechentechnik der Quantentheorie, durch die man Prozesse, die eine große Zahl von Teilchen umfassen und daher zu neuen Strukturen auf höheren Betrachtungsebenen führen können, verständlich zu machen versucht.
Zahlreiche Forscher haben sich mit der Renormierung beschäftigt. In ihrer endgültigen Form wurde sie jedoch 1970 von K.G. Wilson vorgelegt. Wenn man eine Beschreibung eines aus vielen kleinen Teilchen bestehenden Systems durch grobkörnigere Beschreibungen ersetzt, hat dies zur Folge, daß die grobkörnigeren »unempfindlich« werden: Gibt es z.B. sehr wenige Fluktuationen auf dem Mikroniveau des Systems, so werden diese in der grobkörnigeren Beschreibung »ausgeglichen«; es sieht dann so aus, als gäbe es überhaupt keine Fluktuationen. Umgekehrt sieht es, wenn es viele Fluktuationen auf mikroskopischer Ebene gibt, so aus, als sei das System völlig chaotisch.
Die Grenze zwischen diesen beiden Fällen bildet ein Punkt, bei dem das System in allen Maßstäben gleich viele Fluktuationen aufweist, d.h. es ist selbstähnlich. Diese Beschreibung wird nun akzeptiert, da das Geordnete und das Chaotische einander sozusagen ausgleichen.
Diese Renormierung wird bei Systemen benutzt, bei denen viele

Teilchen miteinander in Wechselwirkung stehen und die Eigenschaften jedes einzelnen Teilchens durch die Wechselwirkungen bestimmt werden und daher nicht isoliert betrachtet werden können. Man muß daher die Renormierung benutzen, um die Teilchen in dem Zusammenhang anzubringen, in dem sie von anderen beieinflußt werden, die wiederum von anderen beeinflußt werden …

In der Quantentheorie wurde die Anwendung der Renormierung in den 40er Jahren u.a. von dem amerikanischen Physiker Richard Feynman eingeführt, und hier hat sie den günstigen Effekt, daß störende Eigenschaften eines einzelnen Teilchens (z.B. seine unendlich große Masse) durch die Renormierung annulliert werden, wenn die Subtraktion zweier unendlicher Größen zu einem endlichen Ergebnis führt.

In der Thermodynamik spricht die Renormierung gegen Boltzmanns Vorstellung von der Autonomie eines einzelnen Moleküls. Sie verhindert ein Verständnis von Phasenübergängen, die heute als Veränderungen des kollektiven Verhaltens von Molekülen betrachtet werden. Der amerkanische Informatiker und Philosoph Douglas Hofstadter hat vorgeschlagen, den Begriff metaphorisch für u.a. Personen anzuwenden, deren Identität von der Auffassung, die andere Personen von ihnen haben, mitdefiniert wird.

Siehe auch: →Fraktal, →Mandelbrot-Menge, →Feigenbaums Diagramm, →Phasenübergang, →Julia-Menge, →Selbstähnlichkeit, →Quantenmechanik, →Unendlichkeit

Literatur: Petitot (1992), Peitgen und Richter (1986), Hofstadter (1993)

retikulares System *(Hirnforschung).* Ein System im Gehirn, das Bewußtseinszustände reguliert (lat. *rete:* Netz).

Das retikulare System wurde in den 50er Jahren von Wilder Penfield entdeckt. Es findet sich in den stammesgeschichtlich alten Teilen des Gehirns, die allen Säugetieren gemein sind, und reguliert die Bewußtseinslage, u.a. den Schlaf-Wach-Rhythmus.

Das System hat auch entscheidende Bedeutung für die Aufmerksamkeit (Vigilanz). In den 60er Jahren wurde es teilweise als die neurophysiologische Grundlage des Bewußtseins gedeutet. Diese Auffassung wurde später kritisiert, da sie offensichtlich Bewußtsein mit der Regulierung des Aktivitätsniveaus des Bewußtseins gleichsetzt. Obwohl die Regulierung eine Voraussetzung für das Bewußtsein ist, ist sie nicht identisch mit dem Bewußtsein als Gesamtheit.

Siehe auch: →Bewußtsein

Literatur: Lurija (1992)

Rotverschiebung *(Physik, Astronomie).* Die Beobachtung, daß das aus weit entfernten Galaxien stammende Licht »röter« ist als das aus nahe gelegenen stammende. Dies wird als Hinweis darauf angesehen, daß das Universum sich ausdehnt.

Genauer ausgedrückt gilt, daß alle Wellenlängen des Lichts von weit entfernten Galaxien länger, d.h. zur roten Seite des Spektrums verschoben sind als die entsprechenden Wellenlängen des Lichts von nahe gelegenen Galaxien. Die Verschiebung ist um so größer, je weiter die betreffende Galaxie entfernt ist (Hubbles Gesetz).

Die kosmologische Rotverschiebung wurde zum ersten Mal 1929 von dem amerikanischen Astronomen Edwin P. Hubbles nachgewiesen und als Hinweis darauf betrachtet, daß die Galaxien sich von uns wegbewegen. Dies führte zu einem radikalen Umdenken: Das Universum erschien nun als dynamisches System, eine physikalische Gesamtheit mit selbständigen Eigenschaften, darunter eine charakteristische Zeitskala mit einer Größenordnung von Milliarden von Jahren.

Diese Deutung, die die Auffassung des Menschen vom Universum revolutionierte, wurde seitdem von verschiedenen Seiten immer wieder kritisiert, doch es hat sich als schwierig erwiesen, tragfähige Alternativen aufzustellen, in denen die Rotverschiebung anders gedeutet wird.

Astronomen benutzen die Rotverschiebung als eine direkt zugängliche Beobachtungsgröße, die durch Hubbles oben erwähntes einfaches Gesetz unmittelbar in Abstände umgerechnet werden kann.

Siehe auch: →Urknall, →Kosmologie

Literatur: Gribbin und Rees (1994), Ferris (1989)

Rückkopplung *(Ingenieurwissenschaft, Naturwissenschaft, Sozialwissenschaft)*. Ein Teil des Outputs eines Systems wird als Input an das System zurückgeschickt (engl.: *feedback*) und beeinflußt dadurch wiederum das Verhalten des Systems.

Wenn das Verhalten eines Systems durch Rückkopplung verstärkt wird, spricht man von positiver Rückkopplung. Diese Art der Rückkopplung führt oft zu einer erheblichen Eskalation, etwa wenn man ein Mikrofon vor den Lautsprecher hält, mit dem es verbunden ist. Umgekehrt wirkt negative Rückkopplung stabilisierend, da der Output hier die Schwingungen im Verhalten des Systems dämpft. Die Wirkung einer negativen Rückkopplung wird daher oft als »positiv« aufgefaßt.

Rückkopplung wird in der Kybernetik, der Wissenschaft der Regelungs- und Steuerungsprozesse, erforscht. Einfache kybernetische Systeme, wie z. B. ein Heizungsthermostat, enthalten eine einfache Rückkopplungsschleife, während komplexe Systeme, wie ein Organismus oder eine Volkswirtschaft, zahlreiche negative wie auch positive Rückkopplungsschleifen in einem komplexen Zusammenspiel aufweisen können.

Siehe auch: →Kybernetik, →allgemeine Systemtheorie

Literatur: Wiener (1993), Briggs und Peat (1993)

S

Schmetterlingseffekt *(Physik)*. In der Chaostheorie der Umstand, daß eine kleine Ursache große Wirkungen haben kann, z. B. daß der Flügelschlag eines Schmetterlings an einem Ort der Welt an einem anderen Ort zu einem Orkan führen kann.

Diese Einsicht hat in den letzten Jahrzehnten in Zusammenhang mit dem deterministischen Chaos Bedeutung gewonnen: Die Unsicherheit in bezug auf die Anfangsbedingungen führt dazu, daß viele deterministische Prozesse über längere Zeiträume hinweg prinzipiell nicht vorhersagbar sind. Ein typisches Beispiel ist die Wettervorhersage, die den Stoff zum – von dem amerikanischen Meteorologen Edward Lorenz formulierten – Bild von der großen Wirkung des Flügelschlags eines Schmetterlings geliefert hat. Ob der Flügelschlag des Schmetterlings Ursache des Orkans ist oder ihn nur auslöst, hängt davon ab, ob man ihn als Fluktuation deutet oder nicht.

Einen ähnlichen Effekt stellt »das Elektron am Ende des Universums« dar. Der englische Physiker Mike Berry führte dies als prinzipielle Grenze für die Berechenbarkeit des Verhaltens eines Systems an: Eine Veränderung in der Größenordnung von nur einem Elektron an einem Ende des Kosmos führt zu veränderten Anfangsbedingungen und daher langfristig auch zu einer anderen Entwicklung des Kosmos.

Siehe auch: →Chaos, →Attraktor, →Fluktuation

Literatur: Briggs und Peat (1993), Gleick (1990), Coveney und Highfield (1994), Davies (1991)

Schneeflockenkurve *(Mathematik).* Ein früher, 1904 von dem schwedischen Mathematiker Helge von Koch konstruierter Fraktal.

Der Ausgangspunkt für die Konstruktion der Schneeflocke ist ein sechseckiger Stern. Jede Seite des Sterns wird durch eine Seite mit einer zusätzlichen Ecke ersetzt; jede Seite des so entstandenen achtzehneckigen Sterns wird wiederum durch eine Seite mit einer zusätzlichen Ecke ersetzt usw. Durch die Wiederholung dieses Prozesses entsteht als Grenzfall eine schneeflockenähn-

Die ersten Stufen der Konstruktion der Schneeflockenkurve.

liche Figur, die man auch die »Kochsche Insel« nennt. Ihre Randlinie hat die fraktale Dimension 1,2618.

Siehe auch: →Fraktal, →Fatou-Staub, →Cantor-Staub

Literatur: Mandelbrot (1991)

Schrödingergleichung *(Physik).* Die 1926 von dem österreichischen Physiker Erwin Schrödinger aufgestellte, grundlegende Gleichung zur Beschreibung des Zustandes und der Entwicklung eines quantenmechanischen Systems.

Ein quantenmechanisches System – z.B. ein freies Elektron, ein oder mehrere Elektronen in einem Atom oder die Atome in einem Molekül – wird vollständig beschrieben durch seine Wellenfunktion, eine mathematische Größe, die die Wahrscheinlichkeit dafür angibt, daß sich das System in einem von mehreren möglichen Zuständen befindet. Die Schrödingergleichung, eine sogenannte partielle Differentialgleichung, bestimmt die Veränderung der Wellenfunktion, wenn ein äußeres (elektromagnetisches) Feld wirkt und passende Anfangsbedingungen gegeben sind. Man kennt zwei Varianten: die zeitabhängige und die zeitunabhängige Schrödingergleichung.

Die zeitabhängige Schrödingergleichung wird in der Regel zur Beschreibung der Bewegung eines Teilchens benutzt. Dies geschieht in einer Form, die deutlich an die aus der klassischen Physik bekannten Begriffe Wellenausbreitung und Diffusion erinnert. Der Wellenaspekt ist z.B. von Bedeutung für die Erklärung von Experimenten, bei denen Welleneigenschaften eines Teilchenstroms beobachtet werden (Beugung und Interferenz).

Die zeitunabhängige Schrödingergleichung lieferte die erste intuitiv verständliche Erklärung der getrennten Energiezustände des Wasserstoffatoms – da die Elektronen um den Wasserstoffkern als eine stehende Welle betrachtet wurden – und wird normalerweise zur Bestimmung der sogenannten stationären Zustände quantenmechanischer Systeme benutzt.

Siehe auch: →Wellenfunktion, →Quantentheorie

Literatur: Gribbin (1993), Penrose (1991)

schwarzes Loch *(Physik, Astronomie).* Ein theoretisch vorhergesagtes Objekt, für das zwei Dinge charakteristisch sind: Zum einen weist es in seinem Zentrum eine unendlich hohe Massendichte auf, zum anderen wird es von einem »Ereignishorizont« umgeben, d.h. von einer Fläche, durch die nichts – nicht einmal Licht – in die Umgebung gelangen kann. Dagegen können Materie und Strahlung von außen eingefangen und aufgenommen werden.

Die Bezeichnung wurde 1968 von dem amerikanischen Physiker A. Wheeler erfunden, und »schwarz« bezieht sich darauf, daß das Loch kein Licht ausstrahlt oder reflektiert.

Die Existenz der schwarzen Löcher wird von Einsteins allgemeiner Relativitätstheorie vorhergesagt und scheint eine unumgängliche Konsequenz dieser Theorie zu sein. Es ist jedoch wahrscheinlich, daß eine Beschreibung durch die allgemeine Relativitätstheorie unter den extremen Verhältnissen, die für ein schwarzes Loch vorausgesetzt werden, nicht mehr gültig ist; als Ersatztheorie käme vielleicht eine (noch nicht existierende) Vereinigung der Quantentheorie und der Gravitationstheorie in Frage.

Man vermutet, daß schwarze Löcher vor allem in den folgenden drei Formen entstehen:

1. »urzeitliche« schwarze Löcher, d.h. solche, die von den ganz besonderen Verhältnissen während der Geburt des Universums geschaffen wurden.
2. Reste von Supernovas, wobei der Kern eines sehr großen Sterns als Folge des Kollapses und der Explosion des Sterns zusammengepreßt worden ist. Mehrere astronomisch nachgewiesene Objekte stellen vielversprechende Kandidaten für diese Kategorie dar.
3. superschwere schwarze Löcher in Galaxiezentren, die durch ständige Anhäufung von Materie entstehen. Man meint, daß diese die Erklärung für das energiereichste Phänomen des Universums, die sogenannten Quasare, sein können.

Trotz ihrer etwas ungesicherten Existenz sind die schwarzen Löcher bei Fachleuten wie auch bei Laien ein beliebtes Thema, um das eine umfangreiche Science-fiction-Literatur entstanden ist.

Siehe auch: →Ereignishorizont, →Relativitätstheorie, →Quantentheorie, →Supernova, →Singularität

Literatur: Gribbin und Rees (1994), Hawking (1991, 1993), Sexl (1979)

Selbstähnlichkeit *(Mathematik).* Das Phänomen, daß ein Ding (z.B. ein Kopf Blumenkohl) sich selbst unabhängig vom Vergrößerungsgrad ähnelt.

Der einfachste Fall von Selbstähnlichkeit ist sicher eine gerade Linie, die ja immer eine gerade Linie bleibt, gleichgültig, wie sehr man sie vergrößert. Der Begriff hat besondere Bedeutung in der Fraktalgeometrie, da viele Fraktale selbstähnlich sind. Dies gilt beispielsweise für alle Fraktale, die durch eine unendliche Wiederholung ein und desselben Prozesses gebildet werden.

Der Gründer der Fraktalgeometrie, der in Polen geborene Mathematiker Benoit Mandelbrot, meint, daß auch viele in der Natur auftretende Formen (z.B. Küstenlinien) selbstähnlich sind. Diese Behauptung versuchte er »rückwärts« zu beweisen, indem er selbstähnliche Fraktale mit einer Zufälligkeitskomponente konstruierte, die täuschende Ähnlichkeit mit verschiedenen natürlichen Formen aufweisen: zerklüfteten Berggipfeln, den Küstenlinien der Kontinente, der Oberfläche des Mondes.

Während Fraktale unendlich selbstähnlich sein können, gilt dies nicht für natürliche Formen; Pflanzen können beispielsweise durchaus auf mehreren Ebenen (Stämme – Äste – Zweige) selbstähnlich sein, doch die Zelle bildet die untere Grenze; allgemein bilden Atome die untere Grenze.

Es gibt auch Fraktale, die nicht selbstähnlich sind; die Mandelbrot-Menge z.B. ist nur teilweise selbstähnlich.

Siehe auch: →Fraktal, →Fatou-Staub, →Cantor-Staub, →Julia-Menge, →Schneeflockenkurve, →Mandelbrot-Menge

Literatur: Mandelbrot (1991), Schroeder (1994)

Selbstorganisation *(Physik, Biologie).* Das spontane Entstehen von Ordnung, erkennbar an beobachtbaren Strukturen in ansonsten ungeordneten materiellen Systemen.

Die klassische Wissenschaft versuchte, die Bestandteile der realen Welt und die Ursachen einfacher mechanischer Zusammenhänge zu identifizieren. Im Gegensatz hierzu hat man sich in den letzten Jahrzehnten in steigendem Maße für hochorganisierte Systeme und die Art und Weise interessiert, wie diese im Laufe der Evolution des Universums und des Lebens entstanden sind. In diesem Zusammenhang benutzen Forscher oft das Wort »Selbstorganisation«, um auszudrücken, daß weder Gott noch Menschen, sondern die physikalische und biologische Welt selbst die Ordnung und die Komplexität der Natur geschaffen haben.

Ein System wird als selbstorganisierend bezeichnet, wenn es von einem stabilen, bekannten Zustand in einen geordneteren, aber auch weniger vorhersagbaren Zustand übergehen kann. Viele Arten von selbstorganisierenden Systemen bestehen aus einfachen Elementen, die sich nach einfachen Regeln gegenseitig beeinflussen, dennoch aber komplexe Muster bilden. Bei anderen handelt es sich um sogenannte dissipative Strukturen, bei denen ein Energieaustausch zu einer komplexeren Organisation führt.

Beispiele für selbstorganisierende Systeme, die man genau untersucht hat, sind der Laser, bei dem Millionen von Atomen zusammenarbeiten und in Phase gehen, die bienenwabenähnlichen Bénard-Zellen, die in einer Flüssigkeit entstehen, wenn diese auf eine besondere Weise erwärmt wird, neuronale Netze, die selbst zufällige Eingangssignale einordnen können und so »lernen«, Systeme aus Tausenden von simulierten Genen, die sich nach einfachen Regeln beeinflussen und spontan charakteristische »Organismus«-Eigenschaften bilden, sowie Muster auf Tierpelzen (es gibt gefleckte Tiere mit gestreiften Schwänzen; der umgekehrte Fall kommt nicht vor).

Aktuelle Studien auf dem Gebiet der Selbstorganisation beschäftigen sich besonders mit Themen aus dem Bereich der Kosmologie (die Bildung von Galaxien und Planeten), der Chemie (die

Entstehung des Lebens), der Morphogenese (die Entwicklung von Organismen) und der Hirnforschung (Lernfähigkeit und Intelligenz). Die Forschung hat oft interdisziplinären Charakter und verwendet Methoden der nicht-linearen Dynamik und der Komplexitätsforschung.

Siehe auch: →Komplexität, →allgemeine Systemtheorie, →neuronales Netz, →Emergenz, →dissipative Struktur, →nicht-linear, →Morphogenese

Literatur: Davies (1991), Probst (1987), Reichholf (1994), Kauffman (1993)

Ein Beispiel für ein selbstorganisierendes System ist die Belousov-Zhabotinskii-Reaktion. Spiralförmige Wellen chemischer Aktivität entwickeln sich an der Oberfläche einer dünnen Flüssigkeitsschicht. Die Reaktion beginnt spontan oder, wie auf diesen Bildern, nach Stimulation durch einen erwärmten Metalldraht. Die winzigen Kreise bestehen aus Kohlendioxydblasen, die durch die Reaktion entstehen. Die wechselnde Verteilung dieser Blasen in der Flüssigkeit ergibt das spiralförmige Muster. Die Bilder wurden im Abstand von 0,5 - 2 Sekunden aufgenommen (jeweils von oben nach unten).

Selbstreferenz *(Logik, Mathematik)* Von Selbstreferenz oder Selbstbezüglichkeit spricht man, wenn etwas auf sich selbst Bezug nimmt, z. B. ein Satz, der von sich selbst spricht.

Ein Beispiel für eine selbstbezügliche Aussage ist der Satz »Diese Aussage enthält vier Wörter«. Sein Wahrheitswert (falsch) ist leicht festzustellen. Schwieriger verhält es sich mit Aussagen, deren Wahrheitswert sich verändert, wenn man sie wörtlich nimmt, z. B. »Diese Aussage ist falsch«. Wenn es falsch ist, daß die Aussage falsch ist, dann muß die Aussage ja wahr sein; also hat die Aussage recht darin, daß sie falsch ist, weshalb sie wahr sein muß, und so weiter.

Daß derartige paradoxe, selbstbezügliche Aussagen keinen festen Wahrheitswert haben, stellt für Logiker ein großes Problem dar – denn wohin führt dies? Das Problem wurde um 1913 von dem englischen Philosophen Bertrand Russell »gelöst«, der eine Theorie der logischen Klassen formulierte, nach der Aussagen nicht auf sich selbst hinweisen können. Seine Theorie war in Wirklichkeit keine Theorie, sondern ein Verbot von Selbstreferenz im logischen Sprachgebrauch.

Das Problem tauchte in den 30er Jahren bei dem Mathematiker Kurt Gödel wieder auf, der Selbstreferenz zum Grundstein seines Theorems darüber machte, daß kompliziertere logische Systeme nicht vollständig und frei von inneren Widersprüchen sein können.

Selbstreferenz wird weiterhin als eine logische Kuriosität betrachtet. Mathematisch (und mystisch) wurde das Problem von dem englischen Ingenieur George Spencer Brown in seiner Kultabhandlung »Laws of Form« behandelt, philosophisch (und nicht zuletzt humoristisch) von dem amerikanischen Computerforscher Douglas Hofstadter und biologisch von dem Chilenen Francisco Varela in der sogenannten Autopoiesetheorie.

Siehe auch: →Gödels Theorem, →Unentscheidbarkeit, →rekursiv, →Autopoiese

Literatur: Hofstadter (1994), Spencer Brown (1969), Varela (1979)

selbstreproduzierender Automat *(theoretische Biologie, Mathematik).* Eine Maschine, die sich vermehren, d.h. eine genaue Kopie von sich selbst schaffen kann.

Die Frage, inwieweit eine zur Selbstreproduktion fähige Maschine möglich ist, ist von fundamentalem Interesse für die Biologie und direkt mit der Frage verbunden, wie das Leben auf der Erde entstanden ist.

Wenn lebende Zellen tatsächlich eine Art molekularer, sich selbst vervielfältigender Maschinen sind, wäre damit die prinzipielle Möglichkeit solcher Maschinen bewiesen. Dann, so die Schlußfolgerung, müßte sich dasselbe Prinzip auch auf vom Menschen entwickelte Roboter anwenden lassen.

Zu den ersten Ideen gehörte, Roboter zu bauen, die in einer Art Reserveteil-Supermarkt nach und nach die richtigen Teile einsammeln und daraus neue, ihnen gleiche Roboter zusammenbauen. Dies ähnelt jedoch in keiner Weise dem Prinzip, wie sich Zellen durch informationsgesteuerte Selbstorganisation verdoppeln: Zellen benötigen keine bereits vorgefertigten, komplexen Teile, sondern stellen diese aus einfachen Bausteinen selbst her.

Sprechen prinzipielle Gründe dagegen, daß echte, »autonome« (d.h. nicht auf fertig hergestellten Reserveteilen basierende) Selbstreproduktion bei Robotern möglich sein sollte? Bisher hat niemand einen Beweis für die Unmöglichkeit der Idee geliefert.

Schon seit den 40er Jahren beschäftigen sich Wissenschaftler mit den theoretischen Grundlagen selbstreproduzierender Automaten: Was sind die logischen Bedingungen dafür, daß etwas sich vermehren kann? Der ungarisch-amerikanische Mathematiker John von Neumann entwickelte damals das Modell, daß ein solcher Prozeß eine informationsgesteuerte Konstruktion eines Systems erfordert, das selbst durch einen Code beschrieben ist, der kopiert und an die »Nachkommen« des Systems weitergegeben werden kann. Von Neumann skizzierte sogar ein Modell für einen solchen Prozeß in Form einiger Muster in einem sogenannten »zellulären Automaten«. Indem er die Regeln für Zustandswechsel in den einzelnen »Zellen« sorgfältig formulierte, konnte er erreichen, daß das von ihm als Anfangszustand definierte Muster sich so entwickelte, daß es im Laufe der Zeit eine Kopie von sich selbst konstruierte. Später verbesserte u.a. der amerikansche Informatiker Chris Langton die Idee durch eine wesentliche Vereinfachung, durch die er »Schleifen« erreichte, die sich selbst in einem zellulären Automaten vermehren konnten – eine Art künstliches Leben durch Software.

Siehe auch: →zellulärer Automat, →künstliches Leben, →Selbstorganisation

Literatur: Emmeche (1994), Weibel und Gerbel (1993), Levy (1993)

Signal/Rauschen *(Informationstheorie).* Das Signal/Rauschen-Verhältnis ist das Verhältnis zwischen Meßwerten für das gewünschte Signal und das Rauschen in einer elektronischen Schaltung, einem Gerät oder Übertragungssystem. Der Meßwert wird oft in Dezibel angegeben. Beim Rauschen handelt es sich um alle unerwünschten Geräusche oder, wenn andere »Geräte« als das Gehör beteiligt sind, jede Art unerwünschter Information, wie z.B. Satzfehler in einem Buch oder »Schnee« auf einem Fernsehschirm.

Thermodynamisch betrachtet besteht Rauschen aus zufälligen Fluktuationen. Bei absolutem thermodynamischen Gleichgewicht enthält der Zustand des Systems keine Informationen, d.h. man kann in ihm nichts sehen, da es sich bei allem, was im System geschieht, um Rauschen handelt. Dies entspricht maximaler Entropie auf dem Mikroniveau und minimaler Information auf dem Makroniveau.

Umgekehrt gilt für kybernetische Systeme, die weit von einem thermodynamischen Gleichgewichtszustand entfernt sind (z.B. Maschinen und Organismen), daß sie relativ stabil und gegen Rauschen unempfindlich sind. Beispielsweise müssen die Signale des Nervensystems wesentlich über dem Niveau des thermischen Rauschens liegen, damit Information übertragen werden kann.

Das Verhältnis zwischen Signal und Rauschen wird in der Informationstheorie der Amerikaner Claude Shannon und Warren

Weaver beschrieben. Sie stellten fest, daß kein Signal auf einem Informationskanal übertragen werden kann, ohne daß es von Rauschen begleitet wird. Dies ist andererseits die Ursache dafür, daß Signale redundanten Charakter haben müssen, d.h. sich wiederholen müssen, damit wenigstens einige der Ausgaben der Botschaft das Rauschen überleben.

Aus dieser Anwendung des Begriffs, bei der Rauschen ausschließlich als ein das Signal bedrohender Faktor definiert wird, hat sich über die Systemtheorie und die Arbeiten des in Österreich geborenen Kybernetikers Heinz von Foerster eine andere Anwendung entwickelt, die mit dem »Ordnung aus Chaos«-Denken zusammenhängt. Wissenschaftler wie Ilya Prigogine und Philosophen wie Michel Serres haben sich vorgestellt, daß das Rauschen an sich als eine Art von modernem Urchaos existiert, aus dem sich Signale und anderes erst in zweiter Reihe entwickeln.

Siehe auch: →Informationstheorie, →Chaos, →Fluktuation

Literatur: Shannon und Weaver (1976), Serres (1982)

Simulation *(Informatik).* Die von einem Computer ausgeführte Nachahmung eines mathematischen Modells für ein Phänomen. Beispielsweise kann eine Simulation der Nordsee als Ökosystem aus einer Reihe von Gleichungen bestehen, die die Faktoren, die das Wachstum der einzelnen Fischbestände beeinflussen, beschreiben: Steigende Dorschbestände führen zu fallenden Heringsbeständen usw. Als Input-Daten dienen Zahlenwerte für die Größe der einzelnen Bestände und der übrigen Faktoren in den Gleichungen des Modells. Als Output erhält man z.B. Kurven, die die berechnete Entwicklung der Bestände in den nächsten zehn Jahren zeigen.

Inwieweit die Berechnungen zur Vorhersage der Entwicklung verwendet werden können, hängt u.a. davon ab, ob (1) das mathematische Modell selbst das System hinreichend gut beschreibt, (2) grundsätzlich unvorhersagbare Änderungen geschehen, z.B. Verschmutzungskatastrophen, die im Modell nicht

berücksichtigt werden, (3) im Modellsystem eventuell »Chaos« in Form von großer Empfindlichkeit gegen die Anfangsbedingungen der Input-Daten vorkommt.
Man unterscheidet zwischen dem tatsächlichen System, dem Modell (einer mehr oder weniger mathematisierten Beschreibung) und der Simulation (der Realisierung des Modells in Form eines Computerprogramms).
Ein Modell beschreibt immer nur ausgewählte Aspekte eines Systems. Im Zusammenhang mit »künstlicher Intelligenz« und »künstlichem Leben« haben manche Forscher allerdings behauptet, daß man nicht nur dazu in der Lage sein wird, menschliche Intelligenz lediglich zu »simulieren«, sondern sie auch tatsächlich in Computern zu »realisieren«. Dies ist eine äußerst kontroverse Fragestellung.
Manche Systeme sind so komplex, daß eine Simulation nur ein stark vereinfachtes Modell ihrer Aspekte konstruiert. Für die Fälle, in denen es kein Programm gibt, das das System modellieren kann und das einfacher als das System selbst ist, hat der amerikanische Physiker Heinz Pagel die Bezeichnung »nichtsimulierbare Systeme« vorgeschlagen. Dies erinnert an algorithmische Komplexität.

Siehe auch: →Modell, →Nichtberechenbarkeit, →Chaos, →Dreikörperproblem, →Churchs These, →algorithmische Komplexität, →chinesisches Zimmer

Literatur: Pagels (1988), Emmeche (1994)

Singularität *(Mathematik, Physik)*. Populär ausgedrückt die Stelle, an der etwas Einzigartiges passiert.
Mathematisch betrachtet ist eine Singularität ein nicht-differenzierbarer Punkt auf einer Kurve oder einer Mannigfaltigkeit, d.h. einer Fläche in vielen Dimensionen. Graphisch zeigt sich ein solcher Punkt durch einen Knick, eine Falte o.ä., und das Interessante ist, daß eine solche Singularität beschreibt, an welcher Stelle eines Systems eine abrupte Änderung geschieht. Sogenannte Bifurkationen, die »Sprünge« eines dynamischen Sy-

stems von einem Zustand zu einem anderen, sind Singularitäten. Eine besondere Rolle spielte der Begriff in der Kosmologie. Wenn ein Urknall stattgefunden hat, handelt es sich dabei, wie von dem Physiker Stephen Hawking und dem Mathematiker Roger Penrose bewiesen wurde, um eine gigantische Singularität. Laut ihres »Singularitätssatzes« weisen alle gravitationellen Systeme in der Vergangenheit oder in der Zukunft eine Singularität auf: Alle Raum-Zeit spitzt sich dabei auf einen einzigen Punkt zu. Allerdings glaubt Hawking auf die Vorstellung vom Urknall verzichten zu können, sobald Gravitationssysteme auch quantenmechanisch beschrieben werden.

Man nimmt an, daß die schweren schwarzen Löcher kollabieren und einen einzigen Punkt bilden können, der daher – wie Penrose bewiesen hat – den Charakter einer Singularität im physikalischen Raum besitzt (eines Punktes, an dem Einsteins gekrümmter Raum »sich zuspitzt«). Die schwarzen Löcher sind durch einen Ereignishorizont gegen eine Beobachtung abgeschirmt und daher nie »nackt«. Der reversible Charakter der physikalischen Gesetze ermöglicht jedoch die Annahme von schwarzen Löchern »entgegengesetzten« Objekten, bei denen Masse und Energie aus einem einzigen Punkt herausspritzen – die sogenannten »weißen Löcher«. Ein solches Objekt wäre ein Beispiel für eine »nackte Singularität«, d.h. eine Singularität auf kosmologischer Ebene, die direkt beobachtet werden kann.

Aufgrund des 2. Hauptsatzes der Thermodynamik halten die meisten Forscher jedoch die Existenz von »weißen Löchern« für unwahrscheinlich, und Penrose hat die Einführung eines Axioms vorgeschlagen, das sowohl die Existenz »weißer Löcher« als auch schwarzer Löcher ohne Ereignishorizont verbietet: »Gott verabscheut eine nackte Singularität«.

Innerhalb der Mathematik studiert ein besonderer Zweig der Topologie, die sogenannte Singularitätstheorie (Falten, Cusps usw.), welche Typen von Singularitäten Funktionen generell aufweisen können. Die Singularitäten können mit Hilfe von »Karten« beschrieben werden, die zeigen, wie ein Graph sich in ihrer

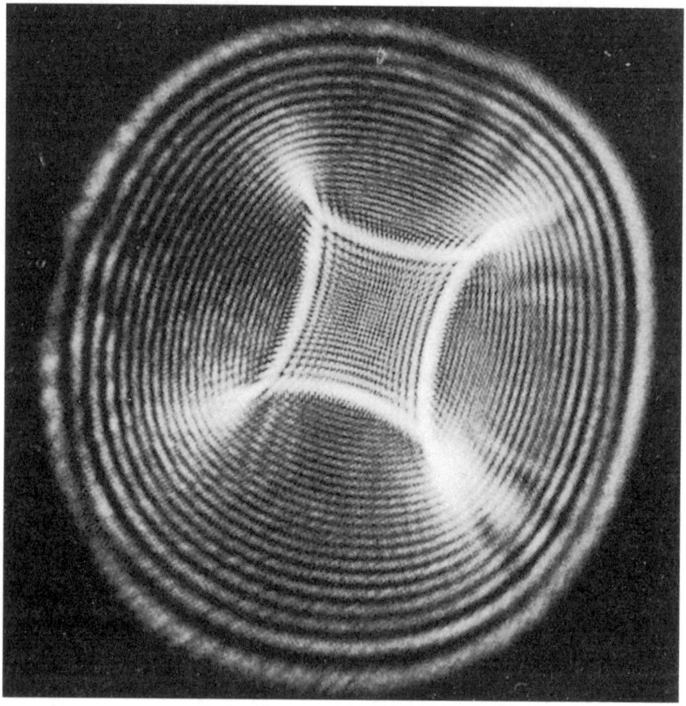

Singularitäten treten in vielen Zusammenhängen auf; hier sind sie direkt sichtbar als in Laserlicht erzeugte Brechungsmuster.

Umgebung verhält: Je komplizierter eine Singularität ist, desto komplizierter ist die Struktur aus Falten, Kanten und einfacheren Singularitäten, die sie um sich herum ausspannt. Die komplizierteren Singularitäten lagern somit die weniger komplizierten in sich ein, und die Forschung beschäftigt sich mit dem Studium von Singularitäten in großen Dimensionen, von denen viele noch nicht beschrieben sind. Die einfachsten dieser Singularitäten haben eine zentrale Rolle in der Katastrophentheorie gespielt.

Siehe auch: →Urknall, →schwarzes Loch, →Ereignishorizont, →Bifurkation, →Cusp, →Katastrophentheorie

Literatur: Coveney und Highfield (1994), Penrose (1991), Hawking (1991), Thom (1975)

Solipsismus *(Philosophie)*. Die Vorstellung, daß die Existenz des eigenen Bewußtseins das einzig Seiende ist und man entsprechend kein sicheres Wissen über die Existenz anderer Menschen oder anderer Dinge erhalten kann (lat. *solus:* allein + *ipse:* selbst). Die erste theoretische Formulierung des Solipsismus stammt von dem irischen Bischof George Berkeley (1686–1753). Er wandte sich gegen die Annahme, daß materielle Objekte unabhängig von unserer Wahrnehmung existieren. Für Berkeley existieren »Dinge« nur als wahrgenommen, nicht von der Wahrnehmung losgelöst.

In neuerer Zeit wurde der Solipsismus u.a. von dem chilenischen Biologen Humberto Maturana verteidigt, der in seiner kognitiven Biologie Organismen als autopoietisch definiert, was u.a. bedeutet, daß sie definieren, woraus ihre Umwelt besteht. Jede Wahrnehmung ist demnach nichts anderes als ein spezifischer innerer Zustand des Organismus.

Der amerikanische Philosoph Jerry Fodor vertrat in den 80er Jahren einen Standpunkt, den er als methodologischen Solipsismus bezeichnet. Ihm zufolge lassen sich psychische Funktionen und Phänomene unabhängig davon beschreiben, wie – und ob überhaupt – sie sich zur Umwelt verhalten.

Siehe auch: →Autopoiese, →Erkenntnistheorie

Literatur: Maturana und Varela (1991)

Soziobiologie. Das Studium des sozialen Verhaltens von Tieren nach evolutionsbiologischen Prinzipien.

Das klassische Studium des Verhaltens von Tieren ist die von Konrad Lorenz und Niko Tinbergen begründete Ethologie. Ihr Ziel ist es, Verhaltensweisen in der natürlichen Umwelt zu untersuchen und deren Ursachen und Funktion aus der Perspektive der Evolution zu verstehen.

Die Soziobiologie ist eine neuere Disziplin. Eines ihrer Ziele ist die Erklärung altruistischen (sich selbst opfernden) Verhaltens auf neodarwinistische Weise. Warum sollte man sich altruistisch verhalten, wenn in der Evolution nur der »Existenzkampf« des Individuums selbst zählt?

Die Theorie der Gruppenselektion als Erklärung für Altruismus wurde schnell wieder verlassen. Der Kern der Soziobiologie ist statt dessen die Verwandtenselektion: Verwandte Organismen enthalten gleiche Zustandsformen von Genen (Allele); sie bilden eine Gruppe von nahe verwandten Genotypen. Die Überlebenschancen von solchen gemeinsamen Genen werden durch altruistisches Verhalten erhöht.

Man muß unterscheiden zwischen (a) einer Soziobiologie, die auf der Grundlage konkreter empirischer Untersuchungen und allgemeiner evolutionärer Prinzipien Theorien über das soziale Leben von Tieren entwickelt, und (b) der Idee von der Soziobiologie als einer neuen Synthese der biologischen und »humanen« Verhaltensforschung, die jede Form von sozialem Verhalten, einschließlich der menschlichen Gesellschaft, auf neodarwinistischer Grundlage erklären will.

Die letztere Version der Soziobiologie wurde von dem amerikanischen Insektenforscher Edward O. Wilson im Jahre 1975 vorgestellt. Es folgte eine lange öffentliche Debatte, während der Wilsons Theorien die Kritik entgegengebracht wurde, sie seien reduktionistisch, sexistisch und von einer stark reaktionären Gesellschaftsauffassung geprägt.

Siehe auch: →Gruppenselektion, →Neodarwinismus, →Reduktionismus, →egoistische Gene

Literatur: Wickler und Seibt (1991), Kitcher (1985)

Spin *(Physik)*. Eine fundamentale quantenmechanische Eigenschaft von Elementarteilchen. Es gibt keine deckende klassische Analogie für diese Eigenschaft, die vielleicht mit dem Drehimpuls eines Körpers bei Rotation um die eigene Achse verglichen werden kann.

Der Spin wird in Einheiten von $1{,}0546 \times 10^{-34}$ Js gemessen (Plancksches Wirkungsquantum dividiert durch 2π) und ist eine quantisierte Größe: Sie kann nur bestimmte Werte anneh-

men, die um ½ voneinander verschieden sind. Jedes Elementarteilchen besitzt seinen eigenen charakteristischen Spin und wird entweder als Fermion oder als Boson klassifiziert, abhängig davon, ob der Spinwert halbzahlig (½, 3/2, 5/2, ...) oder ganzzahlig (0, 1, 2, ...) ist.
Fermionen – auch Materieteilchen genannt – können laut Pauli-Prinzip einen quantenmechanischen Zustand nur einzeln besetzen (sie gehorchen der Fermi-Dirac-Statistik), während Bosonen – auch Wechselwirkungsteilchen genannt – diese Einschränkung nicht kennen (sie gehorchen der Bose-Einstein-Statistik). Quarks und Leptonen sind Fermionen, während Photonen und Gravitonen Bosonen sind.
Siehe auch: →Quantentheorie
Literatur: Hawking (1991), Gribbin (1993)

Split-brain *(Hirnforschung)*. Bezeichnung für 1. eine Gruppe von Patienten, an denen eine Split-brain-Operation vorgenommen wurde, und 2. die Auffassung, daß die beiden Hälften des Gehirns relativ autonom funktionieren, d.h. in sehr hohem Maße wie zwei voneinander unabhängige Einzelgehirne.
Mit dem Ziel, bestimmte seltene Formen von schwerer Epilepsie zu behandeln, nahm der amerikanische Neurophysiologe Roger Sperry in den 60er Jahren chirurgische Eingriffe vor, bei denen er die Nervenbahnen durchschnitt, die die beiden Hälften (Hemisphären) des Gehirns miteinander verbinden. Es stellte sich heraus, daß dieser Eingriff fast keine Nebenwirkungen verursacht. Split-brain-Patienten zeigen unter normalen Bedingungen des Alltags kaum Funktionsausfälle.
Eine Reihe psychologischer Tests zeigte allerdings später, daß die beiden Hemisphären nach eigenen Regeln und Richtlinien funktionieren, d.h den Zustrom von Sinneseindrücken unterschiedlich verarbeiten.
Die Entdeckung der zerebralen Asymmetrie regte zu einer Reihe von Untersuchungen und Analysen an, die zu einer meist sehr spekulativen Rechts/links-Aufteilung des Gehirns führten:

Vernunft/Gefühl, sprachlich/visuell, logisch/kreativ usw. Man meinte, die linke Gehirnhälfte, von der die meisten sprachlichen Fertigkeiten gesteuert werden, sei die »logische« und analytische, während die rechte vor allem für das »Intuitive«, das Gesamtheiten Auffassende und das Synthetisierende verantwortlich sei.
Es hat sich jedoch herausgestellt, daß diese oft ideologisch gefärbten Begriffspaare auf voreiligen Schlüssen beruhen. Z.T. handelt es sich um die Wiederbelebung sehr alter (antiker) Vorstellungen, z.B. über die Lage von »Intellekt« (linke Hemisphäre) und Wahrnehmung (rechte Hemisphäre). Dennoch herrscht kaum Zweifel darüber, daß die Hemisphären des Gehirns und die von ihnen gesteuerten übergeordneten psychischen Funktionen sich voneinander unterscheiden.
Literatur: Birbaumer und Schmidt (1991)

springende Gene *(Molekularbiologie).* Gene mit der Fähigkeit, von einem Platz im Erbgut an einen anderen zu wechseln.
Gene liegen normalerweise an festen Plätzen der DNA-Stränge (den Chromosomen). Doch es es gibt Situationen, die zu einer Ortsverlagerung führen:
1. Bei manchen Mutationen werden Teile eines Chromosoms nach einem Bruch umgedreht, so daß vorher weit auseinanderliegende Gene nebeneinander geraten.
2. Manche Viren können ihr Erbgut in die DNA einer Zelle einfügen. Wenn sich die Zelle teilt, kopiert sie auch das Viruserbgut.
3. Im Genom (der gesamten Erbmasse) der Zellen gibt es besondere Gene, sogenannte transposable Elemente, die sich aktiv aus dem Genom herausschneiden und an einer anderen Stelle des Genoms wieder einfügen können. Bei einer Variante dieses Phänomens, der »replikativen Transposition«, wird eine Kopie des alten Gens an seinem ursprünglichen Ort hinterlassen.

Es gibt verschiedene Typen springender Gene. »Transposons« etwa sind Elemente, die für ihre eigenen Wanderungen notwendige Informationen sowie eventuelle zusätzliche Gene enthalten. Bei Bakterien sind das oft Resistenzfaktoren gegen Antibiotika, bei Tieren und Pflanzen Gene mit regulatorischen Signalen.

Springende Gene sind einer der Motoren der Evolution, weil sie auf eine ähnliche Weise wie Mutationen für genetische Variation sorgen. Transpositionen (Sprünge) im Genom können zur Bildung von Genfamilien beigetragen haben. Die etwa 300 Basen-Paare lange Alu-Sequenz ist ein Beispiel. Sie hat sich beim Menschen auf ca. 400.000 Exemplare vermehrt, die überall im Genom verteilt sind und insgesamt ca. fünf Prozent der menschlichen Erbmasse ausmachen.

Ein medizinisches Problem stellen die springenden Gene von Bakterien dar, da sie häufig auch Resistenzen gegen Antibiotika übertragen. Sie können vom Chromosom einer Zelle auf ein Plasmid (Minichromosom) springen. Weil Bakterien in der Lage sind, solche Plasmide untereinander auszutauschen, können sich auf diese Weise Antibiotika-Resistenzen schnell unter verschiedenen Bakterienstämmen ausbreiten.

Siehe auch: →DNA, →Evolutionstheorie, →Gen

Literatur: Fedoroff (1984), Rennie (1993)

Struktur *(Philosophie)*. Dieser klassische Begriff hat durch die Arbeiten des französischen Philosophen Jean Petitot neue Aktualität gewonnen. Petitot benutzt das Wort Struktur als Bezeichnung für all die formmäßigen Phänomene, die sich nicht auf einzelne Elemente reduzieren lassen.

Von den Gedanken Kants ausgehend, sieht Petitot es als möglich an, strukturelle Phänomene als objektiv existierend zu betrachten – parallel zu, jedoch nicht identisch mit der klassischen physikalischen Objektivität physikalischer Phänomene. Eine neue Wissenschaft würde dann Struktur in all ihren verschiedenen Manifestationen studieren können, und Petitot stellt sich vor, daß Fragen der Form in der Makrophysik, der Biologie, der Gestalttheorie, der Semiotik, der Linguistik und der Literaturwissenschaft ein und dasselbe Gebiet ausmachen, da es sich in allen Fällen um

strukturelle Fragen handelt, die untersuchen, wie einzelne Teile in einer in einem abstrakten oder konkreten Raum ausgespannten Konfiguration im Verhältnis zueinander definiert werden.
Das als Organismus verstandene Tier stellt somit eine Struktur dar, genau wie die Glieder eines Satzes oder die Atome eines Kristalls. Petitot plädiert auf diese Weise für eine Wiederaufnahme und eine Erweiterung des französischen Strukturalismus. Weil die Struktur sich damit beschäftigt, auf welche Weise Teile sich in einem Raum befinden, ist sie für Petitot ein topologisches Phänomen, und daher wären die Katastrophentheorie und die Chaostheorie Hilfsmittel zur Begründung dieser neuen Strukturwissenschaft.

Siehe auch: →Katastrophentheorie, →Chaos, →Emergenz

Literatur: Petitot (1992, 1994)

stummes Wissen *(Psychologie, künstliche Intelligenz)*. Bezeichnung für das Wissen, dessen ein Mensch sich bedient, ohne es als Aussage formulieren zu können (engl. *tacit knowledge*, beschrieben um 1960 von dem ungarisch-englischen Philosophen Michael Polanyi).
Innerhalb der Philosophie haben sich mehrere Denker dieses Jahrhunderts mit einem sogenannten nicht-formulierten Wissen beschäftigt, z.B. Heidegger und Gilbert Ryle, doch die explizite Formulierung des Begriffes stammt von Polanyi, der stummes Wissen zur Beschreibung von Mustererkennung (die nicht bewußt ausgeführt wird) und von komplizierten, automatisch ausgeführten Handlungsketten (wie Radfahren) benutzt.
Stummes Wissen ist in Verbindung mit der Forschung zu künstlicher Intelligenz von Interesse, da man, um ein Computerprogramm schreiben zu können, natürlich das Wissen verbalisieren muß, das dieses Programm enthalten soll. Die Amerikaner Hubert und Stuart Dreyfus führten z.B. erlernte Fähigkeiten (Schach, Autofahren) als Hauptbeispiele in ihrer Kritik an der Forschung zu künstlicher Intelligenz an.
Stummes Wissen ist nicht allgemein als Terminus technicus an-

erkannt, doch das Problem, das der Begriff deckt, wird unter verschiedenen Bezeichnungen von vielen Denkern aus dem Umkreis der künstlichen Intelligenz behandelt. Bei dem amerikanischen Philosophen Daniel Dennett stößt man auf den nahe verwandten Begriff implizite Information; diese wird einfach als die Information definiert, die von der expliziten Information vorausgesetzt wird. Bei einem anderen amerikanischen Philosophen, John Searle, entspricht dem stummen Wissen ungefähr »background«, eine Bezeichnung für die mentalen Fähigkeiten, die Voraussetzung für Repräsentation und Intention sind. Auch der Schlüsselbegriff »intuitive Expertise«, den Hubert und Stuart Dreyfus benutzen, erinnert an stummes Wissen.

Siehe auch: →künstliche Intelligenz, →Intentionalität

Literatur: Polanyi (1969), Nørretranders (1994)

subliminale Wahrnehmung *(Psychologie).* Wahrnehmung von Reizen, die unterhalb der Bewußtseinsschwelle liegen (lat. *sub:* unter, *limen:* Grenze, Schwelle).

Bei der Erforschung der menschlichen Sinneswahrnehmung seit Ende des 19. Jahrhunderts spielte die Vorstellung einer Schwelle, unterhalb derer Reize vom Organismus nicht registriert werden können, eine wichtige Rolle.

Psychologische Tests in den 50er Jahren zeigten jedoch, daß z. B. ultrakurze Bilder, die vom Bewußtsein nicht erfaßt werden, dennoch das Verhalten beeinflussen können. Versuche amerikanischer Werbefirmen, daraufhin Reklamezeit für subliminale Beeinflussung zu verkaufen, lösten einen Proteststurm und ein Verbot dieser Art von unterschwelliger Manipulation aus. Die weitere Erforschung der subliminalen Wahrnehmung in den 70er und 80er Jahren hat bestätigt, daß ein großer Teil der Information, die der Mensch über Sinneseindrücke aufnimmt und verarbeitet, vom Bewußtsein nicht erfaßt wird, dennoch aber sein Verhalten steuert. Subliminale Wahrnehmung spielt eine große Rolle etwa bei Lernprozessen, Orientierung im Raum usw.

Literatur: Nørretranders (1994), Dixon (1971, 1981)

Supernova *(Astrophysik)*. Der Untergang eines Sterns in Form einer gigantischen Explosion. Der Name ist von der klassischen Bezeichnung für einen »neuen Stern« *(stella nova,* nach Tycho Brahe, 1573) abgeleitet, womit man einen Stern meinte, der für kurze Zeit am Himmel aufleuchtet, wodurch der Eindruck entsteht, ein neuer Stern sei entstanden.

Während es sich bei einer Nova um ein wiederkehrendes Phänomen handelt, ist das Schicksal einer Supernova unwiderruflich – ein schwerer Stern wird durch eine Explosion völlig zerstört. Im Laufe einiger Wochen kann eine solche Explosion mehr Energie freisetzen, als die Sonne während ihres zehn Milliarden Jahre langen Lebens produziert.

Der Prozeß beginnt mit einem Kollaps des Sternkerns, worauf der ihn umgebende Mantel plötzlich auf ihn stürzt. Die Materie wird auf Milliarden von Grad erwärmt, und eine lange Reihe verschiedener Atomkernreaktionen löst die gewaltige Energiemenge aus. Die Reste werden in die Umgebung der Supernova geschleudert und allmählich mit der übrigen Materie zwischen den Sternen vermischt, während der Kern entweder als Neutronenstern (den man in manchen Fällen als Pulsar beobachten kann, das ist eine astronomische Radioquelle, die Strahlung in Stößen aussendet oder »pulsiert«) oder als schwarzes Loch zurückbleibt.

In unserer eigenen Galaxis wurde die letzte Supernova im Jahre 1604 beobachtet, doch Berichte über die »neuen Sterne« oder »Gaststerne« sind wesentlich älteren Datums. In unserer Zeit wurde am 23. Februar 1987 eine Supernova in einer Nachbargalaxis, der Großen Magellanschen Wolke, beobachtet.

Die große astronomische Bedeutung der Supernovas hängt u.a. damit zusammen, daß wir durch sie einige der gewaltigsten Prozesse der Natur studieren und daraus Gesetze für das Verhalten der Natur unter extremen Bedingungen ableiten können. Außerdem sind Supernovas aufgrund ihrer enormen Lichtstärke wichtig für die Messung großer Abstände.

Siehe auch: →schwarzes Loch

Literatur: Gribbin und Rees (1994)

Superstring *(Physik).* Ein theoretisch angenommenes eindimensionales Objekt, das in seinen verschiedenen Vibrationszuständen alle bekannten Teilchen ausmacht. »Super« erinnert daran, daß die Beschreibung Supersymmetrie aufweist, d.h. Austauschbarkeit von Teilchen und Wechselwirkungen beinhaltet.
Die Superstringtheorien sind der neueste und überzeugendste Versuch einer »Theorie für alles«, d.h. einer einheitlichen Beschreibung aller vier bekannten Wechselwirkungen: der starken und schwachen Kernkräfte, des Elektromagnetismus und der Gravitation. In die früheren Versuche, die zu den sogenannten Großen vereinheitlichten Theorien führten, konnte man die Gravitation nicht miteinbeziehen.
Das Problem besteht darin, daß die Gravitation im Gegensatz zu den drei anderen Wechselwirkungen nicht renormiert werden kann, d.h. sie kann nicht Teil eines Formalismus sein, bei dem Singularitäten durch die Subtraktion anderer Singularitäten entfernt werden. Dieses Renormierungsproblem hängt damit zusammen, daß die kleinsten Einheiten anderer Theorien Punkte sind, und es scheint zu verschwinden, wenn man die Punkte durch eindimensionale Größen – Strings – ersetzt. Diese Erkenntnis führte zur Erstellung der ersten Stringtheorien, die allerdings mit neuen formalen Problemen behaftet waren.
Die fundamentale Größe der Superstringtheorien ist ein geschlossener String, der Schwingungen in zwei Richtungen ausführen kann. Schwingt der String in die eine Richtung, repräsentiert er Elementarteilchen, schwingt er in die andere Richtung, repräsentiert er ein Wechselwirkungsquant. Die Schwingungen geschehen in einem Raum mit 26 bzw. 10 Dimensionen, von denen vier für die drei räumlichen und die eine zeitliche Dimension reserviert sind. Die anderen Dimensionen sind »zusammengeknäult« oder kompaktifiziert, wie man sagt.
Sämtliche Elementarteilchen und Wechselwirkungsquanten werden nun als verschiedene »angenommene« Schwingungszustände aufgefaßt, und Elementarteilchenprozesse – z.B. Zerfall –

werden als Teilungen oder Verschmelzungen dieses fundamentalen Objektes betrachtet.

Es ist noch nicht gelungen, die Superstringtheorien experimentell zu erproben, doch viele Forscher halten sie dennoch für den realistischsten Vorschlag für eine eventuelle zukünftige, allesumfassende Theorie.

Siehe auch: →Supersymmetrie, →Große vereinheitlichte Theorien, →Renormierung

Literatur: Gell-Mann (1995)

Supersymmetrie *(Physik).* Eine Eigenschaft von Beschreibungen auf dem Gebiet der Elementarteilchenphysik, die nicht zwischen Teilchen und Kräften unterscheiden.

Zum sogenannten Standardmodell für die Elementarteilchen gehört eine deutliche Unterscheidung zwischen Fermionen (Materieteilchen) und Bosonen (Wechselwirkungsteilchen). Beispiele für Fermionen sind Quarks, Elektronen und Neutrinos, Beispiele für Bosonen sind Photonen, Gravitonen und W-Teilchen. In der nächsten Generation von Theorien zur Beschreibung der kleinsten Teilchen der Natur – wobei es sich höchstwahrscheinlich um die Superstringtheorien handelt – wird diese Unterscheidung zwischen Materie und Wechselwirkung aufgehoben sein; die neue Eigenschaft nennt man Supersymmetrie. Jedes Teilchen wird in einer solchen Theorie einen supersymmetrischen Partner haben. Die Namen für die Partner der gewöhnlichen Materieteilchen werden durch Voranstellung von s- gebildet, die der gewöhnlichen Wechselwirkungsteilchen durch Anhängung von -ino. Der supersymmetrische Partner des Elektrons heißt beispielsweise Selektron, der des Photons heißt Photino usw.

Man vermutet, daß nur der eine der supersymmetrischen Partner – man weiß nicht, um welchen es sich handeln, nur daß es der leichtere ist – stabil und gegebenenfalls experimentell nachweisbar ist. Bei diesem leichteren supersymmetrischen Partner könnte es sich, wie manche Forscher vorgeschlagen haben, um einen rein hypothetischen Lieferanten der »fehlenden Masse« des Universums handeln.

Siehe auch: →Symmetrie, →Superstring, →fehlende Masse

Literatur: Gribbin und Rees (1994), Gell-Mann (1995)

Supervenienz *(Philosophie).* Der Umstand, daß ein bestimmtes Phänomen zu verschiedenen Zeiten durch verschiedene Ursachen verursacht worden sein kann, ohne daß dies der klassischen Naturwissenschaft widerspricht (lat. *supervenire:* unvermutet dazukommen, überraschen).

Man nimmt gewöhnlich an, daß die klassische Naturwissenschaft u.a. darauf basiert, daß jedes Phänomen eine – und nur eine – spezifische Ursache hat. Supervenienz bezeichnet einen ursächlichen Zusammenhang, bei dem ein Phänomen zu einem Zeitpunkt von einem Umstand determiniert wird, zu einem anderen Zeitpunkt dagegen von einem anderen.

Beispielsweise kann eine bestimmte Temperatur, definiert als die durchschnittliche kinetische Energie in einem System, auf verschiedene Weisen entstanden sein, z.B. elektrisch oder mechanisch. Man sagt dann, daß die Temperatur im System supervenient auf verschiedenen Supervenienzbasen ist, was bedeutet, daß das Phänomen eine endliche Anzahl von Ursachen hat.

Supervenienz ist ein in der modernen Wissenschaftstheorie umstrittener Begriff. Manche Forscher meinen, daß Supervenienz innerhalb eines traditionellen wissenschaftlichen Rahmens ursächliche Verhältnisse zwischen Phänomenen beschreiben kann, die auf verschiedenen Ebenen existieren, während andere der Auffassung sind, daß der Begriff gerade das Nichtreduzierbare in einem ursächlichen Zusammenhang bezeichnet, der zwei Ebenen miteinander in Beziehung setzt, z.B. das Gehirn im Verhältnis zur Psyche.

Siehe auch: →Reduktionismus, →Organisationsniveau, →Emergenz

Literatur: Kim (1984), Seager (1991)

Supraleitung *(Physik).* Das Phänomen, daß elektrischer Strom völlig widerstandslos geleitet wird. Setzt man beispielsweise einen elektrischen Strom in einem Ring aus supraleitendem Material in Gang, kann dieser jahrelang unvermindert fließen.

Supraleitung wurde 1911 durch Untersuchungen des Holländers H. Kammerlingh Onnes nachgewiesen, der sich mit den Eigenschaften von Stoffen bei niedrigen Temperaturen beschäftigte. Er stellte fest, daß der elektrische Widerstand von Quecksilber bei ca. 4 Grad über dem absoluten Nullpunkt völlig verschwand. Zunächst hatte man angenommen, daß der Widerstand bei Abkühlung allmählich kleiner werden würde, statt dessen stellte sich der supraleitende Zustand wie bei einem Phasenübergang ein, also bei einer sehr genau definierbaren Temperatur (Sprungtemperatur).

Dasselbe Verhalten konnte man bei allen leitenden Metallen feststellen, doch findet der Übergang zur Supraleitung abhängig vom Material bei unterschiedlichen Temperaturen statt; es handelt sich dabei in allen Fällen um Temperaturen, die um wenige Grade über dem absoluten Nullpunkt (–273 °C) liegen.

Die heute akzeptierte Erklärung des Phänomens wurde 1957 von den amerikanischen Physikern John Bardeen, Leon Cooper und Robert Schrieffer geliefert. Sie geht davon aus, daß die Elektronen des supraleitenden Materials sich zu sogenannten Cooper-Paaren zusammenschließen, die in der Lage sind, eine kollektive, unbehinderte Bewegung zwischen den Atomen des Materials auszuführen – was elektrischem Strom ohne Widerstand gleichkommt.

Heute wird umfangreiche Forschung auf dem Gebiet »Supraleitung bei Zimmertemperatur« betrieben. Ihr Ziel ist es, Materialien zu finden, deren Übergang zu Supraleitung bei relativ niedrigen Temperaturen geschieht. Man hat keramische Stoffe gefunden, deren Sprungtemperatur bei ca. –100 °C liegt; Supraleitung bei eigentlicher Zimmertemperatur konnte jedoch noch nicht nachgewiesen werden.

Falls Supraleitung dieser Art einmal möglich sein wird, würde sie mit großer Wahrscheinlichkeit zu einer völligen Veränderung unseres Alltags führen.

Siehe auch: →Quantentheorie, →Phasenübergang, →kollektive Phänomene

Literatur: Mayer-Kuckuk (1989), Buckel (1989)

Symmetrie *(Physik).* In der Physik bezeichnet Symmetrie etwas Abstrakteres als in der Alltagssprache, nämlich das Phänomen, daß eine bestimmte Eigenschaft von Veränderungen, die man an einem Gegenstand vornimmt, nicht beeinflußt wird. In diesem Fall spricht man von Symmetrie oder Invarianz in bezug auf die betreffende Eigenschaft.

Ein Kreis besitzt Rotationssymmetrie, weil er vor und nach einer Drehung um sein Zentrum dieselbe geometrische Figur bildet. Ein gleichschenkliges Dreieck ist symmetrisch in bezug auf Drehungen um 120, 240, 360, 480 … Grad um sein Zentrum. Kristallstrukturen weisen entsprechende räumliche Symmetrien auf. Der dreidimensionale Raum (im abstrakten Sinne, ohne Inhalt an Gegenständen) ist verschiebungs- und drehsymmetrisch; diese beiden Eigenschaften bezeichnet man als Homogenität bzw. Isotropie.

Die Gesetze der klassischen Physik für die Mechanik und den Elektromagnetismus sind zeitsymmetrisch: Wenn ein bestimmter Begebenheitsverlauf nach diesen Gesetzen zugelassen ist, erhält man auch einen zugelassenen Verlauf, wenn man sich eine zeitlich umgekehrte Version vorstellt (»den Film zurücklaufen läßt«). Dagegen ist die Thermodynamik aufgrund ihres 2. Hauptsatzes, der das Wachstum der Entropie im Laufe der Zeit betrifft, nicht zeitsymmetrisch. Den mathematischen Apparat, der diese Symmetrien beschreibt, liefert die Gruppentheorie. In der Physik wird der Symmetriebegriff in einer umfassenden Bedeutung verwendet, so daß die Unveränderlichkeit auch andere Typen von Transformationen einschließt als die rein geometrischen. Die Homogenität und die Isotropie des Raumes können sich beispielsweise als das Gesetz über die Erhaltung von Impuls bzw. Drehimpuls eines mechanischen Systems ausdrücken. Hier ist die sogenannte Lagrange-Funktion – ein mathematischer Ausdruck, der die gesamte dynamische Information über das betreffende System enthält – vor und nach der Verschiebung (bzw. Rotation) des Raumes gleich. Diese Eigenschaft, mathematische Unveränderlichkeit, wird in sämtlichen akzeptierten Theorien über die kleinsten Teile der Materie und ihre Wechselwirkungen ausgenutzt und weitergeführt; in diesem Zusammenhang spricht man von Eichsymmetrie.

Die Eichsymmetrie äußert sich in der Welt der Elementarteilchen teils in Form von Erhaltungssätzen (elektrische Ladung bleibt erhalten, genau wie die Baryonenzahl, der Isospin usw.), teils als Unempfindlichkeit physikalischer Gesetze gegenüber Transformationen entsprechend der oben erwähnten Zeitumkehrung: Austausch von Teilchen und Antiteilchen, Spiegelung usw. Die Gesetze der sogenannten supersymmetrischen Theorien erlauben sogar völlige Austauschbarkeit zwischen Teilchen und Kräften.

Äußerst interessant für das Verständnis des Universums sind gebrochene Symmetrien: Der Unterschied zwischen den vier bekannten Wechselwirkungen, die beobachtete Dominanz von Materie über Antimaterie und – nicht zuletzt – der wohlbekannte Unterschied zwischen Vergangenheit und Zukunft.

Siehe auch: →Eichsymmetrie, →Supersymmetrie, →Entropie, →Symmetriebrechung, →Irreversibilität, →Quasikristall, →Penrose-Fliese

Literatur: Ferris (1989), Hawking (1991), Gell-Mann (1995), Mayer-Kuckuk (1989)

Symmetriebrechung *(Physik)*. Eine Entwicklung in einem physikalischen System, bei der das System eine von mehreren gleich wahrscheinlichen (symmetrischen) Möglichkeiten vorzugsweise realisiert.

Die meisten physikalischen Gesetze sind symmetrisch, d.h. sie gelten auf gleiche Weise in allen Richtungen von Zeit und Raum. Eine Symmetriebrechung liegt dann vor, wenn diese Gültigkeit eingeschränkt wird.

Symmetriebrechung geschieht im großen wie auch im kleinen Maßstab. Im Zusammenhang mit der Entwicklung des Universums, der allgemeinen Abkühlung nach dem Urknall, nimmt man an, daß sehr einfache physikalische Gesetze durch Symmetriebrechung von komplexeren abgelöst wurden. Zu einem sehr frühen Zeitpunkt bestanden beispielsweise alle bekannten Kräfte aus einer Kraft, doch während sich das Universum allmählich abkühlte, spalteten sich die einzelnen uns bekannten grundlegenden Kräfte durch Symmetriebrechung ab: Die Kraft wirkte nun nicht mehr symmetrisch auf alle Teilchen.
Ein alltäglicheres Beispiel für eine Symmetriebrechung stellt zu Eis gefrierendes Wasser dar. In diesem Fall wird die Richtungssymmetrie gebrochen; während man vorher in jeder beliebigen Richtung ein Wassermolekül finden konnte, gibt es in der Kristallstruktur bestimmte Richtungen, die privilegierter sind als andere.
Man nimmt an, daß man durch Symmetrie-Überlegungen die verborgene Gesetzmäßigkeit hinter asymmetrischen Erscheinungen finden kann; in der Kosmologie und der Quantenmechanik sind Symmetrie-Überlegungen sehr verbreitet (z.B.: zu jedem Teilchen gibt es ein Antiteilchen).
Viele Arten von Emergenz scheinen den Charakter einer Symmetriebrechung zu haben, und wie im Falle der Emergenz scheint ein allgemeines Verständnis der Symmetriebrechung noch nicht in unmittelbarer Reichweite zu sein; man stellt eher ihre Existenz fest, als sie zu erklären.

Siehe auch: →Symmetrie, →Supersymmetrie, →Eichsymmetrie, →Urknall, →Emergenz, →Phasenübergang

Literatur: Gribbin und Rees (1994), Hawking (1991), Gell-Mann (1995)

Synapse *(Hirnforschung).* Die Stelle, an der sich die Fortsätze zweier Nervenzellen berühren (gr. *synapsis:* Verknüpfung).
Wenn ein elektrischer Impuls von einem Neuron auf ein anderes übertragen werden soll, so geschieht dies dadurch, daß der Nervenimpuls im Fortsatz des ersten Neurons (dem Axon) die Frei-

setzung einer chemischen Substanz in der Synapse auslöst. Da die Fortsätze vieler Neuronen am selben Neuron aufeinandertreffen, entscheiden elektrische und chemische Prozesse im Zielneuron, ob ein elektrischer Impuls und damit Information weitergegeben wird.
Es hat zahlreiche Überlegungen darüber gegeben, ob der Synapse eine Art von Gedächtnisfunktion zugemessen werden kann. Man stellte sich dabei vor, daß in der Synapse sozusagen ein Weg gebahnt wird, wodurch bestimmte Neuronen ständig zusammengekoppelt werden. Diese Frage ist jedoch bei weitem nicht geklärt.

Siehe auch: →Neuronentheorie, →Neurotransmitter, →Engramm

Literatur: Allman (1993), Popper und Eccles (1994)

Synergie *(Biologie)*, auch Synergismus. Zusammenwirken (gr. *syn:* zusammen, *ergon:* Arbeit). Wenn mindestens zwei Faktoren zusammenwirken und dabei mehr und anderes entsteht als nur die Summe ihrer Wirkungen, spricht man von Synergie.
Das Wort wurde ursprünglich in Verbindung mit biologischen Prozessen benutzt, beispielsweise dem symbiotischen Verhältnis zwischen Individuen oder der Zusammenarbeit verschiedener Teile des Gehirns bei der Kontrolle des Bewegungsapparates (z. B. beim Gehen). Allgemein wird Synergie als charakteristische Eigenschaft von Systemen mit harmonisch zusammenarbeitenden Teilen definiert, und der Begriff ist allmählich in bestimmten Kreisen, z. B. im Management, zu einer Art Klischee geworden.
Synergetik ist ein interdisziplinäres Forschungsgebiet, das die Verbindung zwischen dynamischen Systemen und statistischen Erscheinungen herstellt.

Siehe auch: →allgemeine Systemtheorie, →Emergenz, →kollektive Phänomene

Literatur: Haken (1984), Corning (1983)

T

Teleologie *(Philosophie, Biologie).* Die Lehre vom Zweck, wonach nicht nur menschliches Handeln, sondern das Naturgeschehen im ganzen wie im einzelnen durch Zwecke (teleologisch) geleitet wird, also zielgerichtet ist (von gr. *telos:* Ziel, Zweck).
Die Frage nach der Teleologie wird in der Philosophie der Biologie folgendermaßen formuliert: »Auf welche Weisen kann man die anscheinend vorhandene Zielgerichtetheit lebender Wesen, die die nicht-organische Natur nicht besitzt, erklären?«
Der Philosoph Kant betrachtete diese Frage als eine Antinomie, d.h. als einen unlösbaren Gegensatz: Wir können ein Tier nicht verstehen, ohne es als auf bestimmte Zwecke ausgerichtet aufzufassen; doch dem Begriff »Zweck« kann man laut Kant keine objektive Existenz zuschreiben, weshalb er meinte, daß die Biologie keine eigentliche Wissenschaft sei. Dies war für die Biologie unbefriedigend, und man trennnte 1. die Frage nach der Existenz von Zwecken von 2. der Frage der Notwendigkeit von Zweckerklärungen.

1. Gibt es so etwas wie Zwecke in der Welt, und besonders in der biologischen Welt? Die Antwort lautet gewöhnlich, daß Darwin die Teleologie abschaffte, indem er zeigte, daß das, was einer sinnreichen Konstruktion der Funktionen des Organismus durch die Hand Gottes ähnelt, »mechanisch« durch die Theorie der natürlichen Selektion erklärt werden kann. Die Teleologie existiert also nur scheinbar (und wird daher häufig als Teleonomie bezeichnet).
   Eine zweite Antwort ist, daß Organismen – obwohl die erste Antwort richtig ist – so komplex sind, daß zumindest höhere Tiere und Menschen die Eigenschaft besitzen, Zweck, Absichten, Intentionalität u.ä. haben zu können. In diesem Zusammenhang ist Teleologie die Bezeichnung für die Eigenschaft von Organismen mit Nervensystemen, daß sie mentale Vorstellungen von bestimmten Zwecken haben und daher teleologisch handeln können.
   Eine dritte Antwort ist die kybernetische: Jeder noch so einfache Gegenstand (eine Maschine oder ein Tier), der Informa-

tion aus seiner Umgebung bezieht, sie verarbeitet und sich danach richtet, handelt teleologisch, unabhängig davon, ob das Tier oder die Maschine »Bewußtsein« hat oder nicht. (Im Falle der Maschine kann man allerdings sagen, daß die Teleologie von den Absichten des Menschen, der sie konstruiert hat, abgeleitet wird.)

2. Gibt es Arten von Erklärungen, die notwendigerweise teleologisch sein müssen, d.h. sich auf einen Zweck beziehen? Eine typische Antwort ist, daß dies nie für die Physik gilt, deren Erklärungen ausschließlich kausal sind, d.h. sie beziehen sich auf Ursache/Wirkung in einfachen Wechselwirkungen. Innerhalb der Biologie gibt es jedoch teleologische Erklärungen in der Form von funktionalen Erklärungen (»Das Herz ist dazu da, um Blut zu pumpen«, wobei das »um zu« indirekt auf eine Hypothese über die Entstehung der Funktion durch natürliche Selektion hinweist). In den Gesellschaftswissenschaften treten teleologische Erklärungen als Motiverklärungen für die Handlungen von Personen und Gruppen auf.

Siehe auch: →natürliche Selektion, →Intentionalität

Literatur: Ruse (1988), Ewers (1986)

Theorie des stationären Zustands *(Astrophyik).* Eine Theorie über das Universum, die nicht mit einem Beginn durch einen Urknall operiert, sondern statt dessen voraussetzt, daß Materie kontinuierlich im Universum geschaffen wird. Die heute aufgegebene Theorie wurde von Hermann Bondi, Thomas Gold und Fred Hoyle entwickelt und 1948 veröffentlicht.

Die Urheber der Theorie des stationären Zustands konnten sich nicht mit dem Gedanken anfreunden, daß es einen Entstehungszeitpunkt für das Universum gibt, so wie es die konkurrierende Urknall-Theorie voraussetzt. Da Messungen der systematischen Bewegungen weit entfernter Galaxien jedoch zeigen, daß das Universum sich ausdehnt, muß man mit einer ständigen Entstehung von Materie rechnen, wenn das Universum in der Zeit unverändert sein soll. Forschern, die anführten, daß dieses Merkmal dem Gesetz von der Bewahrung der Energie (und der Masse) widerspräche, begegnete man mit dem Argument, daß die gleiche Entstehung von Materie auch in dem traditionellen Urknall-Modell notwendig ist, wenn auch nur zu einem Zeitpunkt.

Die Voraussagen der Theorie des stationären Zustands entsprechen allerdings nicht den tatsächlichen Beobachtungen. Sowohl statistische Untersuchungen weit entfernter Strahlungsquellen – ausgeführt vor allem durch die Radioastronomie – als auch die Existenz der kosmischen Hintergrundstrahlung zeugen von einem Universum, das in einer fernen Vergangenheit von dem heute existierenden wesensverschieden war.

Siehe auch: →kosmologisches Prinzip, →Urknall, →kosmische Hintergrundstrahlung

Literatur: Hawking (1991)

Thermodynamik *(Physik, Chemie).* Wärmelehre. Disziplin der Physik, deren Thema das Zusammenspiel der Wärme – einer besonderen Form der Energie – mit den übrigen Energieformen ist (von gr. *thermé:* Wärme).

Der 1. Hauptsatz der Thermodynamik setzt voraus, daß Wärme eine Energieform ist, und besagt, daß die Energie erhalten wird. Energie kann zwar in mechanische, elektromagnetische und andere »wohldefinierte« Energieformen umgewandelt werden, aber sie geht nicht verloren.

Charakteristisch ist allerdings, daß mechanische Energie nicht frei in Wärme umsetzbar ist, da Wärme eine zusätzliche Eigenschaft besitzt, die von der Temperatur bestimmt wird. Als Maß für diese Eigenschaft – oder, besser gesagt, fehlende Qualität – verwendet man den Begriff Entropie, der – populär ausgedrückt – für Unordnung steht. Die Entropie ist eine fundamentale Größe, die – als einzige in der klassischen Physik – in bezug auf Vergangenheit und Zukunft nicht symmetrisch ist: Die Entropie eines geschlossenen Systems kann nicht abnehmen (Aussage des 2. Hauptsatzes der Thermodynamik). Diese Asymmetrie hat zu einer bis heute noch nicht beendeten Diskussion u.a. über die Natur der Zeit geführt.

Als naturwissenschaftliche Disziplin unterscheidet sich die Thermodynamik dadurch von allen anderen Disziplinen, daß sie auf der Grundlage sehr weniger Voraussetzungen zu sehr allgemeinen Aussagen führt. Ihre zwei Hauptsätze werden zu den fundamentalsten der Physik gezählt. In den letzten Jahren hat sich das Interesse auf Prozesse konzentriert, die stark von Gleichgewichtszuständen, die die klassische Thermodynamik kennzeichnen, abweichen. Dabei stößt man auf bisher unerklärte Strukturtypen, die als selbstorganisierend bezeichnet werden.

Siehe auch: →Entropie, →Irreversibilität, →Symmetrie, →dissipative Struktur, →Selbstorganisation

Literatur: Coveney und Highfield (1994), Falk und Ruppel (1976)

Turingmaschine *(Informatik, künstliche Intelligenz).* Ein 1936 von dem englischen Mathematiker Alan Turing konstruiertes theoretisches Modell eines Computers.

Die Turingmaschine ist die erste vollständige theoretische Vorstellung dessen, was ein Computer ist. Die universelle Turingmaschine deutet die Möglichkeit an, daß für viele Zwecke programmierbare Computer hergestellt werden können, bei denen Daten und Programme im selben Speicher gelagert sind. Bei den wirklichen Computern (an deren Konstruktion Turing später, in den 40er Jahren, teilnahm) handelt es sich grundsätzlich um Turingmaschinen, abgesehen davon, daß sie kein unendlich großes Gedächtnis haben.

Turing stellte sich einen mechanischen Apparat vor, durch den ein Papierstreifen läuft, der in beiden Richtungen unendlich lang und in Zellen eingeteilt ist. Der Apparat ist so eingerichtet, daß er die Zellen auf dem Streifen einzeln untersuchen und die folgenden vier Operationen ausführen kann: 1. Er kann ein Zeichen auf die Zelle schreiben, falls dort noch kein Zeichen steht; 2. er kann ein bereits existierendes Zeichen entfernen; 3. er kann den Streifen eine Zelle nach links bewegen; 4. er kann den Streifen eine Zelle nach rechts bewegen. Die Maschine führt die Operationen schrittweise, eine nach der anderen, aus. Nach jeder Operation besitzt die Maschine einen aus einer Menge möglicher innerer mechanischer Zustände. Sie »handelt« nun so, daß sie 1. ausgehend von einem bestimmten inneren Zustand 2. den Ausdruck auf dem Streifen liest, 3. eine der erwähnten vier Operationen ausführt und 4. einen neuen inneren Zustand annimmt.

Mathematisch gesehen wird eine Turingmaschine einfach als eine endliche Anzahl von »Handlungen« definiert, die von einem inneren Zustand zu einem anderen führen. Diese Definition umfaßt sowohl deterministische als auch nicht-deterministische Turingmaschinen, wobei die ersteren dadurch gekennzeichnet sind, daß derselbe innere Zustand und dasselbe Zeichen auf dem Streifen immer zur selben »Handlung« führen.

Die deterministische Turingmaschine führt nun eine eindeutig definierte Reihe von Operationen aus, die nach einer endlichen Anzahl von Schritten entweder aufhört oder nicht aufhört. Je nach der Menge von möglichen inneren Zuständen der Maschine und der Konfiguration von Zeichen auf dem Streifen kann man das Verhalten einer Turingmaschine aufgrund der eindeutigen Operationen als die Durchführung einer mathematischen Funktion oder eines logischen Beweises definieren.

Turing konnte nun zeigen, daß eine universelle Turingmaschine existiert, die alle realen Turingmaschinen simulieren kann, d.h. sie kann alle rekursiven Funktionen ausführen. Die realen Turingmaschinen entsprechen den Programmen in der universellen Turingmaschine. Turings These lautet, daß alles, was überhaupt effektiv berechenbar ist, mit Hilfe einer universellen Turingmaschine berechnet werden kann. Später hat man nachgewiesen, daß diese These äquivalent zu Churchs These ist.

Siehe auch: →Turingtest, →Churchs These, →künstliche Intelligenz, →Halte-Problem, →rekursiv

Literatur: Hofstadter (1993, 1994), Turing (1965), Dewdney (1989)

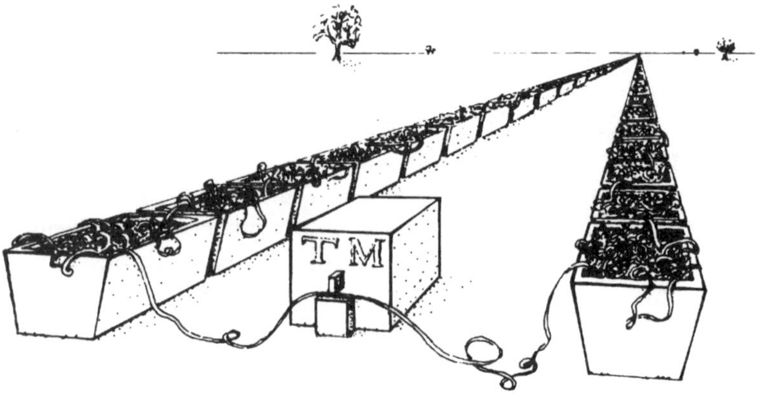

Vorstellung der Turingmaschine, durch die ein unendlicher Papierstreifen läuft.

Turingtest *(Informatik, künstliche Intelligenz).* Ein 1950 von dem englischen Mathematiker Alan Turing vorgeschlagener Test zur Entscheidung der Frage, ob ein Computer Intelligenz besitzt.

Der Test ist eine Variante eines alten Gesellschaftsspiels: Eine Person wird einem Mann und einer Frau gegenübergestellt und soll, ohne diese sehen zu können, mit Hilfe von Fragen herausfinden, wer der Mann und wer die Frau ist. Der Kontakt geschieht durch schriftliche Mitteilungen, damit Stimmführung oder andere Faktoren keinen Einfluß auf die Lösung des Rätsels haben.

Beim Turingtest werden Mann und Frau durch Mensch und Computer ersetzt, die der Fragende auf gleiche Weise voneinander trennen soll. Wenn der Fragende dies nicht kann, muß der Computer als intelligent in dem Sinne des Wortes bezeichnet werden, den wir anwenden, wenn wir von menschlicher Intelligenz sprechen.

Turing selbst sagte damals voraus, daß man »denkende Maschinen« dieser Art noch vor der Jahrtausendwende herstellen könnte.

Man hat dem Turingtest vorgeworfen, daß er das Kriterium für Intelligenz zu etwas rein Äußerlichem, Funktionellem mache und dadurch nicht zum Wesen oder den intentionalen Aspekten der Intelligenz Stellung nehme.

Siehe auch: →Turingmaschine, →Churchs These, →Kognitionsforschung, →künstliche Intelligenz, →Intentionalität

Literatur: Turing (1964), Hofstadter (1994)

U

Übergang zum Chaos *(Physik)*. Wenn ein System von klassischem (d.h. grundsätzlich vorhersagbarem) Verhalten zu chaotischem wechselt, spricht man von Übergang zum Chaos.

Seit der Entdeckung des deterministischen Chaos besteht eine der großen Aufgaben der Chaostheorie darin, zu verstehen, wie und unter welchen Bedingungen der Charakter eines Systems von klassischer, vorhersagbarer Entwicklung zu Chaos wechselt – wie beispielsweise der Wasserstrahl, wenn man einen Wasserhahn immer weiter aufdreht, sich von einem gleichmäßigen Strom zu einem Strom mit leichteren Wirbeln und weiter zu einer Kaskade aus Spritzern verändert. Diese Frage hat zur Aufstellung einer Reihe verschiedener Szenarien für den Übergang geführt: dem Landau-Hopf-, Ruelle-Takens-, Feigenbaum- und Pomeau-Manneville-Szenarium.

a) Das Landau-Hopf-Szenarium sieht Chaos als das Ergebnis einer steigenden Anzahl fast-periodischer Bewegungen. Die erste Veränderung geschieht durch eine sogenannte Hopf-Bifurkation – ein punktförmiger Attraktor wird zu einem zyklischen. Der nächste Übergang geschieht dadurch, daß auch dieser Grenzzyklus instabil wird, was zu einem Attraktor von der Form eines Torus, einer Kreiswulst, führt. Dies wird nun unendlich oft wiederholt, so daß Chaos einer unendlichen Anzahl von verschiedenen Perioden auf einem unendlich-dimensionalen Torus entspricht. Dieses Szenarium läßt außer acht, daß Chaos häufig schon nach relativ wenigen neuen Perioden einsetzt, und kann die Empfindlichkeit gegenüber den Anfangsbedingungen nicht erklären.

b) Das Ruelle-Takens-Szenarium konzentriert sich auf die Schwächen der Landau-Hopf-Version und schlägt einen direkten Übergang (Punkt – Grenzzyklus – Torus – seltsamer Attraktor) vor, so daß der direkte Übergang von einem Torus zu einem seltsamen Attraktor der typische Verlauf ist. Gewisse Übergänge in der Flüssigkeitsmechanik (Bénard-Zellen, Flüssigkeiten zwischen rotierenden Zylindern) lassen sich in diesem Szenarium erklären.

c) Das Feigenbaum-Szenarium – das durch Periodenverdopplung gekennzeichnet ist – geht im Gegensatz zur Hopf-Bifurkation der zwei bereits erwähnten Szenarien von einer Gabel-Bifurkation aus. Der Übergang von einer zu zwei Lösungen führt mit sich, daß das System eine doppelt so lange Periode erhält, in der es zwischen den beiden Zuständen wechselt; danach gabelt es sich weiter von zwei auf vier, von vier auf acht und so weiter in einer unendlichen Reihenfolge von Periodenverdopplungen, die schließlich von Chaos abgelöst werden. Diese Übergangsform hat man an vielen physikalischen und biologischen Problemen erprobt, z.B. dem Wärmetransport in flüssigem Helium und an Fischbeständen in Seen mit konstanter Nährstoffzufuhr.

d) Das Pomeau-Manneville-Szenarium – »das pulsierende Szenarium«. Hier verliert sich der gleichmäßig fließende Zustand nicht, sondern er wird von einem schubweisen Einsetzen von Chaos abgelöst. Dieses Szenarium ist recht umstritten.

Die genannten Szenarien schließen einander nicht unbedingt aus; man kann sich je nach dem Charakter des Systems verschiedene Formen von Übergang zum Chaos vorstellen. Die Klassifikation der verschiedenen Übergänge zum Chaos ist eine Hauptaufgabe der Chaostheorie.

Siehe auch: →Chaos, →Phasenraum, →Attraktor, →Feigenbaums Diagramm, →Bifurkation

Literatur: Briggs und Peat (1993), Casti (1989), Cvitanovic (1989), Gleick (1990)

Unendlichkeit *(Mathematik)*. Der Streit um die Bedeutung des Begriffs Unendlichkeit ist von entscheidender Bedeutung für die Mathematik unseres Jahrhunderts.

Die zwei Hauptstandpunkte, die es in diesem Streit gibt, sprechen von potentieller bzw. aktueller Unendlichkeit. Von diesen ist die potentielle die »schwächere«, da sie nur besagt, daß man von Unendlichkeit spricht, wenn man auf eine Menge stößt, bei der man zu den gegebenen Elementen immer ein weiteres Element konstruieren kann. Ein Beispiel sind die ganzen Zahlen, bei denen es immer möglich (d.h. potentiell) ist, eine Zahl weiterzuzählen.

Dagegen stellt man sich bei der aktuellen Unendlichkeit vor, daß alle Zahlen einer Menge gleichzeitig erfaßt werden und dadurch in ihrer Gesamtheit für Operationen verfügbar sind.

Die aktuelle Unendlichkeit war lange Zeit verpönt, doch die Mengenlehre des deutschen Mathematikers Georg Cantor aus den 80er Jahren des 19. Jahrhunderts arbeitete zum ersten Mal in der Geschichte der Mathematik ohne weiteres mit ihr. Cantor erstellte Klassen von unendlichen Mengen nach deren Größe (»Mächtigkeit«), und er zeigte durch seinen berühmten Diagonalbeweis, daß die reellen Zahlen (alle Dezimalzahlen, entsprechend der Zahlengerade) eine größere Mächtigkeit besitzen als die ganzen Zahlen. Als Maß für die unterschiedliche Mächtigkeit dieser unendlichen Mengen dienen die sogenannten »transfiniten Zahlen«.

Daß Cantor die Mathematik auf der Mengenlehre aufbaute, führte allerdings zu Problemen; vielen Ausdrücken (z.B. »die Menge aller Mengen«) konnte man keine eindeutige Realität zuschreiben. Dies gab den Anstoß zur berühmten »Grundlagenkrise« der Mathematik ab 1880, die mit Gödels Beweis ihren Höhepunkt erreichte. Hier siegten die Anhänger der aktuellen Unendlichkeit (Hilberts berühmte Aussage, daß niemand uns aus dem Paradies vertreiben soll, das Cantor für uns geschaffen hat), während die Kritiker der aktuellen Unendlichkeit meinten, man müsse diese zähmen, indem man nur »konstruktive« Elemente anwenden dürfe (man dürfe nur von Gegenständen sprechen, für die man eine Konstruktionsvorschrift liefern könne; dies ist bei der »Menge aller Mengen« nicht der Fall).

Dieser Einwand betrifft allerdings den größten Teil der reellen Zahlen, die man nicht konstruieren kann. Man kann daher nicht behaupten, der Streit sei beigelegt, und die aktuellen Unendlichkeiten erweisen sich als störende Faktoren in den physikalischen Theorien, die eine auf ihnen aufbauende Mathematik anwenden, denn es ist schwierig, diese Unendlichkeiten empirisch zu deuten (vgl. Renormierung).

Die Verbindung zwischen den reellen Zahlen und der Zahlengerade demonstriert, daß die Probleme der Unendlichkeit sozusagen die Kehrseite des Kontinuum-Problems darstellen. Argumentiert man gegen die aktuelle Unendlichkeit, ist man fast dazu gezwungen, die gerade Linie als etwas Gegebenes anzunehmen, denn man kann ihre Unendlichkeit von Punkten nicht konstruieren, und sie muß daher als etwas anderes als eine Summe von Punkten gegeben sein.

Das Unendlichkeitsproblem tritt an zahlreichen Stellen in der Mathematik auf. Der Status der Fraktale hängt davon ab, welche Seite man wählt: Wenn man keine unendliche Menge von Operationen vornehmen darf, kann man seinen Fraktal nie fertigzeichnen (kein Computer kann ja diese Operationen beenden, so daß die Fraktale, die wir kennen, strenggenommen nur Skizzen sind, da nicht alle Punkte der Fläche ausgerechnet sind).

Das Halte-Problem der Informatik hängt ebenfalls damit zusammen, daß man nicht entscheiden kann, ob ein noch laufendes Programm endlich (nur eben sehr lange Zeit) oder unendlich lange läuft: Unentscheidbarkeit hat auch etwas mit Unendlichkeit zu tun.

Siehe auch: →Kontinuum, →Halte-Problem, →Gödels Theorem, →Fraktal

Literatur: Hofstadter (1993, 1994), Dantzig (1930)

Unentscheidbarkeit *(Mathematik, Informatik).* Der Umstand, daß man eine Frage nicht mit Hilfe logischer oder rechnerischer Methoden beantworten kann.

Ein Problem kann von seiner logischen Struktur selbst her unklärbar sein, weil eine endgültige Entscheidung darüber, ob etwas der Fall ist oder nicht, nicht getroffen werden kann (z.B. durch einen Beweis in einer formalen Sprache). Da formale logische Systeme in Computern realisiert werden können (bei denen es sich ja um Rechenmaschinen handelt), steht Unentscheidbarkeit in Verbindung mit Nichtberechenbarkeit (und dem Halte-Problem).

In der Mathematik gibt es viele Sätze über Zahlen und Eigenschaften von Zahlen, die zwar wahr zu sein scheinen, die man aber nicht allgemein bewiesen hat, d.h. man hat nicht nachgewiesen, daß keine Gegenbeispiele existieren können, die diese Sätze falsch werden lassen würden. Es handelt sich um Sätze des Typs »Es gibt keine ungeraden perfekten Zahlen« (eine perfekte Zahl ist eine Zahl, die genau die Summe aller ihrer ganzzahligen Teiler abgesehen von der Zahl selbst ist, z.B. $6 = 1+2+3$). Wenn man eines Tages eine Zahl fände, die ungerade und perfekt ist, hätte man einen Gegenbeweis erbracht. Doch vielleicht ist der Satz sowohl wahr als auch unbeweisbar. Dann könnte kein Programm, das eine formale Theorie über die ganzen Zahlen repräsentiert, rechnerisch zu einem Beweis für den Satz gelangen. Dies würde dafür sprechen, daß man diesen Satz als Grundsatz (Axiom) in die Zahlentheorie aufnimmt. Diese Entscheidung – die Begrenzung der Menge von Axiomen in einem gegebenen formalen System – kann nicht selbst auf rein formalen, berechenbaren Überlegungen beruhen, sondern sie gründet sich auf eher nicht berechenbare, pragmatisch begründete Entscheidungen.

Unentscheidbarkeit ist von grundsätzlichem Interesse für die Philosophie der Mathematik in Verbindung mit Gödels Theorem und der Frage der Konsistenz und Vollständigkeit der Zahlentheorie.

Siehe auch: →Nichtberechenbarkeit, →Gödels Theorem, →Halte-Problem, →formales System

Literatur: Rucker (1987), Dewdney (1989)

unterbrochenes Gleichgewicht *(Evolutionsbiologie)*. Eine Theorie über das Muster, nach dem neue Arten entstehen, nämlich als Unterbrechungen des Gleichgewichts einer stabilen Art, wobei sprunghaft, d.h. ohne Übergänge, eine neue Art mit einem anderen Aussehen gebildet wird.

Die Theorie wurde im Jahre 1972 von den amerikanischen Paläontologen Stephen Jay Gould und Niles Eldridge vorgelegt. Sie setzten sich mit der traditionellen »gradualistischen« Auffassung auseinander, nach der die Artbildung stets mehr oder minder kontinuierlich durch eine Anhäufung kleiner Änderungen in langen Zeiträumen geschieht. Ein solcher Gradualismus muß die häufigen Unterbrechungen in den paläontologischen Schichten, die versteinerte Arten enthalten, dadurch erklären bzw. wegdiskutieren, daß die Schichten aus natürlichen Gründen immer ein unvollständiges Datenmaterial darstellen werden. Gould und Eldridge verstanden die Löcher in den Schichtenserien dagegen als Indiz für tatsächliche Ereignisse, bei denen die Bildung einer Art aus einer anderen schnell (im geologischen Sinne), d.h. fast sprunghaft, geschah.

Die Punktualisten werfen den Gradualisten vor, daß sie annehmen, alle Änderungen in der Evolution paßten eine Art auf ein optimales Design hin an (Adaptionismus). Sie erweiterten diese Vorstellung dahingehend, daß Selektion auf verschiedenen hierarchischen Niveaus, einschließlich dem der Art, geschehen kann. Kritiker des unterbrochenen Gleichgewichts haben angeführt, der Theorie fehle ein verifizierbarer Kern. Gould betont, daß die Auseinandersetzung nicht dem Darwinismus als solchem gilt, sondern einen Versuch zur Erweiterung der traditionellen Theorie darstellt.

Die Kontroverse ist noch nicht entschieden. Sie hat zu gründlicheren Studien der Mechanismen der Artbildung inspiriert; untersucht werden Muster in den geologischen Schichtenserien, der Charakter der Perioden mit Gleichgewicht (auch Stasis genannt) und Trends, d.h. konstante Veränderungen eines bestimmten Merkmals in eine bestimmte Richtung (z.B. die

Körpergrößenzunahme bei den Vorfahren des Pferdes in Zusammenhang mit unterschiedlichem Nahrungsangebot).

Siehe auch: →Neodarwinismus, →Evolutionstheorie, →Gradualismus

Literatur: Gould (1989), Reichholf (1994)

Unvorhersagbarkeit. In der modernen Naturwissenschaft studiert man Systeme, über die man aus verschiedenen Gründen keine genauen Vorhersagen machen kann. Die Unvorhersagbarkeit muß daher in vielen Fällen grundsätzlicher Natur sein; sie ist kein Ausdruck des Unvermögens der Forscher.

Vorhersagen werden oft durch Berechnungen auf der Grundlage eines mathematischen Modells eines deterministischen (nicht zufälligen) Systems, z. B. eines Ökosystems, vorgenommen. Neue Zustände des Ökosystems werden mit Hilfe früherer Zustände auf der Basis von Naturgesetzen berechnet. Doch heute kennt man eine Reihe komplexer Systeme, die zwar deterministisch und berechenbar, aber aufgrund ihrer mathematischen Natur dennoch unvorhersagbar sind (chaotische Systeme).

a) Beispielsweise ist das Wetter »chaotisch« im mathematischen Sinne: Ein Modell des Wetters würde »extreme Empfindlichkeit gegen die Anfangsbedingungen« (dies ist die technische Definition von Chaos innerhalb der Chaostheorie) aufweisen. Eine extrem kleine Veränderung in den Werten der Input-Daten, die man einem Computermodell des Wetters eingibt (z. B. der Anfangstemperatur von 7,043 auf 7,044 Grad), könnte zu exponentiell wachsenden Abweichungen in der Entwicklung des Modells im Verhältnis zu seinem ursprünglichen Verlauf führen, und dies, obwohl beide Verläufe im Modell völlig deterministisch bestimmt sind.

Wollten wir die Entwicklung so vorhersagen, d. h. durch Modellberechnung den künftigen Zustand des Systems (des Wetters) »treffen«, wie er sich später beobachten läßt, wäre eine unendliche Genauigkeit bei der Messung der Anfangsbedingungen erforderlich. Da Messungen u. a. aufgrund zufälliger Schwankungen nie absolut genau sind, kann man chaotische

Systeme zwar durch Modelle berechnen (dadurch ist die Chaostheorie möglich geworden), aber man kann die Modelle dann nicht für Vorhersagen über das wirkliche System über längere Zeiträume hinweg benutzen, wenn die Vorhersage auch nur in etwa sicher sein soll. Die berechnungsmäßige Begrenzung betrifft damit das Verhältnis zwischen Modell und Wirklichkeit, spiegelt aber auch eine »Unberechenbarkeit« des wirklichen Systems, des Wetters, wieder.

b) Wenn ein System so kompliziert ist, daß es keine einfachen Formen für seine zeitliche Entwicklung gibt, wird es oft als irreduzibel im Sinne einer Berechnung bezeichnet. Die Begrenzung betrifft hier das Verhältnis zwischen einem komplexen Modell (Formel oder Algorithmus) und einem weniger komplexen Modell. Wenn man die Entwicklung des Sonnensystems mit Formeln und Zwischenrechnungen, die 300 Seiten in Anspruch nehmen, vorausberechnen kann, später aber mit Hilfe einfacherer Formeln mit 50 Seiten auskommt, hat man seine Berechnung reduziert. Wenn die Berechnung aber nicht mit Hilfe einfacherer Formeln komprimiert werden kann, bezeichnet man das System als irreduzibel (»System« steht hier für etwas Formales/Mathematisches, z. B. ein Modell eines chaotischen Systems oder eines zellulären Automaten). Man kann zwar die Entwicklung des Systems berechnen, doch es gibt keine Abkürzung: Die gesamte Entwicklung des Systems muß Schritt für Schritt berechnet werden.

Will man ein Modell konstruieren, das die Lebensbahn eines solchen formalen Systems vorhersagt, besteht die Gefahr, daß dieses Modell genauso kompliziert wird wie das System selbst. Modell und System werden formal gesehen äquivalent; sie können ohne Informationsverlust ineinander übersetzt werden (das System, z. B. die Chaos-Gleichungen, ist ja selbst mathematischer Natur). »Vorhersage« wird zu einer Wiederholung des Phänomens selbst – eine etwas absurde Form von Vorhersage.

c) Obwohl Unvorhersagbarkeit in der Bedeutung b) eine Eigenschaft bestimmter mathematischer Objekte ist, kann man physikalische Beispiele, die diesen entsprechen, finden. Ein mathematisches Chaos-Modell kann in einem wirklichen (physikalisch existierenden) Computer realisiert sein, der wiederum als ein klassisches, deterministisches physikalisches System beschrieben werden kann. Die Entwicklung der Zustände der physikalischen Maschine ist nicht vorhersagbar (obwohl sie im Prinzip nach bekannten physikalischen Gesetzen berechenbar sind), da ein Modell dieses Systems irreduzibel wäre.

Siehe auch: →Modell, →Simulation, →zellulärer Automat, →Nichtberechenbarkeit, →Unentscheidbarkeit, →dissipative Struktur, →Fluktuation

Literatur: Pagels (1988), Wolfram (1985), Prigogine und Stengers (1993), Rucker (1987)

Urknall *(Astrophysik).* Ein explosionsähnliches Ereignis, das die Geburt des Universums darstellt.

Astronomen haben festgestellt, daß alle Galaxien sich voneinander entfernen – ein Phänomen, das auch als Ausdehnung des Universums bezeichnet wird. Verfolgt man diese kollektive Bewegung theoretisch in der Zeit zurück, muß man schließen, daß die gesamte Materie des Universums vor 10–20 Milliarden Jahren an einem Ort vereint war.

Diese ungefähre Angabe ist der beste Vorschlag der modernen Astronomie zur Datierung des Urknalls. Die Datierung wird von zwei weiteren, unabhängigen Methoden untermauert, nämlich zum einen der radioaktiven Altersbestimmung des ältesten (meteoritischen) Materials des Sonnensystems, zum anderen den Computersimulationen der Entwicklung von Sternen.

Der modernen Kosmologie zufolge, die vor allem auf Einsteins Vorstellungen von Zeit und Raum aufbaut, gibt es einen engen Zusammenhang zwischen Zeit und Raum einerseits und dem Materie- und Energieinhalt des Universums andererseits. Dies führt zu dem Schluß, daß nicht nur Materie und Energie, sondern auch Raum und Zeit durch den Urknall entstanden. Es ergibt daher keinen Sinn, von dem Raum zu sprechen, in dem der Urknall stattfand, oder darüber, was vor dem Urknall lag.

Die Urknalltheorie wurde besonders in den 30er und 40er - Jahren entwickelt und so weit ausgebaut, daß sie die Entwicklung des Universums während der ersten Sekundenbruchteile und seine thermodynamischen Eigenschaften (»der heiße Urknall«) beschreibt. Rein historisch wurden im Rahmen der Theorie mehrere Voraussagen – besonders über die Verteilung der Elemente im Kosmos und die kosmische Hintergrundstrahlung – gemacht, von denen sich später herausgestellt hat, daß sie mit tatsächlichen Beobachtungen in hohem Maße übereinstimmen.

Das Wort »Big Bang« (Urknall) wurde 1949 von den englischen Astrophysiker Fred Hoyle (einem der Vertreter der konkurrierenden Theorie des stationären Zustands) als ironische Bezeichnung für eine nach seiner Meinung unästhetische Beschreibung des Universums eingeführt. In die modernen Theorien über den Urknall bezieht man Begriffe wie Quantenfluktuation und Inflation mit ein.

Siehe auch: →Rotverschiebung, →Thermodynamik, →kosmische Hintergrundstrahlung, →inflatorisches Universum, →Quantenfluktuation

Literatur: Gribbin (1993), Gribbin und Rees (1994), Weinberg (1992)

V

verborgene Variable *(Physik).* Größen zur Beschreibung der Mechanismen, die frühen Gegnern der Quantenmechanik zufolge hinter der von Zufall geprägten Mikrowelt liegen und diese determinieren.

Daß die Quantenmechanik den Determinismus, die eindeutige Voraussage von Ereignissen, aufgab und an seiner Stelle statistische Beschreibungen einführte, wurde von ihren Gegnern, vor allem Einstein, als eine entscheidende Schwäche betrachtet. Als Gegenzug entstand die Vorstellung von verborgenen, steuernden Variablen auf subquantenmechanischer Ebene, die die Wissenschaft noch nicht kennt, die aber in Zukunft, während die Physik sich weiterentwickelt, entdeckt werden können.

Ein führender Vertreter dieser Idee, dessen große Zeit in den 50er Jahren lag, war der amerikanische Physiker David Bohm, dessen verborgene Variablen jedoch weit von den klassischen entfernt waren: Sie waren nicht-lokal, d.h. ihre Wirkung breitete sich augenblicklich durch das gesamte Universum aus.

Obwohl heute unter Physikern große Einigkeit darüber herrscht, daß die Quantenmechanik nicht das letzte Wort ist, sind Theorien, die mit verborgenen Variablen operieren, nicht sehr beliebt, u.a. weil Bells Theorem deterministische verborgene Variablen ausschließt. Auch Bohm hat sich von ihnen abgewandt; heute ist er ein Anhänger der Theorie von der impliziten Ordnung.

Siehe auch: →Quantenmechanik, →Kopenhagener Schule, →Bells Theorem, →implizite Ordnung

Literatur: Peat (1990), Bohm (1985)

Vielweltendeutung *(Physik)*. Ein Vorschlag zur Lösung des quantenmechanischen Meßproblems, nach dem für jede Wahlmöglichkeit in der Natur eine Welt existiert (eingeführt 1957 von dem amerikanischen Physiker Hugh Everett).

Die Deutung ist eine Alternative zur vorherrschenden Kopenhagener Deutung der Quantenmechanik. Beide Deutungen zielen darauf ab, dem Meßproblem der Quantenmechanik, dem sogenannten »Zusammenbruch der Wellenfunktion«, Sinn zu verleihen: Wenn man eine Messung eines quantenphysikalischen Systems durchführen will, um irgendeine Größe zu bestimmen, befindet sich das System vor der Messung in einem komplexen (von der sogenannten Wellenfunktion beschriebenen) Zustand, in dem alle verschiedenen möglichen Resultate der Messung repräsentiert sind. Bei der Durchführung der Messung bricht jedoch die Wellenfunktion zusammen, und nur eines der möglichen Resultate wird realisiert.

Der Vielweltendeutung zufolge kann man nach der Messung nicht einfach alle anderen möglichen Meßergebnisse unbeachtet lassen (wie man es in der Kopenhagener Deutung tut): diese existieren jeweils in ihrem eigenen Universum. Der Meßprozeß stellt keine Wahl zwischen Meßergebnissen, sondern eine Wahl zwischen Universen dar.

Trotz der zunächst bizarr erscheinenden Aspekte der Idee ist ihre mathematische Formulierung elegant, und es kann sich durchaus herausstellen, daß sie Grundzüge enthält, die Teil eines künftigen vollständigeren Verständnisses der begrifflichen Grundlage der Quantenmechanik werden können. Die Vielweltendeutung als solche ist jedoch heute nicht sehr verbreitet.

Siehe auch: →Wellenfunktion, →Quantentheorie, →Kopenhagener Schule

Literatur: Davies (1980), Gribbin (1993)

Vitalismus *(Biologie)*. Die Annahme, daß es im Organismus Lebenskräfte oder -prinzipien gibt, die sich nicht wissenschaftlich erklären lassen.

Der Vitalismus entstand Ende des 18. Jahrhunderts mit dem Postulat, daß die besonderen Eigenschaften lebender Wesen sich nicht physikalisch-chemisch erklären lassen, sondern auf Faktoren zurückzuführen sind, die außerhalb des menschlichen Fassungsvermögens liegen.

Der Vitalismus wurde im Laufe des 19. Jahrhunderts immer weiter eingeschränkt, weil manche der Phänomene, von denen man behauptet hatte, sie entzögen sich einer naturwissenschaftlichen Erklärung, von der Wissenschaft analysiert werden konnten. So hatte man z.B. die Geschwindigkeit des Nervenimpulses für »astronomisch« gehalten, während sich herausstellte, daß sie ca. 30 Meter pro Sekunde beträgt.

Der letzte große Vitalist war der deutsche Biologe Hans Driesch, der Anfang des 20. Jahrhunderts die Idee vitalistischer Prinzipien für die Bildung des Organismus verteidigte.

Viele Tendenzen der neueren Wissenschaften, z.B. holistische Theorien über Morphogenese und Selbstorganisation, werden gewöhnlich als Beispiele für einen »Neovitalismus« angesehen. Obwohl diese Theorien die Kritik des Vitalismus am naturwissenschaftlichen Reduktionismus wiederaufnehmen, werden naturwissenschaftliche Erklärungen nicht völlig verworfen. Gerade in dem Wunsch, die wissenschaftliche Erkenntnis zur Anerkennung nicht reduzierbarer Prinzipien zu veranlassen (systemtheoretischer Lebensbegriff), liegt ein Versuch zur Überwindung des Gegensatzes zwischen Vitalismus und Reduktionismus.

Siehe auch: →Reduktionismus, →Holismus, →Selbstorganisation, →Antireduktionismus, →Emergenz, →Organisationsniveau, →allgemeine Systemtheorie

Literatur: Sheldrake (1991), Wuketits (1985)

Welle-Teilchen-Dualismus *(Physik).* Die gleichzeitige Beschreibung bestimmter subatomarer Phänomene als Wellen wie als Teilchen.

Seit dem 17. Jahrhundert existiert ein Streit darüber, ob Licht als Wellen, d.h. ohne eigentliche Substanz (Huyghens), oder als Teilchen, d.h. mit einer transportablen Masse (Newton), beschrieben werden soll. Innerhalb der Physik herrschte bald der eine, bald der andere Standpunkt vor. Einstein zeigte 1905, daß Licht unter bestimmten Umständen als Photonen, eine Art von Elementarteilchen, aufgefaßt werden kann.

In der modernen Physik kennzeichnet der Welle-Teilchen-Dualismus die Beschreibung elementarer Vorgänge im Rahmen der Quantenmechanik. In den 20er Jahren zeigte der französische Physiker Louis de Broglie, daß man Elektronen eine Wellenlänge zuschreiben kann, d.h. sie verhalten sich wie Wellen. Dies wurde später durch Experimente bewiesen.

Auf der Grundlage des Welle-Teilchen-Dualismus legte Niels Bohr die Idee der komplementären Beschreibung vor: Ein bestimmtes Phänomen (z.B. Licht) kann nicht auf der Basis nur einer Vorstellung oder von einem Standpunkt aus beschrieben werden, vielmehr muß man sich gegenseitig ausschließende Beschreibungen verwenden.

Siehe auch: →Quantenmechanik, →Messung, →Heisenbergs Unschärferelation, →Komplementaritätsprinzip

Literatur: Heisenberg (1990), Drieschner (1991)

Wellenfunktion *(Physik).* Eine mathematische Größe, die den Zustand eines quantenmechanischen Systems beschreibt.

Zu den Beobachtungen der frühen Quantenphysik, die als erste formuliert wurden, gehört Niels Bohrs Postulat, daß ein Wasserstoffatom – das aus einem im Kreislauf um ein Proton befindlichen Elektron besteht – nur in bestimmten, deutlich voneinander getrennten, sogenannten stationären Zuständen existieren kann, die von ganz bestimmten Energieniveaus des Elektrons charakterisiert werden. Zwischenniveaus sind nicht möglich.

Vor allem durch die Arbeiten des österreichischen Physikers Erwin Schrödinger wurde dieses Ergebnis so gedeutet, daß das Elektron nicht als ein Teilchen, sondern als eine Welle betrachtet werden muß. Bei dieser Welle handelt es sich nicht um eine laufende Welle, die sich physikalisch um das Proton bewegt, sondern vielmehr um eine stehende Welle. Dies bedeutet, daß die Umlaufbahn aus einer ganzen Reihe von Wellenlängen bestehen muß (genau wie z.B. beim Ton in einer Orgelpfeife), und die verschiedenen Energieniveaus können nun durch eine bestimmte Anzahl von Wellenlängen charakterisiert werden. Diese Beschreibung wird mathematisch durch eine Gleichung für die zeitliche Entwicklung der Wellenfunktion ausgedrückt, die sogenannte Schrödingergleichung.

Die Schwingungsform des Elektrons in dieser stehenden Welle wird nun durch eine mathematische Größe beschrieben, die man Wellenfunktion nennt und deren Ausschlag an einem bestimmten Ort im Raum man als Maß für die Wahrscheinlichkeit dafür deuten kann, daß man bei einer Messung Elektronen an dem betreffenden Ort finden wird. Auch Elektronen (und andere Elementarteilchen), die nicht an Atome gebunden sind und daher keine stationären Eigenschaften haben, können durch eine Wellenfunktion beschrieben werden.

Laut der Wahrscheinlichkeitsdeutung zeigt die Wellenfunktion also die verschiedenen möglichen Ergebnisse, die an dem betreffenden physikalischen System vorgenommene Messungen haben werden. Durch eine Messung realisiert man eines der möglichen

Ergebnisse, wonach die anderen nicht mehr existieren. Dies wird als Zusammenbruch der Wellenfunktion bezeichnet; es handelt sich dabei um ein Phänomen, das von zentraler Bedeutung für die Diskussion über den quantenmechanischen Meßprozeß ist.
Die Wellenbeschreibung kann durch eine Teilchenbeschreibung (entwickelt von dem deutschen Physiker Werner Heisenberg) ersetzt werden; die beiden Beschreibungen sind mathematisch äquivalent.

Siehe auch: →Quantentheorie, →Schrödingergleichung, →Messung, →Vielweltendeutung

Literatur: Gribbin (1993)

Wissenschaftstheorie *(Philosophie).* Theorie über das Wesen der Wissenschaft, ihre Praxis und Gültigkeit. Das Wort bezeichnet sowohl eine bestimmte Theorie als auch das Studium aller Theorien und darf nicht mit »wissenschaftlicher Theorie« verwechselt werden.
Die moderne Wissenschaftstheorie nimmt zu drei Fragen Stellung: Was ist wissenschaftliche Erkenntnis (Erkenntnistheorie), wie entwickelt sich die Wissenschaft historisch (Wissenschaftsgeschichte) und wie wird die Wissenschaft in sozialen Einrichtungen organisiert (Wissenschaftssoziologie)?
Die moderne Wissenschaftstheorie begann um die Jahrhundertwende mit dem Positivismus, der Wissenschaft (wissenschaftstheoretisch) als eine Beschreibung definiert, die ausgehend von objektiven Erfahrungen im Rahmen einer logisch erschließbaren Struktur durchgeführt wird.
Der österreichisch-englische Philosoph Karl Popper kritisierte in den 30er Jahren den Positivismus und behauptete, keinerlei Wissen ließe sich ausschließlich aus Sinneserfahrungen ableiten. Alles Wissen beginne mit einer Theorie/Hypothese über die Welt, die man anschließend nachzuprüfen versucht. Popper behauptete außerdem, daß keine Aussage über universelle Naturgesetze bewiesen werden könne. Aussagen über Gesetzmäßigkeiten könnten nur falsifiziert werden, und Wissenschaft bestehe aus

Aussagen, die prinzipiell falsifizierbar sind. Beispielsweise ist eine Aussage wie »Gott existiert« nicht wissenschaftlich – wie sollte man sie nämlich falsifizieren können?
Der amerikanische Wissenschaftshistoriker Thomas S. Kuhn wies in den 60er Jahren nach, daß weder die Annahmen des Positivismus noch die Poppers mit der tatsächlichen Entwicklung der Wissenschaft übereinstimmten: Viele Theorien wurden auch dann nicht verworfen, als man bereits einen empirischen Gegenbeweis erbracht hatte. Kuhn führte das Konzept der wissenschaftlichen Revolutionen auf der Grundlage eines sogenannten Paradigmas ein.
Kuhns Arbeiten führten zu einem Aufschwung der sogenannten relativistischen Wissenschaftstheorien, die in ihrer reinen Form die Auffassung vertreten, daß Wissenschaft – wie Religion – ein soziales Konstrukt darstellt, also keinen Wahrheitsanspruch besitzt. Einer der standhaftesten Verfechter des Relativismus ist der amerikanische Philosoph Paul Feyerabend. Auch der soziale Konstruktivismus hat enge Verbindungen zur relativistischen Wissenschaftstheorie. Das Prinzip der Selbstorganisation von Systemen bildet die Grundlage einer systemtheoretisch orientierten Wissenschaftstheorie.

Siehe auch: →Paradigma, →Erkenntnistheorie, →Konstruktivismus

Literatur: Seiffert (1991f.), Kuhn (1973)

Z

zellulärer Automat *(Mathematik, Physik).* Eine Art digitaler Stickerei, bei der jeder Stich (»Zelle«) sich nach einer einfachen Regel entwickelt und neue, überraschende Muster bilden kann.
Zelluläre Automaten sind Computerprogramme, die Muster auf einen Bildschirm zeichnen. Ein eindimensionaler zellulärer Automat besteht aus einer einzelnen Reihe von Zellen, die sich dadurch weiterentwickeln, daß der Computer neue Generationen nach unten auf dem Schirm einzeichnet, wie bei Eisblumen, die auf einem kalten Fenster wachsen.
Ein zweidimensionaler zellulärer Automat besteht aus einer Fläche quadratischer Felder (den Zellen). Jedes Feld kann verschie-

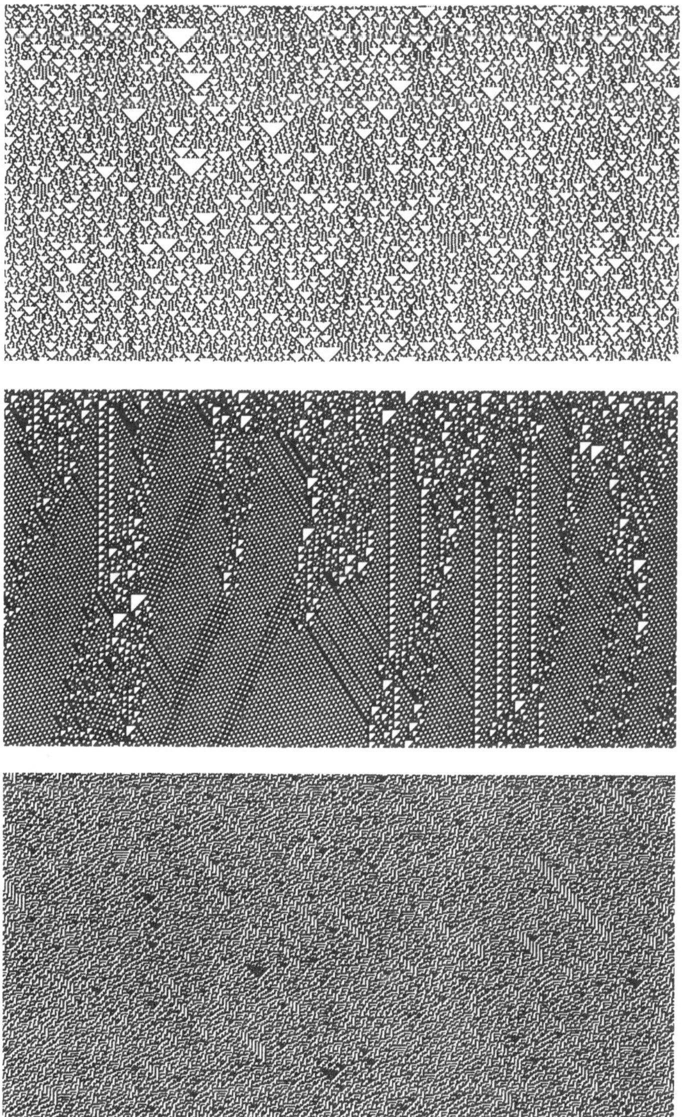

Einige Beispiele für Muster, die von zellulären Automaten entwickelt wurden.

dene innere Zustände annehmen, z. B. schwarz oder weiß. In bestimmten Zeitintervallen (z. B. 1 mal pro Sekunde) wird der Zustand jeder einzelnen Zelle durch eine Regel verändert, die auf dem Zustand der Zelle selbst und den Zuständen ihrer acht Nachbarzellen aufbaut. Eine solche Regel kann z. B. lauten: Wenn vier oder mehr Nachbarzellen dieselbe Farbe haben wie die Zelle selbst, wechselt die Zelle ihre Farbe – sonst nicht. Die dynamischen Muster, die in dieser Art »Stickerei« entstehen, sind überraschend – oft lebhaft und pulsierend. In manchen Fällen kann man nicht vorhersagen, ob die Dynamik andauert oder ob alle Zellen bei einem bestimmten Zustand stehenbleiben. Dadurch weisen zelluläre Automaten eine Form von Nichtberechenbarkeit auf.

Seit den 40er Jahren werden zelluläre Automaten als mathematische Objekte erforscht. Heute benutzt man sie für experimentelle Studien von künstlichem Leben, in der Berechnungstheorie (sie können nämlich eine Turingmaschine nachahmen) und in der nicht-linearen Dynamik, wo sie selbstorganisierende physikalische Prozesse simulieren können.

Der Computer hat durch seine große Rechenkapazität das Studium der zellulären Automaten zu einem beliebten Gebiet gemacht, zu dem der Amerikaner Stephen Wolfram wichtige Beiträge geleistet hat. Es gibt auch selbstreproduzierende zelluläre Automaten. Zelluläre Automaten lassen sich als aus philosophischer Sicht interessante Modelle von Komplexität verstehen. Obwohl sie auf dem Mikroniveau von deterministischen Regeln gesteuert werden, entstehen überraschende, emergente Strukturen auf dem Makroniveau.

Siehe auch: →selbstreproduzierender Automat, →Emergenz, →künstliches Leben, →Nichtberechenbarkeit (4), →Komplexität, →Selbstorganisation, →nicht-linear

Literatur: Emmeche (1994), Wolfram (1984), Schroeder (1994)

Zellverband *(Hirnforschung).* Eine Gruppe von funktionell verbundenen Neuronen, die ein koordiniertes neuronales Entladungsmuster produzieren.

Der »Zellverband« oder Modul (vgl. neuronaler Darwinismus) ist der neueste Vorschlag, der bei der Suche nach dem kleinsten organisierenden Element des Nervensystems (dem neuropsychologischen »Atom«) gemacht wurde. Der Begriff, der von dem amerikanischen Psychologen Donald Hebb in den 40er Jahren eingeführt wurde, erlebte durch die Zusammenarbeit zwischen Neuropsychologie und Computerforschung eine Renaissance.

Der Zellverband besteht aus einer Ansammlung von Neuronen, die durch gegenseitige Koordinierung ein bestimmtes elektrisches Erregungsmuster produzieren, das aus Aktionspotentialen besteht. Wenn dieses Muster einmal gebildet und erlernt ist, kann es durch Stimulierung ausgelöst werden. Es gibt auch Zellverbände, die Entladungsmuster spontan, d.h. ohne Aktivierung durch Stimuli, produzieren.

Siehe auch: →Engramm, →neuronales Netz, →Konnektionismus

Literatur: Allman (1993), Birbaumer und Schmidt (1991), Hafner (1994)

zentrales Dogma *(Molekularbiologie).* Die Vorstellung, daß die Weitergabe genetischer Information in der Zelle nur in einer Richtung erfolgt – von DNA zu RNA zu Protein – und nicht umgekehrt.

Diese Frage ist wichtig für die alte Diskussion in der Genetik, ob erworbene Eigenschaften vererbt werden können; etwa: bekommt der Sohn des Schmieds kräftige Oberarme? Das Dogma liefert die chemische Begründung für die Verneinung dieser Frage: Genetische Information strömt nur von Genen in den Organismus (zu Muskeln usw.) und nicht umgekehrt. Die erworbene Muskelkraft des Schmieds hat keinen Einfluß auf seine Gene.

Biologisch bedeutet dies, daß der Phänotyp eines Organismus (die Eigenschaften des ausgewachsenen Organismus) vom Genotypen (dem Erbmaterial) und Umwelteinflüssen bestimmt

wird, während der Genotyp selbst nicht gezielt, sondern nur zufällig verändert wird.
Ursprünglich war das »Dogma« 1957 als eine Arbeitshypothese von Francis Crick formuliert worden, als er und andere den genetischen Code und die Rolle der DNA bei der Proteinbiosynthese untersuchten. Crick, der später den Gebrauch des Wortes »Dogma« bereute (er glaubte, das Wort hätte die Bedeutung »grundlegende Hypothese«), ging es nur um die Sequenzinformation in der DNA, d.h. die Information über die Reihenfolge der Aminosäuren, aus denen ein Protein zusammengesetzt ist. Er wollte betonen, daß die Sequenzinformation, wenn sie erst einmal bei der Proteinbiosynthese der Zelle von der DNA auf das Protein übertragen ist, nicht wieder in DNA »zurückübersetzt« werden kann. Crick hielt es für völlig unwahrscheinlich, daß es in der Zelle Mechanismen gibt, die das Protein nach seiner Synthese und seiner Benutzung entfalten, die Sequenzinformation ablesen und sie in Form einer DNA abspeichern können. Diese Annahme hat sich als richtig erwiesen. Sequenzinformation wird von der DNA auf RNA auf Protein übertragen.
Mit der Entdeckung der Retroviren fiel dann allerdings später die strenge Trennung zwischen RNA und DNA. Diese Viren sind nämlich in der Lage, RNA in die chemisch eng verwandte DNA »umzukopieren«. Dies steht jedoch nicht im Widerspruch zum zentralen Dogma, da auch Retroviren nicht in der Lage sind, die Sequenzinformation eines Proteins in RNA »zurückzuübersetzen«.
Die Deutung des Dogmas ist jedoch weiterhin umstritten. Man kann nicht unbedingt vom Verhältnis zwischen DNA und Protein auf das Verhältnis zwischen Genotyp und Phänotyp schließen. Das Dogma wird häufig so verstanden, daß jeglicher Informationsfluß in der Zelle von der DNA ausgeht. Dabei handelt es sich um eine Fehldeutung, die auf zwei falschen Vorstellungen beruht; zum einen auf der Idee, daß alle Eigenschaften eines Organismus in der DNA fixiert seien (ein genetischer Determinismus: das Erbmaterial als totales Schicksal); zum anderen auf der

Vorstellung, daß die Formbildung bei der Entwicklung des Embryos alleine auf die Frage der Decodierung von DNA vereinfacht werden könne.

Die Gene und Proteine (einschließlich Enzyme) einer Zelle lassen sich als ein molekulares Netzwerk sich selbst regulierender Wechselwirkungen betrachten. Teil dieser Wechselwirkungen ist, daß Proteine in Rückkopplungsmechanismen auf die Aktivität »ihrer« Gen zurückwirken und so ihre eigene Herstellung regulieren. In diesem Sinn geht Information vom Protein zur DNA, dabei wird aber die Sequenz der DNA nicht verändert.

Um Mißverständnisse zu vermeiden, sollte man das zentrale Dogma daher zur »Hypothese über die Nicht-Übertragbarkeit von Sequenzinformation vom Protein auf die DNA« umformulieren.

Siehe auch: →genetische Information, →DNA, →Morphogenese

Literatur: Sippel (1988), Weinberg u.a. (1988)

Literaturliste

ALLMAN, William F. (1993): Menschliches Denken – künstliche Intelligenz. Von der Gehirnforschung zur nächsten Computer-Generation. München, Droemer Knaur Taschenbuch Verlag.

AMSTERDAMSKI, Stefan u.a. (Hg.) (1990): La Querelle du Déterminisme. Philosophie de la Science d'aujourd'hui. Paris, Gallimard.

ANDERSON, P.W. (1972): »More is Different«. In: Science 177 (1972), S. 393-396.

BARNSLEY, Michael (1989): Fractals Everywhere. Boston u.a., Academic Press.

BARROW, John und TIPLER, Frank (1986): The Anthropic Cosmological Principal. Oxford, Clarendon Press.

BENNETT, Charles H. (1988): »Logical Depth and Physical Complexity«. In: HERKEN, Rolf (Hg.): The Universal Turing Machine. A half-century Survey. Hamburg u.a., Verlag Kammerer und Unverzagt, S. 227-257.

BERRY, Michael (1991): »Quantum Physics on the Edge of Chaos«. In: HALL, Nina (Hg.): The New Scientist Guide to Chaos. Harmondsworth, Penguin, S. 184-195.

BERTALANFFY, Ludwig von (1990): Das biologische Weltbild. Die Stellung des Lebens in Natur und Wissenschaft. Wien u.a., Böhlau, (Neudruck der ersten Auflage 1949).

BIRBAUMER, Niels und SCHMIDT, Robert F. (1991): Biologische Psychologie. Berlin, Springer.

BISHOP, Jerry und WALDHOLZ, Michael (1991): Landkarte der Gene. Das Genom-Projekt. München, Droemer Knaur.

BLACK, Max (1937): »Vagueness«. In: Philosophy of Science 4.4 (1937), S. 427-455

BOHM, David (1985): »Hidden Variables and the Implicate Order«. In: Zygon: Journal of Religion and Science 20,2 (1985), S. 111-124.

BOHM, David (1987): Die implizite Ordnung. Grundlagen eines dynamischen Holismus. München, Goldmann Verlag.

BOHM, David und PEAT, F. David (1987): Science, Order, and Creativity. Toronto, Bantam Press.

BOHR, Niels (1985): Atomphysik und menschliche Erkenntnis. Aufsätze und Vorträge aus den Jahren 1930 bis 1961. Braunschweig u.a., Vieweg Verlag.

BOSCOLO, Luigi (u.a.) (1994): Familientherapie – Systemtherapie. Das Mailänder Modell. Theorie, Praxis und Konversationen. 4. Auflage. Dortmund, Verlag Modernes Lernen.

BRAUSE, Rüdiger (1991): Neuronale Netze. Eine Einführung in die Neuroinformatik. Stuttgart, Teubner.

BRENTANO, Franz (1955): Psychologie vom empirischen Standpunkt. Hg. von Oskar Kraus. Hamburg, F. Meiner Verlag.
BREUER, Reinhard (1984): Das anthropische Prinzip. Der Mensch im Fadenkreuz der Naturgesetze. Berlin, Ullstein Taschenbuch Verlag.
BRIGGS, John und PEAT, F. David (1993): Die Entdeckung des Chaos. Eine Reise durch die Chaos-Theorie. München, Deutscher Taschenbuch Verlag.
BROWDER, Felix E. (Hg.) (1984): The Mathematical Heritage of Henri Poincaré. 2 Bde. Providence/Rhode Island, American Mathematical Society.
BRUNAK, Soren und LAUTRUP, Benny (1993): Neuronale Netze. Die nächste Computer-Revolution. München u.a., Hanser Verlag.
BUCKEL, Walter (1989): Supraleitung. Grundlagen und Anwendungen. 4. Auflage. Weinheim u.a., VCH Verlagsgesellschaft.
CALVIN, William H. (1995): Die Symphonie des Denkens. Wie Bewußtsein entsteht. München, Deutscher Taschenbuch Verlag.
CAMPBELL, Jeremy (1982): Grammatical Man. Information, Entropy, Language and Life. New York, Simon and Schuster.
CAPRA, Fritjof (1992): Wendezeit. Bausteine für ein neues Weltbild. München, Deutscher Taschenbuch Verlag.
CASTI, John L. (1989): Alternate Realities. Mathematical Models of Nature and Man. New York u.a., Wiley.
CAULFIELD, H. John (1984): »The Wonder of Holography«. In: National Geographic März (1984), S. 364-377.
CAVALIER-SMITH, T. (1980): »How selfish is DNA?«. In: Nature 285 (1980), S. 617-620.
CHAITIN, Gregory J. (1987): Information randomness. Papers on Algorithmic Information Theory. Singapore u.a., World Scientific.
CHURCHLAND, Patricia S. (1986): Neurophilosophy. Toward a Unified Science of the Mind-Brain. Cambridge/Mass. u.a., MIT Press.
CONRAD, Michael (1990): »Molecular Computing«. In: YOVITS, Marchall C. (Hg.): Advances in Computers. Bd. 31. New York u.a., Academic Press, S. 235-324.
CORNING, Peter A. (1983): The Synergism Hypothesis. A Theory of Progressive Evolution. New York u.a., Mc Graw-Hill.
COVENEY, Peter und HIGHFIELD, Roger (1994): Anti-Chaos. Der Pfeil der Zeit in der Selbstorganisation des Lebens. Reinbek, Rowohlt Taschenbuch Verlag.
CVITANOVIC, Predrag (1989): Universality in Chaos. A Reprint Selection. Bristol, Hilger.
DAMMANN, Erik (1990): Erkenntnisse jenseits von Zeit und Raum. Die Wende im Naturwissenschaftlichen Denken. München, Droemer Knaur Taschenbuch Verlag.
DANTZIG, Tobias (1930): Number. The Language of Science. London, Allen & Unwin.

DAVIES, Paul (1980): Other Worlds. London, Dent.
DAVIES, Paul (1987): Die Urkraft. Auf der Suche nach einer einheitlichen Theorie der Natur. Hamburg, Rasch und Röhring.
DAVIES, Paul (1991): Prinzip Chaos. Die neue Ordnung des Kosmos. München, Goldmann Verlag.
DAVIES, Philip J. und HERSH, Reuben (1981): The Mathematical Experience. Basel, Birkhäuser.
DAVIS, Martin D. und WEYUKER, Elaine J. (1994): Computability, Complexity, and Languages. Boston, Academic Press.
DAWKINS, Richard (1994): Das egoistische Gen. Berlin u.a., Spektrum Akademischer Verlag.
DE ROBERTIS, Eddy, GUILLERMO, Oliver und WRIGHT, Christopher (1990): Homöobox-Gene und der Wirbeltier-Bauplan. Spektrum der Wissenschaft 9 (1990), S. 84-91.
DEVLIN, Keith J. (1992): Sternstunden der modernen Mathematik. Berühmte Probleme und neue Lösungen. München, Deutscher Taschenbuch Verlag.
DEWDNEY, A.K. (1985): »Computer recreations. Exploring the field of genetic algorithms«. In: Scientific American 253(5) (1985), S. 16-21.
DEWDNEY, A.K. (1989): The Turing Omnibus. 61 Excursions in Computer Science. Rockville/MD, Computer Science Press.
DIXON, Norman (1971): Subliminal Perception. The Nature of a Controversy. London, McGraw Hill.
DIXON, Norman (1981): Preconscious Processing. Chichester, John Wiley.
DREYFUS, Hubert L. (1989): Was Computer nicht können. Die Grenzen künstlicher Intelligenz. Frankfurt/Main, Athenäum Verlag.
DREYFUS, Hubert L. und DREYFUS, Stuart E. (1987): Künstliche Intelligenz. Von den Grenzen der Denkmaschine und dem Wert der Intuition. Reinbek, Rowohlt Verlag.
DRIESCHNER, Michael (1991): Einführung in die Naturphilosophie. Darmstadt, Wissenschaftliche Buchgesellschaft.
EDELMAN, Gerald M. (1995): Göttliche Luft, vernichtendes Feuer. Wie der Geist im Gehirn entsteht. München, Piper Verlag.
EICHLER, Horst (1993): Ökosystem Erde. Der Störfall Mensch – eine Schadens- und Vernetzungsanalyse. Darmstadt u.a., BI-Taschenbuch Verlag.
EKELAND, Ivar (1989): Das Vorhersehbare und das Unvorhersehbare. Die Bedeutung der Zeit von der Himmelsmechanik bis zur Katastrophentheorie. Berlin, Ullstein Taschenbuch Verlag.
ELDREDGE, Niles und CRACRAFT, Joel (1980): Phylogenetic Patterns and the Evolutionary Process. Method and Theory in Comparative Biology. New York, Columbia University Press.
ELLIS, John R. (1990): »The molecular chaperone concept«. In: Cell Biology 1 (1990), S. 1-19.
EMMECHE, Claus (1994): Das lebende Spiel. Wie die Natur Formen erzeugt. Reinbek, Rowohlt Taschenbuch Verlag.

EWERS, Michael (1986): Philosophie des Organismus in teleologischer und dialektischer Sicht. Ein ideengeschichtlicher Grundriß. Münster, Lit Verlag.
FALK, Gottfried und RUPPEL, Wolfgang (1976): Energie und Entropie. Die Thermodynamik. Berlin u.a., Springer Verlag.
FEDOROFF, Nina (1984): Springende Gene beim Mais. Spektrum der Wissenschaft 8 (1984), S.36-47.
FEINBERG, Gerald und SHAPIRO, Robert G. (1980): Life Beyond the Earth. New York, William Morrow.
FERRIS, Timothy (1989): Die Kinder der Milchstraße. Die Entwicklung des modernen Weltbildes. Basel u.a., Birkhäuser Verlag.
FERRIS, Timothy (1992): Das intelligente Universum. Ein Blick zurück auf die Erde. Berlin, Byblos Verlag.
FISCHER, Ernst Peter (1987): Sowohl als auch. Denkerfahrungen der Naturwissenschaften. Hamburg, Rasch und Röhring.
FISCHER, Ernst Peter und KLOSE, Sigmar (Hg.) (1995): The Diagnostic Challenge. The Human Genome. München u.a., Piper Verlag.
FOERSTER, Heinz von (1992): »Ethics and Second-Order Cybernetics«. In: Cybernetics and Human Knowing 1 (1992), S. 9-19.
FRITZSCH, Harald (1994): Quarks. Urstoff unserer Welt. München u. a., Piper Taschenbuch Verlag.
FULLER, Steve (1993): Philosophy of Science and its Discontents. New York, The Gilford Press.
FUTUYMA, Douglas J. (1990): Evolutionsbiologie. Basel u.a., Birkhäuser Verlag.
GARDNER, Howard (1992): Dem Denken auf der Spur. Der Weg der Kognitionswissenschaft. Stuttgart, Klett-Cotta Verlag.
GEHRING, Walter J. (1987): »Homeoboxes in the study of development«. In: Science 236 (1987), S. 1245-1252.
GEHRING, Walter J. (Hg.) (1992): Entwicklung und Gene. Heidelberg, Spektrum Akademischer Verlag.
GELL-MANN, Murray (1995): Das Quark und der Jaguar. Vom Einfachen zum Komplexen – die Suche nach einer neuen Erklärung der Welt. München u.a., Piper Verlag.
GLAESER, Bernhard und TEHERANI-KRÖNNER, Parto (Hg.) (1992): Humanökologie und Kulturökologie. Konkurrenz oder Kongruenz? Wiesbaden, Westdeutscher Verlag.
GLEICK, James (1990): Chaos – die Ordnung des Universums. Vorstoß in Grenzbereiche der modernen Physik. München, Droemer Knaur Taschenbuch Verlag.
GOULD, Steven J.(1989): »Punctuated equilibrium in fact and theory«. In: Journal of Social and Biological Structures 12 (2/3) (1989), S. 117-136.
GOULD, Steven J. (1994): Zufall Mensch. Das Wunder des Lebens als Spiel der Natur. München, Deutscher Taschenbuch Verlag.

GRIBBIN, John R. (1986): In Search of the Big Bang. Quantum Physics and Cosmology. London, Heinemann.
GRIBBIN, John R. (1993): Auf der Suche nach Schrödingers Katze. Quantenphysik und Wirklichkeit. München u.a., Piper Taschenbuch Verlag.
GRIBBIN, John R. und REES, Martin (1994): Ein Universum nach Maß. Bedingungen unserer Existenz. Frankfurt/Main, Insel Taschenbuch Verlag.
GROOMBRIDGE, Brian (Hg.) (1992): Global Biodiversity. Status of the Earth's Living Resources. A Report. London, Chapman and Hall.
GWINNER, Eberhard (1983): Circannual Rythms. Berlin u. a., Springer Verlag.
HACKING, Ian (1995): Rewriting the Soul. Multiple Personality and the Sciences of Memory. Princeton, University Press.
HAFNER, Siegbert (Hg.) (1994): Neuronale Netze in der Automatisierungstechnik. München, Oldenbourg.
HAKEN, Hermann (1984): Erfolgsgeheimnisse der Natur. Synergetik: Die Lehre vom Zusammenwirken. Frankfurt, Ullstein Verlag.
HAMEROFF, Stuart R. (1987): Ultimate Computing. Biomolecular Consciousness and Nanotechnology. Amsterdam u.a., North-Holland.
HAMEROFF, Stuart R., RASMUSSEN, S. und MANNSON, B. (1989): »Molecular Automata in Microtubules. Basic Computational Logic of the Living State?«. In: LANGTON, Christopher G.: Artificial Life. The Proceedings of an interdisciplinary workshop on the Synthesis and Simulation of Living Systems. (= Santa Fe Institute Studies in the sciences of complexity; Bd. 6) Redwood City/Calif. u.a., Addison-Wesley, S. 521-553.
HAUGELAND, John (1987): Künstliche Intelligenz – programmierte Vernunft. Hamburg, Mc Graw-Hill.
HAWKING, Stephen W. (1991): Eine kurze Geschichte der Zeit. Die Suche nach der Urkraft des Universums. Reinbek, Rowohlt Taschenbuch Verlag.
HAWKING, Stephen W. (1993): Black Holes and Baby Universes and Other Essays. New York u.a., Bantam Books.
HEEG, Rainer und WEHRT, Hartmut (1991): Ökologie und Humanökologie. Beiträge zu einem ganzheitlichen Verstehen unserer geschichtlichen Lebenswelt. Frankfurt/Main, Peter Lang Verlag.
HEISENBERG, Werner (1990): Physik und Philosophie. 5. Auflage. Stuttgart, Hirzel Verlag.
HENNIG, Willi (1982): Phylogenetische Systematik. Hg. von Wolfgang Hennig. Berlin u.a., Parey Verlag.
HOFFMANN, Banesh (1993): Einsteins Ideen. Das Relativitätsprinzip und seine historischen Wurzeln. 2. Auflage. Heidelberg, Spektrum Akademischer Verlag.
HOFFMEYER, Jesper und EMMECHE, Claus (1991): »Code-duality and the semiotics of nature«. In: ANDERSON, Myrdene und MERRELL,

Floyd (Hg.): On Semiotic Modelling. Berlin, Mouton de Gruyter, S. 117-166.
HOFFMEYER, Jesper (1996): »Semiotic aspects of biology. Biosemiotics«. In: POSNER, Robert; ROBERING, Klaus; SEBEOK, Thomas A. (Hg.): Semiotics. A Handbook of the Sign-Theoretic Foundations of Nature and Culture. Berlin u.a., Mouton de Gruyter.
HOFSTADTER, Douglas R. (1993): Gödel, Escher, Bach. Ein Endloses Geflochtenes Band. München, Deutscher Taschenbuch Verlag.
HOFSTADTER, Douglas R. (1994): Metamagicum. Fragen nach der Essenz von Geist und Struktur. München, Deutscher Taschenbuch Verlag.
HUSSERL, Edmund (1983): »Philosophische Versuche über den Raum (1886-1901)«. In: Studien zur Arithmetik und Geometrie. Texte aus dem Nachlass 1886-1901. Hg. von Ingeborg Strohmeyer (= Husserliana Bd. XXI. Den Haag, Martinus Nijhoff Publishers, S. 262-401.
JACKSON, Edwin A. (1989/90): Perspectices of Nonlinear Dynamics. 2 Bände. Cambridge, Cambridge University Press.
JOHNSON, Mark (1987): The Body in the Mind. The Bodily Basis of Meaning, Imagination, and Reason. Chicago, University of Chicago Press.
JUDSON, Horace (1980): Der 8. Tag der Schöpfung. Sternstunden der neuen Biologie. Wien u.a., Meyster Verlag.
JÜDES, Ulrich, EULEFELD, Gunter und KAPUNE, Thorsten (Hg.) (1990): Evolution der Biosphäre. Stuttgart, Wissenschaftliche Verlagsgesellschaft.
KASCHKA, Wolfgang P. und ASCHAUER, Harald N. (Hg.) (1990): Psychoimmunologie. Stuttgart u.a., Thieme.
KAUFFMAN, Stuart A. (1993): The Origins of Order. Selforganization and Selection in Evolution. Oxford, Oxford University Press.
KAULE, Giselher (1991): Arten- und Biotopschutz. 2. überarb. und erweiterte Auflage. Stuttgart, UTB/Ulmer.
KIM, Joegwan (1984): »Epiphenomenal and supervenient causation«. In: Midwest Studies in Philosophy IX (1984), S. 257-270.
KITCHER, Philip (1985): Vaulting Ambition. Sociobiology and the Quest for Human Nature. Cambridge/Mass., MIT Press.
KOCK, Winston (1985): Lasers and Holography. New York, Doubleday.
KOSKO, Bart und ISAKA, Satoru (1993): »Fuzzy Logic«. In: Scientific American, July (1993), S. 76-81.
KOZA, John R. (1992): Genetic Programming. Cambridge/Mass., MIT Press.
KREMER, Bruno (1994): Mikroalgen als Zellgäste. Spektrum der Wissenschaft 2 (1994), S. 48-55.
KÜPPERS, Bernd-Olaf (1990): Der Ursprung biologischer Information. Zur Naturphilosophie der Lebensentstehung. München, Piper Taschenbuch Verlag.

KUHN, Thomas (1973): Die Struktur wissenschaftlicher Revolutionen. Frankfurt/Main, Suhrkamp Taschenbuch Verlag.
LAKOFF, George (1987): Women, Fire, and Dangerous Things. What Categories Reveal about the Mind. Chicago, University of Chicago Press.
LAKOFF, George und JOHNSON, Mark (1980): Metaphors We Live By. Chicago, University of Chicago Press.
LANGACKER, Ronald W. (1987-1991): Foundations of Cognitive Grammar. 2 Bde. Palo Alto, Stanford University Press.
LEIBNIZ, Gottfried (1982): Vernunftprinzipien der Natur und der Gnade. Monadologie. Hg. von Herbert Herring. 2. verb. Auflage. Hamburg, Meiner Verlag.
LEVY, Steven (1993): KL – Künstliches Leben aus dem Computer. München, Droemer Knaur.
LILIENFELD, Robert (1978): The Rise of Systems Theory. New York, Wiley.
LORENZEN, Paul (1987): Lehrbuch der konstruktiven Wissenschaftstheorie. Mannheim, Bibliographisches Institut.
LOSSAU, Norbert (1992): Wenn Computer denken lernen. Neuronale Netzwerke. Berlin, Ullstein Verlag.
LOVELOCK, James (1984): Unsere Erde wird überleben. Gaia – eine optimistische Ökologie. München, Heyne Verlag.
LOVELOCK, James (1991): Das Gaia-Prinzip. Die Biographie unseres Planeten. Zürich/München, Artemis und Winkler.
LOVELOCK, James (1992): Gaia. Die Erde ist ein Lebewesen. Bern u. a., Scherz Verlag.
LUHMANN, Niklas (1987): Soziale Systeme. Grundriß einer allgemeinen Theorie. Frankfurt/Main, Suhrkamp Taschenbuch Verlag.
LURIJA, Aleksandr R. (1992): Das Gehirn in Aktion. Einführung in die Neuropsychologie. Reinbek, Rowohlt Taschenbuch Verlag.
MC CAWLEY, James (1981): Everything that Linguists Have Always Wanted to Know About Logic, but Were Always Ashamed to Ask. Oxford, Blackwell.
MANDELBROT, Benoit (1991): Die fraktale Geometrie der Natur. Basel u. a., Birkhäuser Verlag.
MARGULIS, Lynn und SAGAN, Dorion (1991): Microcosm. Four Billion Years of Evolution from our Microbial Ancestors. New York, Simon & Schuster.
MATURANA, Humberto und VARELA, Francisco (1991): Der Baum der Erkenntnis. Die biologischen Wurzeln des menschlichen Erkennens. München, Goldmann Taschenbuch Verlag.
MAYER-KUCKUK, Theo (1989): Der gebrochene Spiegel. Symmetrie, Symmetriebrechung und Ordnung in der Natur. Basel u. a., Birkhäuser.
MAYR, Ernst (Hg.) (1988): Evolution. Die Entwicklung von den ersten Lebensspuren bis zum Menschen. Heidelberg, Spektrum der Wissenschaft.

NAGEL, Ernest und NEWMAN, James R. (1992): Der Gödelsche Beweis. 5. Auflage. München u.a., Oldenbourg.
NØRRETRANDERS, Tor (1994): Spüre die Welt. Die Wissenschaft des Bewußtseins. Reinbek, Rowohlt Verlag.
OAKLEY, David A. (Hg.) (1985): Brain and Mind. London, Methuen.
PAGELS, Heinz (1988): The Dreams of Reason. The Computer and the Rise of the Sciences of Complexity. New York, Simon and Schuster.
PATON, Ray (Hg.) (1994): Computing with Biological Metaphors. London, Chapman & Hall.
PATTEE, Howard H. (1977): »Dynamic and Linguistic Modes of Complex Systems«. In: International Journal of General Systems 3 (1977), S. 259-266.
PEAT, Francis David (1989): Cold Fusion. The making of a scientific Controversy. Chicago u.a., Contemporary Books.
PEAT, Francis David (1990): Einsteins Moon. Bell's Theorem and the Curious Quest for Quantum Reality. Chicago, Contemporary Books.
PEITGEN, Heinz-Otto und RICHTER, P.H. (1986): The Beauty of Fractals. Images of Complex Dynamic Systems. Berlin u.a., Springer Verlag.
PENROSE, Roger (1991): Computerdenken. Des Kaisers neue Kleider oder die Debatte um künstliche Intelligenz, Bewußtsein und die Gesetze der Physik. Heidelberg, Spektrum Akademischer Verlag.
PENROSE, Roger (1994): Shadows of the Mind. A Search for the Missing Science of Consciousness. Oxford u.a., Oxford University Press.
PETITOT, Jean (1992): Physique du sens. Paris, Editions du CNRS.
PETITOT, Jean (1994): » Structure«. In: SEBEOK, Thomas: Encyclopedic Dictionary of Semiotics. Bd. 2. Berlin, Mouton de Gruyter, S. 991-1022.
POLANYI, Michael (1968): »Life's Irreducible Structure«. In: Science 160 (1968), S. 1308-1312.
POLANYI, Michael (1969): Knowing and Being. Essays by Michael Polanyi. Hg. von Marjorie Grene. Chicago, University of Chicago Press.
POPPER, Karl R. und ECCLES, John C. (1994): Das Ich und sein Gehirn. München u.a., Piper Taschenbuch Verlag.
PRIGOGINE, Ilya und STENGERS, Isabelle (1993): Dialog mit der Natur. Neue Wege naturwissenschaftlichen Denkens. München u.a., Piper Taschenbuch Verlag.
PROBST, Gilbert J. (1987): Selbstorganisation. Ordnungsprozesse in sozialen Systemen aus ganzheitlicher Sicht. Hamburg, Parey Verlag.
RAE, Alastair (1986): Quantum Physics. Illusion or Reality? Cambridge, Cambridge University Press.
REGIS, Edward (1985): Extraterrestrials. Science and Alien Intelligence. Cambridge, Cambridge University Press.
REICHHOLF, Josef H. (1994): Der schöpferische Impuls. Eine neue Sicht der Evolution. München, Deutscher Taschenbuch Verlag.
RENNIE, John (1993): Neue Drehs der DNA. Spektrum der Wissenschaft 5 (1993), S.32-40.

ROSCH, Eleanor (1978): Cognition and Categorization. Hillsdale/New Jersey, Erlbaum.
RUCKER, Rudy (1987): Mind Tools. New York, Penguin.
RUMELHART, David E., MC CLELLAND, J.L. and the PDP Research Group (1987): Parallel Distributed Processing. Explorations in the Microstructure of Cognition. Cambridge/Mass. u. a., MIT Press.
RUSE, Michael (1988): Philosophy of Biology Today. Albany/N.Y., State University of New York Press.
SALTHE, Stanley N. (1985): Evolving Hierarchical Systems. New York, Columbia University Press.
SCHNELLE, Helmut (Hg.) (1981): Sprache und Gehirn. Roman Jakobson zu Ehren. Frankfurt/Main, Suhrkamp Taschenbuch Verlag.
SCHROEDER, Manfred R. (1994): Fraktale, Chaos und Selbstähnlichkeit. Notizen aus dem Paradies der Unendlichkeit. Heidelberg u. a., Spektrum Akademischer Verlag.
SEAGER, William and KEGAN Paul (1991): Metaphysics of Consciousness. London, Routledge .
SEARLE, John R. (1986): Geist, Hirn und Wissenschaft. Frankfurt/Main, Suhrkamp Taschenbuch Verlag.
SEARLE, John R. (1991): Intentionalität. Eine Abhandlung zur Philosophie des Geistes. Frankfurt/Main, Suhrkamp Taschenbuch Verlag.
SEARLE, John R. (1993): Die Wiederentdeckung des Geistes. München, Artemis und Winkler.
SEIFFERT, Helmut (1991-92): Einführung in die Wissenschaftstheorie. 3 Bde. München, Beck.
SERRES, Michel (1982): Genèse. Paris, Grasset.
SEXL, Roman und SEXL, Hannelore (1979): Weiße Zwerge, schwarze Löcher. Einführung in die relativistische Astrophysik. 2. erw. Auflage. Braunschweig u.a., Vieweg & Sohn.
SEXL, Roman und SCHMIDT, Herbert K. (1991): Raum – Zeit – Relativität. 3. überarbeitete Auflage. Braunschweig u.a., Vieweg & Sohn.
SHANNON, Claude und WEAVER, Warren (1976): Mathematische Grundlagen der Informationstheorie. München u. a., Oldenbourg Verlag.
SHAPIRO, Robert (1992): Das Genom-Projekt. Der genetische Bauplan des Menschen wird entziffert. München u.a., Scherz Verlag.
SHELDRAKE, Rupert (1992): Das Gedächtnis der Natur. Das Geheimnis der Entstehung der Formen in der Natur. München u.a., Scherz Verlag.
SHELDRAKE, Rupert (1993): Das schöpferische Universum. Die Theorie des morphogenetischen Feldes. Berlin, Ullstein Taschenbuch Verlag.
SIPPEL, Albrecht (Hg.) (1988): Erbsubstanz DNA. Vom genetischen Code zur Gentechnologie. Heidelberg, Spektrum der Wissenschaft.
SOBER, Elliott (1984): The Nature of Selection. Cambridge/Mass., MIT Press.
SOLBRIG, Otto T. (1994): Biodiversität – Wissenschaftliche Fragestellungen und Vorschläge für die internationale Forschung. Bonn, Deutsches

Nationalkomitee für das UNESCO-Programm »Der Mensch und die Biosphäre«.
SPENCER BROWN, George (1969): Laws of Form. London, Allen and Unwin.
STEBBINS, G. Ledyard und AYALA, Francisco J. (1985): Die Evolution des Darwinismus. Spektrum der Wissenschaft 9 (1985), S. 58-71.
STRACHAN, T. (1994): Das menschliche Genom. Heidelberg, Spektrum Akademischer Verlag.
THOM, René (1975): Structural Stability and Morphogenesis. Reading, Benjamin/Cummings.
THOM, René (1983): Paraboles et Catastrophes. Paris, Flammarion.
THOM, René (1989): Esquisse d'une sémiophysique. Paris, Inter Editions.
THOMPSON, Paul (1989): The Structure of Biological Theories. Albany/N.Y., State University of New York Press.
TURING, Alan (1964): »Computing Machinery and Intelligence«. In: ANDERSON, A.R.: Minds and Machines. Englewood Cliffs/New Jersey, Prentice-Hall.
TURING, Alan (1965): »On computable Numbers, with an Application to the Entscheidungsproblem«. In: DAVIES, M. (Hg.): The Undecidable. New York, Hewlett, S. 115-154
UEXKÜLL, Jakob (1982): »The Theory of Meaning«. In: Semiotica 42,1 (1982), S. 25-82.
VARELA, Francisco (1979): Principles of Biological Autonomy. New York u. a., North-Holland.
VARELA, Francisco (1990): Kognitionswissenschaft – Kognitionstechnik. Eine Skizze aktueller Perspektiven. Frankfurt/Main, Suhrkamp Taschenbuch Verlag.
WADDINGTON, Conrad H. (1957): The Strategy of the Genes. London, Allen and Unwin.
WADDINGTON, Conrad H. (1968): Towards a Theoretical Biology. Bd. 1. Edinburgh, Edinburgh University Press, 1968.
WALDROP, M. Mitchell (1993): Inseln im Chaos. Die Erforschung komplexer Systeme. Reinbek, Rowohlt Verlag.
WALTER, Heinrich und BRECKLE, Siegmar W. (1991): Ökologie der Erde. 4 Bände. Bd. 2: Geo-Biosphäre. Stuttgart, UTB/Gustav Fischer.
WATZLAWICK, Paul (Hg.) (1994): Die erfundene Wirklichkeit. Wie wissen wir, was wir zu wissen glauben? Beiträge zum Konstruktivismus. München u.a., Piper Taschenbuch Verlag.
WEIBEL, Peter und GERBEL, Karl (Hg.) (1993): Der 8. Tag. Genetische Kunst – Künstliches Leben. Wien, PVS.
WEINBERG, Steven u.a. (1988): Teilchen, Felder, Symmetrien. Quantenfeldtheorie und die Einheit der Naturgesetze. Heidelberg, Spektrum Akademischer Verlag.
WEINBERG, Steven (1992): Die ersten drei Minuten. Der Ursprung des Universums. München u.a., Piper Verlag.

WELCH, William (1993): Stress-Proteine. Spektrum der Wissenschaft 7 (1993), S. 40-47.
WICKLER, Wolfgang und SEIBT, Ulla (1991): Das Prinzip Eigennutz. Zur Evolution sozialen Verhaltens. München, Piper Taschenbuch Verlag.
WIENER, Norbert (1992): Kybernetik. Düsseldorf, Econ Verlag.
WILBER, Ken (Hg.) (1990): Das holographische Weltbild. Wissenschaft und Forschung auf dem Weg zu einem ganzheitlichen Weltverständnis. München, Heyne Verlag.
WILSON, Edward O. (1995): Der Wert der Vielfalt. Die Bedrohung des Artenreichtums und das Überleben des Menschen. München u.a., Piper.
WOLFRAM, Stephen (1984): »Cellular automata as models of complexity«. In: Nature 311 (1984), S. 419-424.
WOLFRAM, Stephen (1985): »Undecidability and intractability in theoretical physics«. In: Physical Review Letters 54,8 (1985), S. 735-738.
WUKETITS, Franz M. (1983): Biologische Erkenntnis. Grundlagen und Probleme. Stuttgart, UTB/ Gustav Fischer.
WUKETITS, Franz M. (1985): Zustand und Bewußtsein. Leben als biophilosophische Synthese. Hamburg, Hoffmann und Campe.
WUKETITS, Franz M. (1989): Grundriß der Evolutionstheorie. 2. überarb. Auflage. Darmstadt, Wissenschaftliche Buchgesellschaft.
ZEEMAN, E.C. (1980): Catastrophe Theory. Selected Papers 1972-1977. London, Addison-Wesley.